新型职业农民创业致富技能宝典
规模化养殖场生产经营全程关键技术丛书

# 规模化蛋鸡养殖场生产经营全程关键技术

刘安芳　梅学华　主编

U0381081

中国农业出版社
北　京

**图书在版编目(CIP)数据**

规模化蛋鸡养殖场生产经营全程关键技术 / 刘安芳，梅学华主编.—北京：中国农业出版社，2019.3
（新型职业农民创业致富技能宝典 规模化养殖场生产经营全程关键技术丛书）
ISBN 978-7-109-25232-5

Ⅰ.①规… Ⅱ.①刘… ②梅… Ⅲ.①卵用鸡—饲养管理 Ⅳ.①S831.4

中国版本图书馆 CIP 数据核字(2019)第 022965 号

中国农业出版社出版
（北京市朝阳区麦子店街 18 号楼）
（邮政编码 100125）
责任编辑 黄向阳 刘宗慧

北京万友印刷有限公司印刷 新华书店北京发行所发行
2019 年 3 月第 1 版 2019 年 3 月北京第 1 次印刷

开本：910mm×1280mm 1/32 印张：9.75
字数：160 千字
定价：29.00 元
（凡本版图书出现印刷、装订错误，请向出版社发行部调换）

# 规模化养殖场生产经营全程关键技术丛书
## 编委会

主　任：刘作华
副主任：（按姓名笔画排序）

王永康　王启贵　左福元　李　虹

委　员：（按姓名笔画排序）

王　珍　王　玲　王阳铭　王高富

王海威　王瑞生　朱　丹　任航行

刘安芳　刘宗慧　邱进杰　汪　超

罗　艺　周　鹏　曹　兰　景开旺

程　尚　翟旭亮

主持单位：重庆市畜牧科学院
支持单位：西南大学动物科学学院
　　　　　重庆市畜牧技术推广总站
　　　　　重庆市水产技术推广站

## 本书编写人员

主　编：刘安芳　梅学华

副主编：孙桂荣　舒　刚　赵小玲

编写人员：(按姓氏笔画排序)

王　武　田尧夫　向　博　孙桂荣

刘安芳　舒　刚　吴红翔　张龚炜

武秋申　赵小玲　梅学华　蔡　杰

谭千洪

# PREFACE 序

　　改革开放以来,我国畜牧业经过近 40 年的高速发展,已经进入了一个新的时代。据统计,2017 年,全年猪牛羊禽肉产量 8 431 万吨,比上年增长 0.8%。其中,猪肉产量 5 340 万吨,增长 0.8%;牛肉产量 726 万吨,增长 1.3%;羊肉产量 468 万吨,增长 1.8%;禽肉产量 1 897 万吨,增长 0.5%。禽蛋产量 3 070 万吨,下降 0.8%。牛奶产量 3 545 万吨,下降 1.6%。年末生猪存栏 43 325 万头,下降 0.4%;生猪出栏 68 861 万头,增长 0.5%。从畜禽饲养量和肉蛋奶产量看,我国已然是养殖大国,但距养殖强国差距巨大,主要表现在:一是技术水平和机械化程度低下导致生产效率较低,如每头母猪每年提供的上市肥猪比国际先进水平少 8~10 头,畜禽饲料转化率比发达国家低 10% 以上;二是畜牧业发展所面临的污染问题和环境保护压力的矛盾日显突出,作为企业,在发展的同时应该如何最大限度地减少环境污染;三是随着畜牧业的快速发展,一些传染病也在逐渐增多,疫病防控难度大,给人畜都带来了严重危害。如何实现"自动化硬件设施、畜禽遗传改良、生产方式、科学系统防疫、生态环境保护、肉品安全管理"等全方位提升,促进我国畜牧业从数量型向质量效益型转变,是我国畜牧科研、教学、技术推广和生产工作者必须高度重视的问题。

党的十九大提出实施乡村振兴战略,2018年中央农村工作会议提出以实施乡村振兴战略为总抓手,以推进农业供给侧结构性改革为主线,以优化农业产能和增加农民收入为目标,坚持质量兴农、绿色兴农、效益优先,加快转变农业生产方式,推进改革创新、科技创新、工作创新,大力构建现代农业产业体系、生产体系、经营体系,大力发展新主体、新产业、新业态,大力推进质量变革、效率变革、动力变革,加快农业农村现代化步伐,朝着决胜全面建成小康社会的目标继续前进。这些要求对畜牧业发展既是重要任务,也是重大机遇。推动畜牧业在农业中率先实现现代化,是畜牧业助力"农业强"的重大责任;带动亿万农户养殖增收,是畜牧业助力"农民富"的重要使命;开展养殖环境治理,是畜牧业助力"农村美"的历史担当。农业农村部部长韩长赋在全国农业工作会议上的讲话中已明确指出,我国农业科技进步贡献率达到57.5%,畜禽养殖规模化率已达到56%。今后,随着农业供给侧结构性调整的不断深入,畜禽养殖规模化率将进一步提高。如何推广畜禽规模化养殖现代技术,解决规模化养殖生产、经营和管理中的问题,对进一步促进畜牧业可持续健康发展至关重要。

为此,重庆市畜牧科学院联合西南大学、重庆市畜牧技术推广总站、重庆市水产技术推广站和畜禽养殖企业的专家学者及生产实践的一线人员,针对养殖业中存在的问题,系统地编撰了《规模化养殖场生产经营全程关键技术》系列丛书,按不同畜种独立成册,包括生猪、蜜蜂、肉兔、肉鸡、蛋鸡、水禽、肉羊、肉牛、水产品共9个分册。内容紧扣生产实际,以问题为导向,针对从建场规划到生产出畜产品全过程、各环节遇到的常见问题和热点、难点问题,提出问题,解决问题。提问具体、明确,解答详细、充实,图文并茂,可操作性强。我们真诚地希望这套丛书能够为规模化养殖场饲养员、技术员及相关管理人员提供最为实用的技术帮助,为新型职业农民、家庭农场、农民合作社、农业企业及社会化服务组织等新型农业生产经营主体在产业选择和生产经营中提供指导。

刘作华

# FOREWORD 前言

　　我国养鸡历史悠久,饲养数量大,蛋鸡养殖业经过多年的快速发展,产蛋量连续 30 多年稳居世界第一,已成为世界最大的蛋鸡生产国,据统计,我国一年消费鸡蛋总量为 4 000 亿枚,约为世界平均水平的 1.7 倍;2016 年商品代产蛋鸡存栏 12.64 亿只,鸡蛋年产量达到 2 200 万吨,禽蛋人均占有量达到 22.38 千克。

　　我国蛋鸡规模化养殖起步于 20 世纪 70 年代。在农业农村部及各地政府的大力支持下,目前,蛋鸡产业正在向适度规模化养殖迅速转变,从业人员在向规模要效益的同时必须向经营管理要效益。为了促进蛋鸡规模化养殖的大力发展,使众多蛋鸡生产者及时掌握现代科学饲养及管理技术,不断提高蛋鸡生产的经济效益,我们收集了国内外有关蛋鸡养殖的最新材料、先进技术,结合生产实践经验编写了此书。本书以普及科学养蛋鸡知识为目的,力求做到理论联系实际,深入浅出地对有关蛋鸡场的投资决策、规划与建设、品种的选择、营养与饲料配合、饲养管理、环境控制、疾病防治、经营管理、蛋品质量的安全控制等相关知识以问答形式做了较为详尽的介绍。文字通俗易懂,内容较丰富,实用性强,适合蛋鸡养殖场技术员及畜牧工作者阅读。蛋鸡生产因受许多因素的影响,在实际应用中应因地制宜,灵活掌握其生产关键技术。

本书在编写过程中查阅了大量的文献,也引用了部分同行前辈、专家已出版的著作及文献资料,在此对有关作者、编辑部致以深切的谢意。

由于编者经验不足,水平有限,书中难免不妥之处,敬请同行和广大读者批评指正,以期进一步改进。

编著者

2018 年 10 月

# CONTENTS 目录

**第三章　蛋鸡品种**

## 第五章　商品蛋鸡的饲养管理

### 第一节　雏鸡的培育与饲养

### 第二节　育成鸡的饲养管理

## 第六章　蛋鸡场的环境控制 ……………………………… 150

## 第九章　蛋品质量的安全控制 …………………… 275

# 第一章 投资决策和准备

## 第一节 市场调研

### 1. 我国蛋鸡规模化养殖的现状如何？

2014 年，我国人均禽蛋占有量 21.16 千克，达到发达国家的水平；2016 年 6 月全国蛋鸡总存栏量达到 15.26 亿只。随着我国经济的快速发展，预计未来十年，我国鸡蛋消费量仍将保持快速增长趋势。据 2016—2021 年我国蛋鸡养殖行业发展分析及投资潜力研究报告显示，经过近二十年的快速发展，我国种鸡养殖已初步形成了现代化、规模化的产业体系，但相对于美国、澳大利亚及欧洲一些发达国家，我国蛋鸡规模化养殖仍存在许多不足。

（1）**养殖规模化进程缓慢** 以四川为例，据调查，2014 年四川蛋鸡养殖规模在 2 000~30 000 只的企业占比近 90%（表 1-1），缺乏规模效应，而小型养殖户的料蛋比多在（2.5：1）~（2.8：1），较之于国外先进水平的（2.1：1）~（2.3：1）仍有很大的差距。

（2）**信息面偏窄** 当养殖组成结构以分散型的小规模养殖为主时，就会造成养殖经营决策出现跟风养殖的"羊群效应"。当养殖利润高时，企业倾向大幅扩大养殖规模，跟风行为可能让市场上的鸡蛋供应在短短的 1~2 个月出现彻底的好转（直接补栏青年鸡），原本的供应缺口很快被填平，价格快速下滑，利润大打折扣。而这

表 1-1　2014 年四川省产蛋鸡不同存栏规模及其比例

| 产蛋鸡笼位（个） | 样本场 | | 产蛋鸡 | |
|---|---|---|---|---|
| | 户数 | 比例（%） | 存栏数 | 比例（%） |
| ≤500 | 0 | 0.00 | 0 | 0.00 |
| 501～2 000 | 30 | 6.94 | 52 800 | 1.21 |
| 2 001～5 000 | 157 | 36.34 | 592 980 | 13.58 |
| 5 001～10 000 | 126 | 29.17 | 1 010 830 | 23.14 |
| 10 001～30 000 | 98 | 22.69 | 1 597 100 | 36.56 |
| 30 001～50 000 | 16 | 3.70 | 715 000 | 16.37 |
| 50 001～100 000 | 4 | 0.93 | 299 300 | 6.85 |
| 100 001～300 000 | 1 | 0.23 | 100 000 | 2.29 |
| >300 000 | 0 | 0.00 | 0 | 0.00 |
| 小计 | 432 | 100.0 | 4 368 010 | 100.00 |

时一旦遭遇资金短缺，企业采取提前或加速蛋鸡淘汰，有可能再次逆转供需格局，使养殖利润重新抬头。看到养殖利润以后所做出的滞后养殖经营决策，往往容易陷入养殖失败的循环。在当前盛行的粗放式分散性养殖的背景下，中小型养殖户获取信息的渠道很少，对行业的认识往往是滞后的，经营决策的盲目性难以避免，这将严重威胁养殖行业的稳定发展。

（3）**风险防范能力弱**　鸡蛋的价格波动有非常明显的季节性特征，而且波动幅度很大，一般以春节、端午、中秋、国庆、开学等时期为主要需求旺季，价格往往受到需求带动会上涨。而在 3～4 月、6～7 月往往是传统的鸡蛋需求淡季，价格大多弱势运行。面对大幅的波动，以商品蛋交易为主的养殖户往往需要承受巨大的价格波动风险。

（4）**渠道营销能力薄弱**　养殖户的销售模式主要以卖给贸易商为主（超过 70%），而鸡蛋属于生鲜农产品，保存时间不宜过长（最好不超过 1 周）。因此，一旦蛋价行情弱势，贸易商采购谨慎，养殖户将处于很被动的局面。

从 2018 年蛋鸡养殖行业现状分析情况来看，随着食品安全检测越来越严格，抗生素的危害为大众所认知，品牌鸡蛋将会受到更严格的监控，抗生素的使用也将会受到更严格的限制。

## 2. 我国蛋鸡主要生产区域是如何分布的?

据我国畜牧业统计年鉴最新统计数据，我国蛋鸡养殖不同生产类型及其分布情况如下。

（1）**蛋鸡养殖散户分布区域** 我国蛋鸡养殖散户（年存栏数＜500 只）主要分布在四川、河南、河北、辽宁等省份（表 1-2）。

表 1-2 我国蛋鸡养殖散户分布情况

| 数量（个） | 分布的省（自治区、直辖市） |
| --- | --- |
| ＞100 万 | 四川、河北、河南 |
| 50 万～100 万 | 甘肃、山西、重庆、湖南、江西、安徽、山东、辽宁、吉林 |
| 10 万～50 万 | 新疆、内蒙古、黑龙江、宁夏、山西、江苏、云南、贵州、广西、广东、海南 |
| 5 万～10 万 | 湖北、浙江、福建、上海 |
| 0～5 万 | 西藏、青海、北京、天津、台湾 |

（2）**小规模蛋鸡场的分布区域** 我国小规模蛋鸡场（年存栏数 500～1 999 只）主要分布在河北、山东、辽宁、河南等省份（表 1-3）。

表 1-3 我国小规模蛋鸡场分布情况

| 数量（个） | 分布的省（自治区、直辖市） |
| --- | --- |
| ＞30 000 | 辽宁、河北、山东、河南 |
| 10 000～30 000 | 黑龙江 |
| 2 000～10 000 | 无 |
| 500～2 000 | 新疆、甘肃、内蒙古、宁夏、吉林、北京、天津、山西、陕西、四川、重庆、云南、贵州、湖北、湖南、安徽、江苏、江西、浙江 |
| 0～500 | 西藏、青海、广西、海南、广东、福建、台湾、上海 |

(3) 中等规模蛋鸡养殖场区域分布区域　我国中等规模蛋鸡场（年存栏数 2 000～9 999 只）主要分布在山东、河北、河南、辽宁、江苏等省份（表 1-4）。

表 1-4　我国中等规模蛋鸡养殖场分布情况

| 数量（个） | 分布的省（自治区、直辖市） |
| --- | --- |
| ＞10 000 | 辽宁、河北、河南、山东、山西、江苏、湖北 |
| 5 000～10 000 | 黑龙江、吉林、陕西、安徽 |
| 1 000～5 000 | 新疆、甘肃、内蒙古、四川、重庆、云南、湖南、江西、浙江、北京 |
| 200～1 000 | 宁夏、北京、贵州、广东 |
| 0～200 | 西藏、青海、广西、海南、福建、台湾、上海 |

(4) 中上规模蛋鸡养殖场的分布区域　我国中上等蛋鸡规模场（年存栏数 10 000～49 999 只）主要分布在湖北、山东、河南、河北、辽宁、江苏等省份（表 1-5）。

表 1-5　我国中上规模蛋鸡养殖场分布情况

| 数量（个） | 分布的省（自治区、直辖市） |
| --- | --- |
| ＞3 000 | 辽宁、河北、河南、山东、江苏、湖北 |
| 1 000～3 000 | 四川、湖南、山西、黑龙江、吉林 |
| 500～1 000 | 西藏、陕西、云南、安徽、浙江 |
| 100～500 | 甘肃、内蒙古、北京、天津、重庆、贵州、江西、福建 |
| 0～100 | 西藏、青海、宁夏、广西、广东、海南、台湾、上海 |

(5) 大规模蛋鸡养殖场的分布区域　我国大规模蛋鸡养殖场（年存栏数 50 000～99 999 只）主要分布在湖北、山东、江苏、辽宁、河南、河北等省份（表 1-6）。

(6) 超大规模蛋鸡养殖场的分布区域　我国年存栏 10 万～50 万只的超大规模养殖场主要分布地区为湖北、河南、山东、江苏等地（表 1-7）。

表1-6 我国各省大规模蛋鸡养殖场分布情况

| 数量（个） | 分布的省（自治区、直辖市） |
|---|---|
| ＞200 | 湖北、山东、江苏 |
| 100～200 | 辽宁、河北、河南 |
| 50～100 | 新疆、吉林、山西、四川、云南、湖南、安徽、福建 |
| 20～50 | 甘肃、内蒙古、陕西、黑龙江、北京、重庆、贵州、广东、浙江 |
| 0～20 | 西藏、青海、宁夏、天津、广西、海南、江西、上海、台湾 |

表1-7 我国超大规模蛋鸡养殖场分布情况

| 数量（个） | 分布的省（自治区、直辖市） |
|---|---|
| ＞50 | 山西、山东、河南、湖北、江苏 |
| 30～50 | 四川、云南、河北、辽宁 |
| 20～30 | 新疆、贵州、福建、安徽 |
| 10～20 | 吉林、北京、湖南、江西、浙江、广东 |
| 0～10 | 西藏、青海、甘肃、宁夏、内蒙古、黑龙江、天津、陕西、重庆、云南、海南、台湾、上海 |

（7）**集团化蛋鸡养殖场的分布区域** 年存栏大于50万只的集团化蛋鸡养殖场主要分布在北京市、河南、江苏、辽宁、河北、云南、四川、陕西等（表1-8）。

表1-8 我国集团化蛋鸡养殖场分布情况

| 数量（个） | 我国蛋鸡养殖散户分布的省（自治区、直辖市） |
|---|---|
| ＞4 | 北京 |
| 3 | 云南、四川、陕西、河南、河北、辽宁、江苏 |
| 2 | 吉林、山西、山东、安徽、湖北、江西、贵州、广东、广西 |
| 0～1 | 新疆、西藏、青海、甘肃、宁夏、重庆、内蒙古、黑龙江、天津、湖南、浙江、福建、上海、台湾、海南 |

（8）**存栏百万羽以上的蛋鸡养殖场** 无论是国内企业还是外资企业，皆看好我国蛋鸡规模化的发展前景，新建或扩产的百万羽存栏蛋鸡场主要分布在河北、山西、黑龙江、安徽、江苏、北京和浙江等地（表 1-9）。

**表 1-9 新建或扩产的存栏百万羽以上蛋鸡养殖集团**

| 企业名称 | 地点 | 存栏规模（万羽） |
| --- | --- | --- |
| 北京正大蛋业有限公司 | 北京平谷 | 300 |
| 山西大正伟业农牧有限公司 | 山西阳泉 | 300 |
| 慈溪正大蛋业有限公司 | 浙江慈溪 | 300 |
| 侯马市绿康源农业科技中心 | 山西侯马 | 100 |
| 安徽德青源食品有限公司 | 安徽滁州 | 700 |
| 河北同和生物制品有限公司与河源伊势农业有限公司 | 河北邯郸 | 200 |
| 北粮农业股份有限公司 | 河北唐山 | 400 |
| 伊势食品与光明食品有限公司 | 江苏大丰 | 300 |
| 黑龙江仁邦禽业有限公司 | 黑龙江鸡西 | 100 |
| 山西晋龙养殖股份有限公司 | 江西稷山 | 200 |

## 3. 我国蛋鸡生产区域分布有哪些特点?

我国最多的蛋鸡养殖散户分布在四川，最多的小规模场分布在河北，最多的中等规模场主要分布在山东，最多的中上、大和超大规模养殖场分布在湖北，年存栏大于 50 万只的蛋鸡集团化养殖场北京有 4 个，辽宁是蛋鸡生产分布最均匀的省份。

目前我国商品代蛋鸡市场的格局正发生着重大变化，出现区域均衡化的趋势，蛋鸡主产区由北向南转移，由传统的养殖密集区向非密集区转移。我国蛋鸡饲养主要集中于河南、山东、河北、辽宁、江苏、四川、湖北、安徽、黑龙江等省。各省蛋鸡饲养的规模和模式不同，北方蛋鸡养殖仍然以传统的"小规模大群体"方式为主，饲养水平和饲养环境相对较差；相比北方，南方蛋鸡养殖业起步较晚，但饲养的规模化程度更高,设备更先进,管理水平和企业的经营状况相对较好。

我国鸡蛋主产区多分布在粮食主产区,而南方沿海等经济比较发达的地区是鸡蛋主要流入区。鸡蛋供需缺口主要集中在京津、沪浙和广东地区三大区域,主要从产量大的华北、东北等地区流向东南、华南地区以及北京、天津、上海等大城市。

## 4. 我国蛋鸡存栏量有哪些特点?

我国祖代蛋种鸡存栏量一直处于过剩状态;父母代蛋鸡苗在一定程度上存在产能过剩的情况,父母代蛋种鸡场呈现出小户退出、中户发展、大场扩产的特征;商品代蛋鸡存栏量比较稳定,鸡蛋产量一直呈上升趋势,但鸡蛋价格波动较大。

(1) 祖代蛋种鸡 2016 年我国祖代蛋种鸡年平均存栏量约为 60.09 万套,同比增加了 0.70%;2015 年平均存栏量约为 59.67 万套,比 2014 年减少约 3.36 万套,同比减少 5.33%。据我国畜牧业协会测算,祖代蛋种鸡平均存栏量在 36 万套左右即可满足市场需求。由此可见,我国祖代蛋种鸡市场供应充足。从历年监测数据来看,我国近年来祖代蛋种鸡年平均存栏量见表 1-10。

表 1-10 祖代蛋种鸡年平均存栏量

| 年份 | 年平均存栏量（万套） |
| --- | --- |
| 2011 | 44.99 |
| 2012 | 48.31 |
| 2013 | 52.00 |
| 2014 | 63.03 |
| 2015 | 59.67 |
| 2016 | 60.09 |

(2) 父母代蛋种鸡

①父母代蛋鸡苗销售:2016 年,我国所有监测企业父母代蛋鸡苗累计销售量为 1 839.20 万套,比 2015 年减少 47.97 万套,同

比下降 2.54%。近几年来，我国父母代蛋鸡苗价格整体呈现下行趋势。

②父母代蛋种鸡的存栏：2016 年全国在产父母代蛋种鸡的平均存栏量约为 1 440 万套，与 2015 年比下降 294 万套，下降幅度为 16.96%。据畜牧业协会测算，我国父母代蛋种鸡存栏量维持在 1 600 万套即可满足市场需求，因此，我国父母代蛋种鸡市场在一定程度上还存在不足的情况。

2016 年我国监测的父母代蛋种鸡年平均存栏量 657.66 万套，同比增加 18.44%。近几年来我国监测的父母代蛋种鸡年平均存栏量见表 1-11。

表 1-11　父母代蛋种鸡年平均存栏量

| 年份 | 年平均存栏量（万套） |
| --- | --- |
| 2011 | 394.29 |
| 2012 | 399.79 |
| 2013 | 448.04 |
| 2014 | 496.10 |
| 2015 | 582.50 |
| 2016 | 657.66 |

**(3) 商品代蛋鸡**　近年来，我国商品代蛋鸡养殖规模随市场周期上下波动，2015 年、2016 年商品代蛋鸡年平均存栏量分别为 12.23 亿只、12.64 亿只。近年来我国商品代蛋鸡平均存栏量见表 1-12。

表 1-12　商品代蛋鸡平均存栏量

| 年份 | 年平均存栏量（亿只） |
| --- | --- |
| 2011 | 14.00 |
| 2012 | 14.50 |
| 2013 | 12.50 |

（续）

| 年份 | 年平均存栏量（亿只） |
| --- | --- |
| 2014 | 11.70 |
| 2015 | 12.23 |
| 2016 | 12.64 |

（4）**鸡蛋产量**　我国的鸡蛋产量自1985年开始居世界首位。从近十年的鸡蛋产量变化来看，鸡蛋产量一直保持稳中有升的增长趋势，从2000年的1 884万吨增长到2015年的2 200万吨（图1-1）。

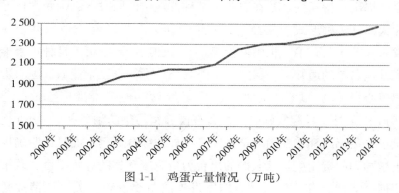

图1-1　鸡蛋产量情况（万吨）

## 5. 消费者对蛋品质有哪些要求？

（1）**新鲜度**　消费者爱购买新鲜鸡蛋。蛋新鲜度的鉴定指标有生产日期、蛋黄颜色以及哈氏单位。

（2）**蛋壳**　消费者要求蛋壳应结实、坚固和强硬，表面干净、无污染、无斑点和裂痕，并光滑或平整。

（3）**蛋黄颜色**　消费者要求蛋黄颜色应该偏深。

（4）**蛋白**　消费者要求蛋白应有恰当的浓度，水分不应过多、不结团和清亮。

## 6. 国家对蛋鸡产业发展有哪些扶持政策？

近几年，国家对蛋鸡产业发展的扶持政策主要有：①2004年国务院办公厅发布了《国务院办公厅关于扶持家禽业发展若干措施的通知》（国办发〔2004〕17 号），国家财政对家禽重点养殖、加工企业流动资金贷款给予贴息；②2012 年农业部办公厅发布《全国蛋鸡遗传改良计划（2012—2020 年）》，以鼓励蛋鸡育种更好利用国内优秀种质资源选育出适合本地的优良蛋鸡品种，从而进一步加大我国自主选育蛋鸡品种在国内市场的份额；③2013 年农业部办公厅财政部办公厅出台了《关于做好祖代种鸡补贴有关工作的通知》，对种鸡进行补贴；④2013 年中央"一号文件"和十八届三中全会提出坚持家庭经营在农业中基础性地位的同时，鼓励和支持专业大户等多种形式规模经营的政策导向；⑤2014 年农业部办公厅发布《关于公布第一批国家蛋鸡核心育种场和国家蛋鸡良种扩繁推广基地名单的通知》（农办牧〔2014〕31 号），5 家企业入选国家蛋鸡核心育种场，10 家企业入选国家蛋鸡良种扩繁推广基地；⑥2014 年 1 月 1 日起实施的《畜禽规模养殖污染防治条例》，明确规定包含蛋鸡废弃物在内的畜禽废弃物如何综合利用，而且也明确提出激励和问责制度，该条例的出台为蛋鸡废弃物的处置提供了政策依据；⑦2015 年，财政部、国家发展改革委发布《关于取消和暂停征收一批行政事业性收费有关问题的通知》，自 2015 年 11 月 1 日起，在全国统一取消和暂停征收 37 项行政事业性收费，农业部门的行政事业性收费中暂停了动物及动物产品检疫费。

2017 年补贴政策包括：①补贴范围，按照公开、自愿、直接受益的原则，当年开工建设并于当年改造完工后，达到蛋鸡标准化规模养殖场（小区）建设规范的要求，对存栏 1 万～5 万羽的商品蛋鸡规模养殖场（户）和重点支持的蛋鸡重点县进行补贴；②养鸡补贴标准，根据蛋鸡养殖场（户）不同规模，对标准化建设内容改造具体分为四个档次进行补贴，饲养规模 1 万～1.99 万羽，每户平均补贴 8 万元；饲养规模 2 万～2.99 万羽，每户平均补贴 10 万元；饲养规模 3 万～3.99 万羽，每户平均补贴 12 万元；饲养规模 4 万～5 万羽，每户平均补贴 15 万元。

## 7. 我国蛋鸡产业的发展趋势是什么？

我国蛋鸡产业在经历快速发展期后，现已进入加速转型和升级阶段。目前，我国蛋鸡产业发展的宏观环境发生了较大变化，促使我国蛋鸡产业呈现出新的发展趋势。

（1）**行业整合速度将加快** 我国蛋鸡行业整合的步伐将进一步加快。随着饲养品种、饲养规模、营销手段、行业自律、政府政策等方面的变化，以及中小规模养殖户的趋退及新建大规模养殖场的投产运营，适度规模化、管理家庭化、经营农场化、生产专业化、服务社会化、产品品牌化等模式将渐渐出现，从而有效提高蛋鸡行业抵抗养殖风险的能力。

（2）**规模化和标准化推进速度将加快** 在我国蛋鸡产业发展过程中，产业集聚、政策扶持和经济效益驱动促使蛋鸡养殖场数量逐渐减少、散户逐步退出、规模化养殖场比重不断增加，纵向一体化式大型蛋鸡养殖企业发展迅速，标准化生产模式得到快速推广，现代化机械设备替代人力以及综合性新技术的应用成为发展方向。

（3）**市场导向作用将不断加强** 自改革开放以来，我国蛋鸡产业发展在经历了以解决家庭收入为目标的"富民工程"和满足居民动物性蛋白需求为目标的"菜篮子工程"之后，目前已过渡到以生产安全蛋品的"食品工程"阶段，蛋鸡产业发展受市场需求导向的作用愈加明显。

（4）**鸡蛋供需将接近平衡** 我国鸡蛋消费主要以居民家庭鲜蛋消费为主。目前，城乡居民对鸡蛋消费的弹性系数持续下降，增加鸡蛋市场需求的动力主要来自于人口增长和城镇化的推进。在此背景下，我国鸡蛋供需之间接近平衡。

（5）**生态农业发展和环境政策将促进废弃物资源化利用** 随着生态农业的发展，农业生产对有机肥料的需求越来越大，受市场需求的推动，蛋鸡废弃物有机肥利用成为蛋鸡产业拓展的重点。同时，清粪机等废弃物处置相关机械已列入了国家补贴的范围，激励养殖者无害化处置蛋鸡废弃物，并积极推进家禽标准化生产的"六化"建设（图 1-2）。此外，有关蛋鸡废弃物处置的以奖代补和有机肥补贴等政策也在各地开始实施，极大地推动了蛋鸡废弃物的无害化利用。

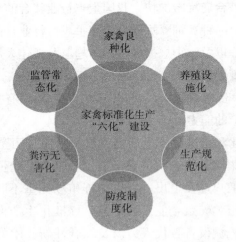

图 1-2  推进家禽标准化生产的"六化"建设

## 8. 蛋鸡市场的竞争力如何？

从 1985 年开始，禽蛋产量跃居世界第一位，成为我国生产效率、集约化程度最高的畜牧产业。家禽及其相关产业成为农户增收的主要产业之一，2015 年我国畜牧业产值超过 2.98 万亿元，占农业总产值的 27.9%。目前，一些畜牧业发达地区，畜牧业收入已占到农民收入的 50%左右，畜牧业已成为我国农业经济的支柱产业，其中，蛋鸡行业具有很大的潜力，发展蒸蒸日上。第二十五届世界家禽大会暨 2016 年中国畜牧兽医学会学术年会指出，随着全球人口和收入的增加与城镇化的推进，全球家禽产值还将继续增加，与此同时，产业的发展也将显著影响人、动物、环境的健康与福利。

## 9. 我国蛋鸡生产中面临哪些问题？

尽管我国是蛋鸡第一大生产国，但目前的生产水平还较低，尚存许多问题，主要表现在以下几个方面。

**(1) 蛋鸡生产成本问题** 我国蛋鸡的单产水平、成本控制及质量控制仍不及其他先进国家（表1-13）。料蛋比一般为（2.3∶1）～（2.5∶1），饲料成本居高不下。今后发展的方向是控制总量，提高单产水平，较大幅度地节约成本。我国蛋鸡的平均单产水平如果提高1千克，则蛋鸡存栏量可减少3亿～4亿只，按每只鸡20元的投资成本核算，每年可节省投资60亿～80亿元，如果包括配套种鸡等方面的投资，其节约总值更多。

表 1-13 蛋鸡部分生产指标对比

| 生产指标 | 中国 | 发达国家 |
|---|---|---|
| 72周龄产蛋比 | 16.5 | 18～20 |
| 料蛋比 | （2.3∶1）～（2.5∶1） | （2.1∶1）～2.3∶1 |
| 产蛋期死淘率（%） | 5～10 | 2～6 |

**(2) 产品质量问题** 鸡蛋的质量与卫生安全直接关系着人们的健康，消费者也越来越重视食品的安全、卫生和质量问题，绿色、安全、营养、健康蛋品消费已是大势所趋。但目前我国蛋鸡产业的药物残留、蛋品质差等问题尚未得到有效控制，这既破坏了鸡蛋产品的市场竞争力，影响了蛋鸡产业的正常健康发展，也损害了消费者的利益和健康，同时也影响着人们的消费心理以及人们对鸡蛋产品的正常需求。鸡蛋卫生质量中最重要的是疫病控制、沙门氏菌检疫、药物残留及饲料原料品质的控制。

**(3) 产品层次单一问题** 市场缺乏真正优质高档的鸡蛋产品，无法满足不同消费阶层、消费群体的需求。2014年，在四川调研的所有场中，取得有机、无公害或绿色鸡蛋认证的仅10家，占2.31%，无品牌养殖仍占绝大多数，占95.83%（表1-14）。

鸡蛋产品深加工是刺激消费增长、稳定蛋鸡生产、稳定市场价格的重要措施，也是蛋鸡产业化经营的核心，一般鸡蛋深加工可增值 1~3 倍。我国蛋鸡产品应在加工工艺、加工机械自动化、清洗、消毒、分级蛋、液体蛋、分离蛋、专用蛋粉、生化制品等方面加强研究、推广和应用，依据国内外市场的需求组织生产，提高企业产品在国际市场上的占有率。

表 1-14　2014 年四川省不同规模蛋鸡养殖场鸡蛋品牌建设情况

| 产蛋鸡笼位（个） | 总户数 | 有机/无公害/绿色 | | 品牌 | | 无品牌 | |
|---|---|---|---|---|---|---|---|
| | | 户数 | 比例（%） | 户数 | 比例（%） | 户数 | 比例（%） |
| ≤500 | 0 | 0 | 0.00 | 0 | 0.00 | 0 | 0.00 |
| 501~2 000 | 30 | 1 | 0.23 | 0 | 0.00 | 29 | 6.71 |
| 2 001~5 000 | 157 | 3 | 0.69 | 0 | 0.00 | 154 | 35.65 |
| 5 001~10 000 | 126 | 2 | 0.46 | 0 | 0.00 | 124 | 28.70 |
| 10 001~30 000 | 98 | 1 | 0.23 | 1 | 0.23 | 96 | 22.22 |
| 30 001~50 000 | | | | 5 | 1.16 | 10 | 2.31 |
| 50 001~100 000 | 4 | 2 | 0.46 | 2 | 0.46 | 0 | 0.00 |
| 100 001~300 000 | | | | | | 1 | 0.23 |
| 300 000 以上 | 0 | 0 | 0.00 | 0 | 0.00 | 0 | 0.00 |
| 小计 | 432 | 10 | 2.31 | 8 | 1.85 | 414 | 95.83 |

（4）**环境污染问题**　主要表现在：第一，鸡粪未经无害化处理，通过地表径流，造成地表水富营养化或污染；第二，鸡粪对空气造成污染，主要表现在粪便里的有机物在分解过程中产生大量的恶臭，同时释放出大量带有刺激性的气体以及携带大量致病菌的粉尘等，粉尘随空气流动，对周边区域的空气质量产生影响，影响人和其他生物的健康；第三，有的农户将鸡粪施于田地当中，蛋鸡粪便中存在大量的钠和钾，如果直接用于农田，鸡粪便中过量的钠和钾会造成土壤的微生物减少，土壤的通透性降低，长此以往，会使土壤的肥力减退，农作物产量下降，最终对人类的健康产生不利影响。

据调查，以四川为例，小规模蛋鸡场有超过 44.21% 未设粪污处理区，鸡粪随意堆放；规模大的养殖场则更加重视粪污的处理，有专门的粪便储存场所，个别的有粪污处理设施（表 1-15）。

**表 1-15　2014 年四川省不同规模蛋鸡养殖场粪污处理区设置情况**

| 产蛋鸡笼位（个） | 总户数 | 有 | | 无 | |
| --- | --- | --- | --- | --- | --- |
| | | 户数 | 比例（％） | 户数 | 比例（％） |
| ≤500 | 0 | 0 | 0.00 | 0 | 0.00 |
| 501～2 000 | 30 | 12 | 2.78 | 18 | 4.17 |
| 2 001～5 000 | 157 | 80 | 18.52 | 77 | 17.82 |
| 5 001～10 000 | 126 | 66 | 15.28 | 60 | 13.89 |
| 10 001～30 000 | 98 | 62 | 14.35 | 36 | 8.33 |
| 30 001～50 000 | 16 | 13 | 3.01 | 3 | 0.69 |
| 50 001～100 000 | 4 | 4 | 0.93 | 0 | 0.00 |
| 100 001～300 000 | 1 | 1 | 0.23 | 0 | 0.00 |
| 300 000 以上 | 0 | 0 | 0.00 | 0 | 0.00 |

（5）**产业过剩问题**　进入 21 世纪，随着消费格局主体的转移，我国蛋鸡产业进入缓慢增长的"平台期"，产业发展趋于饱和，蛋鸡生产的竞争加剧，如果蛋鸡生产者长期面临微利或亏损的境地，既不利于蛋鸡产业的稳定发展，也不利于消费者的稳定需求。

## 10. 蛋鸡养殖有哪些风险?

（1）**市场风险**　生产发展很大程度依赖市场供求产生的自发调节，缺乏有针对性的调控手段。近年来，鸡蛋及淘汰蛋鸡价格潮起潮落，如 2014 年，全国鸡蛋平均价 10.77 元/千克，鸡蛋主产省份鸡蛋平均价 9.87 元/千克，蛋鸡养殖利润为 26～32 元/只，而 2015 年上半年则亏损严重。2017 年 7 月，价格相对平稳（图 1-3）。因各种制约因素（如饲料、兽药、供求关系、生产组织模式、国际市场环境等）的影响，市场行情变化快，价格波动难以预测，时常出现"有市无价"或"有价无市"的局面。

（2）**疾病风险**　蛋鸡养殖最大的风险就是疾病，如禽流感、新城

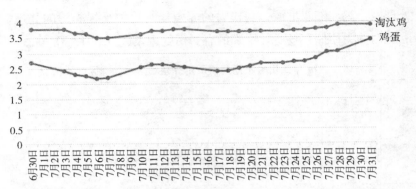

图 1-3　2017 年 7 月全国鸡蛋/淘汰鸡均价走势图（元/500 克）

疫、传染性支气管炎、传染性法氏囊病、球虫病、大肠杆菌病、支原体感染等。其中，高致病性禽流感病毒随着时间不断进化和流行病学变化，很难及时选择和使用合适的疫苗。疫病对蛋鸡业生产的危害性不仅造成蛋鸡死亡或个体生产性能下降，更加突出表现为养殖户、消费者对疫病产生恐慌而弃养、弃购。如 2014 年行情之所以上涨，是由于前期受 H7N9 流感影响，从 2013 年 4 月份开始补栏量大幅减少，整个二季度减少幅度在 12% 以上，导致鸡蛋价格从 2014 年 5 月份开始连续数月的持续高涨并达到历史最高。蛋鸡疫病是造成养殖业高风险的重要因素，具有不确定性，做好鸡病的防治和疫苗接种，减少疾病的发生，是降低养殖风险的重要环节。

（3）**技术风险**　养殖业是农业项目中风险最大的行业，目前，多数养殖户不再依照传统模式，多依靠先进养殖技术为支撑，技术水平的高低、技术的适用与否、应用是否得当，都会影响到养殖户的生产效益。蛋鸡养殖中也面临技术风险，如果养殖技术或经验不足，饲养管理不当，疾病防控不到位，都可能导致蛋鸡大批死亡，给企业造成巨大的经济损失。

（4）**政策风险**　农业政策中的畜产品价格政策、环保评价政策、全国兽药（抗菌药）综合治理五年行动规划、兽药国标化变化等政策因素经过传导最终会影响畜产品的价格。

（5）**环境风险**　一是自然灾害，如地震、水灾、火灾、风灾、冰雹、霜冻等气象、地质灾害对蛋鸡生产会造成损失，从而带来风险；二是国民的肉类消费理念也会影响鸡蛋消费量；三是国家和社会对资源、环境和食品安全的重视也对蛋鸡产业提出了严峻的考验。

（6）**资金风险** 由于缺乏足够的资金保障使得蛋鸡养殖不能顺利开展，从而形成资金风险。

## 11. 现代蛋鸡生产的发展方向是什么？

现代养鸡生产表现为"三高一低"，即产品生产率高，饲料报酬率高，劳动生产率高，因而生产成本相应大大降低。因此，现代蛋鸡养殖适度规模化和现代化是必然趋势。

①要用"互联网＋"思维重新思考行业发展高度，重视客户体验，以客户为中心，满足消费者多元化需求。"互联网＋"与蛋鸡养殖业结合，运用到整个产业链的改造升级中，争取赶超甚至示范引领世界蛋鸡行业健康有序发展。

②要把互联网技术、物联网技术、大数据技术等先进信息技术与设备应用到行业生产效率提升与管理水平提高上，构建强大的产业链大数据体系、分析体系、服务体系，全面提升蛋鸡产业效率和效益。

③生产要规模化、专业化。我国广大蛋鸡养殖户在目前的经济、技术水平下，大多很难靠自身实现规模经营。但小企业和农户可以产业区的方式重新组织，应用现代科学技术成就，充分发挥企业优势、区域优势和资源优势，形成资本、技术、市场方面的集中优势，以过去从未有过的效率最大限度地把饲料变为蛋鸡产品，供应市场需要。

④管理机械化、自动化。现代养鸡无论给料、供水、集蛋、除粪、屠宰、加工等过程，均采用机械化和自动化。一个人可管理5万～10万只的鸡群，这不仅极大地提高了劳动生产率，而且保证了管理规范化，能极大地提高管理水平。

## 12. 欧盟蛋鸡的养殖标准是什么？

1999 年 6 月 17 日，欧洲颁布了《关于拟订保护蛋鸡的最低标准的理事会指令》（99/74/EC），宣布将用 13 年的准备期彻底废除蛋鸡的传统笼养模式。这一强制性禁令，已于 2012 年 1 月 1 日生效，该指令要求在 2012 年 1 月 1 日废止传统的笼养模式，必须采用富集型鸡笼或非笼养模式等，并对不同饲养模式的饲养设施与条件作出了详细规定（表 1-16）。根据欧盟兽医科学委员会的意见，在欧盟国家，禁止用传统的笼子饲养蛋鸡，而只允许使用富集型的鸡笼或者是进行散养。欧盟的一些成员国在 78/923/EEC 基础上，还作出了一些其他的补充规定，如德国规定，在 2007 年禁止传统的笼养模式，较欧盟的规定提早了 5 年；奥地利规定 2009 年后禁止使用传统笼养模式。

**表 1-16　欧盟对不同蛋鸡养殖模式的规定**

| 指标 | 丰富型笼养模式 | 谷仓饲养模式 | 自由放养模式 | 有机饲养模式 |
|---|---|---|---|---|
| 饲养密度 | 750 厘米$^2$/只 | 9 只/米$^2$ | | 6 只/米$^2$ |
| 鸡窝 | √ | 每 7 只鸡 1 个鸡窝 | | |
| 栖架 | 15 厘米/只 | 15 厘米/只 | | 18 厘米/只 |
| 垫料 | √ | 每只鸡的垫料要达到或超过 250 厘米$^2$；垫料覆盖面积要达到或超过 1/3 的地面 | | 垫料覆盖面积要达到或超过 1/3 的地面 |
| 户外活动空间 | × | × | √2 500 只/公顷$^2$，4 米$^2$/只 | √4 米$^2$/只，氮气含量控制在 170 千克/（公顷$^2$·年）（相当于 230 只/公顷$^2$的饲养密度） |
| 断喙 | 允许 | 允许 | 允许 | 禁止断喙 |
| 其他 | 安装鸡磨脚爪的设施 | | | |

## 13. 美国与欧盟福利组织关于鸡福利标准有哪些不同？

美国曾经被普遍认为没有将动物福利提上议事日程，然而，随着亚利桑那州、佛罗里达州和加利福尼亚州投票通过禁止蛋鸡笼养，美国的情况发生了转变。自从加利福尼亚地区禁止使用笼养的立法实施以来，消费者购买非笼养蛋鸡的支出比重显著升高（提高了 51％）。美国与欧盟福利组织关于鸡福利标准的比较见表 1-17。

**表 1-17 美国与欧盟福利组织关于鸡福利标准的比较**

| 规定内容 | UEP | HFAC | AHS | EU1974/1975 |
|---|---|---|---|---|
| 活动面积 | 每只母鸡 920 厘米², 包括无限制的地板及走动区域, 不包括栖木与巢的面积 | 每只母鸡 920 厘米², 包括无限制的地板及走动区域, 不包括栖木与巢的面积 | 每只母鸡 920 厘米², 包括无限制的地板及走动区域 (可利用空间) | 每只母鸡 0.11 米² |
| 进食空间 | 可对面一起进食的料线每只 3.8 厘米, 进食点之间最大距离 7.9 米 | 可对面一起进食的料线每只 5.1 厘米, 进食点之间最大距离 7.3 米 | 可对面一起进食的料线每只 5.1 厘米, 进食点之间最大距离 4.6 米 | 可对面一起进食的料线每只 3.8 厘米 |
| 饮水福利 | 每 10 只鸡 1 个饮水乳头 | 每 12 只鸡 1 个饮水乳头 | 每 10 只鸡 1 个饮水乳头 | 每 10 只鸡 1 个饮水乳头 |
| 巢空间 | 公共巢每 100 只鸡 0.83 米² | 公共巢每 100 只鸡 0.83 米² | 公共巢每 120 只鸡 1.0 米² | 公共巢每 120 只鸡 1.0 米² |
| 栖木空间 | 地板面上 16 厘米栖木每只鸡占 15 厘米, 栖木水平间隔 30 厘米 | 地板打孔所做栖木每只鸡占 15 厘米, 水平间隔 30 厘米 | 地板打孔所做栖木每只鸡占 15 厘米 | 每只鸡占 15 厘米 |
| 垫料面积 | 15％可用地面有垫料 | 30％可用地面有垫料 | — | 30％ 地面面积 |
| 光照 | 地面至少 0.5 勒克斯 | 地面平均光照至少 0.9 勒克斯 | 地面平均光照至少 1.8 勒克斯 | — |
| 层隔 | 两层水平间隔 76 厘米, 层间及地面到第一层垂直距离为 48～100 厘米 | — | | 最多四层, 且层面与层底垂直距离 46 厘米以上 |

注：UEP——美国联合蛋业生产商协会；HFAC——美国人道畜牧及动物饲养组织；AHS——美国人权论证；EU1974/1975——欧盟的 1974/1975 规则。

## 14. 怎样确保养殖蛋鸡盈利?

**(1) 养殖蛋鸡盈利的基础目标** 要实现蛋鸡养殖盈利，需看饲养全程，蛋鸡一般饲养到72周淘汰，应从以下几方面入手：

①提高入舍鸡产蛋量：目前，国内外优良蛋鸡品种饲养到72周，入舍鸡产蛋量一般在19.27千克左右。要提高入舍鸡产蛋量，高峰期产蛋率应高达95%～96%的标准；高峰期要长，93%以上的产蛋率要维持5个月左右；高峰期过后产蛋率下降要缓慢，标准产蛋率每个百分点维持2周，饲养条件、营养水平、饲养管理好的，高峰期后每个百分点可维持4～6周，到72周时产蛋率仍在80%以上，比标准高8%以上；全程蛋重要达标，平均蛋重要达到63克以上；全程死淘率要低，不能超过6%。

②提高蛋品质量：蛋壳质量好，颜色鲜艳，光滑圆润，畸形蛋少，色泽一致，蛋壳硬度强，不易破损；蛋内容物质量好，蛋白浓度高，蛋黄黄亮，无腥味。

③提高淘汰母鸡的体重：在国内淘汰母鸡因其所含的鲜味物质及脂肪沉积较多而受到老百姓的偏爱，故而淘汰鸡也是养殖户一笔不少的收入。体重小、偏瘦的淘汰鸡不但价格低，而且销路差，因此淘汰鸡的体格及体重大小也影响着蛋鸡的盈利情况。

④降低全程料蛋比：国内累计料蛋比一般为2.2∶1左右，而多数农村养殖户的蛋鸡料蛋比在（2.4∶1）～（2.5∶1）或更高。如果一只鸡产蛋量按16千克计算，相当于每只鸡多消耗饲料3.2～4.8千克，按市场价计算多消耗饲料费8～12元。因此，因料蛋比高而每只鸡少赚8～12元。

**(2) 提高蛋鸡盈利的措施**

①同源引种：品种来自同一育种厂家，达到品种一致，减少遗传疾病的发生。

②全进全出：同一来源、同一品种、同一时段的鸡同时进场，同时出场，才能彻底清扫、清洗、消毒鸡舍，有利于鸡场净化，最

大可能消灭病原微生物。

③分段饲养：育雏阶段、育成阶段、产蛋阶段分开饲养，每一阶段鸡群均在干净、消毒后的鸡舍中，减少累积病原体对鸡群的威胁，减少疾病的发生。

④做好品种、饲料、设施设备及管理的配套工作：其一，选择优良的品种。鸡苗要求是来自饲养条件好、防疫体系完善、饲养管理水平高、有信誉的厂家；其二，选择优良的饲料。把好原料关，购买生产工艺先进、营养全面均衡、品质稳定的品牌饲料；其三，建筑优良的鸡舍。建筑符合蛋鸡饲养工艺要求，能够保温、不受自然光照影响，防止鸟类及其他害畜进入鸡舍；具备环境控制系统，使鸡舍温度、湿度、光照、新鲜空气等指标符合蛋鸡最舒适的标准，减少灰尘及各种有害气体；其四，正确的管理制度。采用合理的饲喂方式和环境控制等管理制度；建立良好的防疫体系，建场时正确选址、合理布局，并制定健全的防疫制度，配套良好的防疫设施。

# 第二节　可行性论证

## 15. 为什么蛋鸡养殖要规模化？

规模化养蛋鸡是指经当地农业、工商等行政主管部门批准，具有法人资格的养殖场养的蛋鸡，鸡场具有一定的规模，且蛋鸡存栏大于或等于 20 000 羽。蛋鸡规模化养殖是以提高产蛋率并获得最大经济效益为目的，从雏鸡到产蛋鸡淘汰，制定各阶段的饲养标准、选择适合的饲养方式及确定适宜的转群时机，以获取最大的效益。

（1）**发展背景**　近年来，我国畜牧业取得了巨大的成就，其中以养鸡为主的家禽业发展迅速，市场化和规模化程度高，现已成为我国农村经济中最活跃的增长点。1985 年以来，我国禽蛋总产量一直排名世界第一，鸡蛋产量已占到世界的 40% 左右。虽然我国蛋鸡业近年来所取得的成绩有目共睹，但与发达国家相比，我国蛋鸡生产规模化、集约化养殖程度较低，难以形成产业化的集群优势。

（2）**政策背景** 近年来，国家高度重视畜牧业发展，出台了一系列养殖业惠农扶持政策。2016 年中央 1 号文件《关于落实发展新理念加快农业现代化实现全面小康目标的若干意见》中，"优化农业生产结构和区域布局"点明加快现代畜牧业建设，根据环境容量调整区域养殖布局，优化畜禽养殖结构，形成规模化生产、集约化经营为主导的产业发展格局。全国各地也相继出台相关政策，把蛋鸡等畜禽产业作为发展畜牧业的主要项目进行安排部署。

（3）**产业背景**

①提高畜禽产业的整体水平和促进农业产业化经营：畜禽标准化养殖场建设可以增加养殖总量，提高产品质量，增加劳动生产率，促进人们改变传统的养殖习惯以适应现代养殖的需要。

②应对市场风险，确保畜禽生产市场稳定的需要：近年来，受"禽流感"等疫病的影响，畜禽养殖业的市场波动频繁，价格时起时落，产业效益时高时低，甚至部分养殖企业亏损破产。为了使畜禽养殖产业健康发展，提升畜禽标准化养殖抵御市场风险的优势，规模养殖成为稳定畜禽养殖业市场价格的重要手段。

③保证食品安全和维护消费者利益的需要：一直以来，畜禽养殖业依托千家万户分散饲养、传统耕作、农户缺少技术指导与培训，加之防疫能力差，使得很多的疫病流行，药物残留超标。发展标准化养殖场，实施标准化养殖、规范养殖技术，可保证畜禽产品安全和人民群众身体健康。

④促进农业增效，农民增收，建设社会主义新农村的需要：当前广为采用的"企业＋农户"等产业化经营模式，可带动农户发展养殖，生产无公害农产品。

### 16. 蛋鸡规模化养殖应具备哪些条件？

（1）**优良的品种**　良种选择原则：适应性强、高产节料，体型大小适中，蛋壳的颜色和羽色适中，产品受市场青睐。

（2）**优质的营养饲料体系**　为了更好地满足蛋鸡在各生长阶段的营养需要，根据蛋鸡不同生长阶段营养需要和消化生理特点，适时调整营养参数，广泛利用当地饲料资源，合理配制日粮，随时提供优质饲料。

（3）**优良的生产和生活环境体系**　从蛋鸡生产和生活进行全方位立体式环境控制，一是提供舒适的鸡体生产和生活空间，主要包括温度、湿度、光照、通风、密度、抗应激等，按蛋鸡不同生长阶段的需求和季节变化，适时调整；二是舍内污染的控制；三是舍外环境控制。

（4）**规范的疫病防控体系**　应做好药物预防和治疗、抗体和微生物检测、环境控制和鸡群免疫。

①建立完善的生物安全体系：高度重视场址选择，合理确定养殖规模，选择种源可靠的引种单位，防止引种带病，实行彻底的"全进全出"饲养方式；加强养禽场的自我封锁和隔离，严格控制外来人员和车辆进入养鸡场，禁止运输车辆和采购人员进入养殖区，执行经常性的清洁、消毒制度；定期开展疫病监测，及时掌握疫病发展动态；依照《动物防疫法》及其配套法规的要求，结合每个养殖场的实际情况，制定疫病监测方案，每季度进行一次免疫抗体检测，每半年进行一次疫病监测，重点监测高致病性禽流感、鸡新城疫、鸡白痢与伤寒等；及时掌握疫病流行态势，做好预警预测工作，发现问题及时采取有力措施，确保鸡群健康。

②规范合理用药：提高药物使用效果，严禁使用违禁药物。根据每个养殖场的发病情况，有计划地在适宜日龄对鸡群投药，以防止和减少疾病的发生；为了有针对性地用药，应进行药敏试验；如果发生重大疫情，应及时向当地有关部门报告。

（5）**合理的选址与布局**　坚持因地制宜、合理布局、功能完善、设备先进、提高效率、减少污染的建筑原则。

（6）**科学的管理体系** 为提高养殖户经营管理能力，推动蛋鸡生产方式的转变，增强养殖户的市场意识、质量意识、成本意识和环保意识，应采取多种形式对养殖户进行经营管理技术培训，使养殖户基本具备面对市场、创新观念、懂经营、会管理的能力，学会运用各种现代科学技术和现代经营管理理念，使生产、销售和管理相互平衡，实现生产发展、效益提高的目标。

## 17. 兴办蛋鸡养殖场需要办理哪些手续？

首先，应明确所在的区域是否被设定为禁养区，是否允许建设规模养殖场；其次，在准建区，申请建设规模化蛋鸡养殖场的流程。具体手续包括：

**（1）申请选址**

①拟新（扩）建蛋鸡养殖场的企业或个人，需向乡镇人民政府提出申请，详细阐明发展规划和粪污处理利用方案。

②由乡镇人民政府审核后向区县政府提出选址申请。

③畜牧部门会同安监、环保、国土、水务、林业等部门进行现场踏勘，形成选址意见，并由牵头部门书面报区县政府审批后，将选址意见书面告知乡镇人民政府及申请人。

**（2）规划设计及各种报告的编写**

①申请人委托有资质的单位编写《规模化养殖场可行性报告》，阐述项目的可行性、项目预期收益、项目规划平面图和施工设计图，报区县畜牧局、安监环保局及乡镇人民政府审查备案。

②编制环评报告书或环评报告表（家禽≥10万只，需要环评报告书，反之需要环评报告表）。

③根据需要编写《安全评定书》《能源评定书》《用水设计》等。

## 18. 编制可行性报告有哪些内容？

①可行性研究总述。

②项目的背景以及发展概况。

③市场分析和项目规模。

④建设条件以及厂址选择。

⑤项目工程技术方案。

⑥环境保护和劳动安全。

⑦企业组织与劳动定员。

⑧项目实施时期进度安排。

⑨项目投资估算与资金的筹措。

⑩财务、经济和社会效益评价。

⑪得出可行性研究的结论与提出建议。

## 第三节　蛋鸡场的定位

### 19. 怎样确定蛋鸡养殖场的生产规模?

根据各项指标综合分析,存栏 2 000 只以下规模的养殖方式可以认为是以家庭散养为主的"非专业化家庭养殖";2 000～9 999只存栏规模为专业养殖户为主的"专业化家庭养殖";1 万～10 万只规模是专业大户为主的"中小规模养殖";10 万只以上养殖规模则是主要以工厂化养殖为主的"大规模养殖"。

### 20. 蛋鸡规模化养殖有哪些优势?

①推行规模化养殖,不仅能促进养殖、加工、经营、销售各环节的监督管理,还可以促进蛋鸡产业链的调整和养殖业结构的战略性调整。

②有利于实行严格的防疫及对养殖场周边环境和畜禽停药期的监控,可实现鸡蛋产品的质量监督和追根溯源。

③有利于控制蛋鸡疫病和病死鸡只无害化处理的实施。

④蛋鸡规模化养殖，由于饲料用量大，可直接从厂家进购，有利于降低养殖成本，增加蛋鸡养殖经济、社会和生态效益。

⑤有利于对养殖场进行合理化布局、标准化生产，既保证资源的循环利用、又保护环境的清洁卫生。

⑥在规模化养殖中，通过市场信息沟通，可以及时地对鸡蛋产品进行有效的调配供应，从而大幅降低养殖风险。

⑦通过规模化养殖，可提高蛋鸡成活率和产蛋量。

⑧现代化规模化的养殖，即可减少占用土地资源，还可节约劳动力，降低成本。

⑨利于产品质量的控制和品牌的树立，提高产品竞争力。

## 21. 规模化蛋鸡场的劣势表现在哪些方面？

（1）**区域集中化，加大了对地区环境的压力**　主要是由于养殖粪污处理不当，对大气、水体、土壤造成的污染。

（2）**蛋鸡规模化养殖场投入高**　第一年包括固定资产投入，蛋鸡到 60% 产蛋需要 85～100 元/只，其中蛋鸡本身投入大约 35 元/只；第二年（批）再投入大约 35 元/只可以运转。在备足这些资金的基础上还应预存一定的备用经费，以防资金链中断时的应急需要。

（3）**市场起伏较大**　蛋鸡市场的波动比较大，3 年左右一个大的波动周期；10 年中 2～3 年好行情，3～4 年相对行情平和，2～3 年行情不好。

（4）**疾病的影响**　目前，影响我国规模化养鸡业发展最大的因素是疾病。主要表现在：疾病种类增加，发生区域广，控制难度加大，危害程度大。

（5）**动物福利的关注**　在发达国家，通过实施最佳管理措施，生产商和消费者能够对福利标准取得一致的意见。由动物保护组织提出降低饲养密度要求，提高空气流通等将有助于合格产品的生产。

## 22. 蛋鸡养殖对环境影响评价内容有哪些?

### (1) 评价工作等级

①大气环境:根据《环境影响评价技术导则—大气环境》(HJ 2.2—2008)评价等级。

②地表水环境:根据《环境影响评价技术导则—地面水环境》(HJ/T 2.3—93)关于地面水环境影响评价工作分级规定。

③地下水环境:根据《环境影响评价技术导则—地下水环境》(HJ 610—2016)评价等级。

④声环境:根据《环境影响评价技术导则—声环境》(HJ 610—2016)评价等级。

### (2) 评价范围

①大气环境:以拟建设项目为中心、边长 5 千米正方形的范围内,评价面积为 25 千米$^2$。

②地表水环境:养殖场及厂界外 200 米范围。

③地下水环境:养殖场所在水文地质单元。

④声环境:满足一级评价的要求,建设项目边界向外 200 米。

## 23. 我国蛋鸡生产标准化体系建设包括哪些内容?

**(1) 品种选择标准化** 通过对标准品种的选择,建立蛋鸡良种繁育体系。现代蛋鸡品种多样,如白壳蛋系的北京白鸡、哈尔滨白鸡、星杂 288、罗曼白壳蛋鸡和海赛克斯白壳蛋鸡;褐壳蛋系的罗斯褐鸡、星杂 579、海赛克斯褐、伊沙褐、罗曼褐鸡;粉壳蛋系的海兰灰、亚康粉壳蛋鸡、星杂 444 粉壳蛋鸡;绿壳蛋系的东乡黑羽的绿壳蛋鸡、昌系绿壳蛋鸡等。

**(2) 蛋鸡繁殖技术标准化** 蛋用种鸡的配种方法有自然交配和人工授精。人工授精具有提高种蛋受精率、提高种公鸡利用率、充分利用种公鸡和解决配种困难等优势。为了获得优良的孵化率,必须做好种鸡的饲养、管理和繁殖工作,孵化前保存好种蛋,孵化时保证合适的孵化条件，并经常对孵化效果进行检查和分析。

**(3) 饲料配置标准化**　根据蛋鸡不同阶段（雏鸡、青年鸡、产蛋鸡）的营养需要，供给一定量的能量饲料、蛋白质饲料、矿物质饲料、维生素饲料和饲料添加剂。通过饲料配合技术获得最佳的饲养效果和经济效益。

**(4) 饲养管理标准化**　通过对蛋鸡不同阶段（育雏、育成、产蛋、种鸡、换羽）的具体情况，调整环境温度、湿度、密度、光照和各个时期具体的管理要点等。

**(5) 环境控制标准化**

①创造适宜的环境条件：控制温热环境，注意通风换气，粪污管理。

②环境控制技术：鸡场绿化，纵向通风，缓解环境应激。

**(6) 场舍标准化**

①场舍建筑原则：节省土地能源；方便生产；绿色、无污染。

②生产工艺流程：包括孵化场、种鸡场、商品蛋鸡场的工艺流程。

③鸡场的建筑：应注意场址的合理选择、布局的基本原则、鸡场道路和鸡舍的朝向和距离。

**(7) 卫生防疫标准化**

①疫病预防原则：加强管理，卫生消毒，免疫接种，营养适宜，科学用药。

②防疫灭病的措施：建立健全卫生防疫制度；全进全出制；制定免疫程序；预防用药。

**(8) 产品加工标准化**

①鸡蛋的保鲜、腌制、深加工，符合相应的卫生标准。

②淘汰鸡的屠宰、肉品加工、疫病控制。

③鸡粪处理。

**(9) 贮藏运输标准化**　包括饲料的贮藏、种蛋的贮藏、雏鸡的贮藏、鸡蛋的贮藏。

## 24. 怎样确定蛋鸡场的生产流程?

鸡场生产工艺流程如图 1-4 所示。

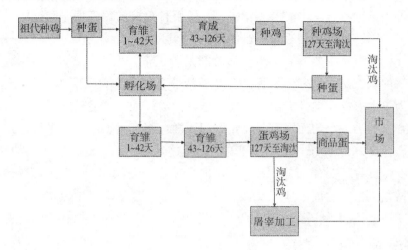

图 1-4 鸡场生产工艺流程

## 25. 怎样选择蛋鸡品种?

(1) **选择条件** 根据所在地的市场需求及本地区对各种品种的熟悉程度及饲养习惯来选择蛋鸡的品种。如果所在地市场盛行褐壳蛋鸡,可选择褐壳蛋鸡;如果当地喜欢食用白壳蛋,就可养白壳蛋鸡;还有部分地方喜欢吃粉壳蛋,如山东省德州地区养殖户多饲养罗曼粉壳蛋鸡。

根据养殖水平来确定品种。白壳蛋鸡体型较小,采食少,产蛋量大,但其蛋重较小,抗应激能力差,容易啄肛、啄羽;褐壳蛋鸡体型较大,蛋重较大,蛋的破损率较低,抗应激能力强,啄羽、啄肛少,死淘率低,但耗料多,不耐热,饲养技术比白壳蛋鸡高。

养殖户应从一些规模大、管理水平高的种鸡场购买雏鸡,确保不受品种退化、种鸡垂直感染等带来产蛋鸡生产水平降低的困扰。

（2）优质雏鸡的挑选

①查：首先选定高产品种，查清种鸡场的品种纯度和种鸡生产性能，以及该品种是否按配套系繁育和遵循种鸡场验收条例；查清种鸡场饲养管理水平及孵化水平；了解种鸡群的免疫程序和抗体水平，以及种鸡场是否发生过传染病。

②看：主要看雏鸡出壳的时间是否正常，大小是否均匀一致，精神状态是否良好，是否符合品种特性。优质雏鸡（图 1-5）表现为眼大有神，向外突出，反应灵敏，活泼好动，绒毛长度适中、整齐、清洁、均匀而富有光泽，肛门干净，腹部大小适中、平坦，脐愈合良好、干燥、有绒毛覆盖、无血迹，喙、腿、趾、翅无残缺，发育良好。劣质雏鸡（图 1-6）精神萎靡，缩头闭目，腿脚干瘪，站立不稳，对周围环境及音响反应迟钝，不爱活动，怕冷，绒毛蓬乱污秽，缺乏光泽，有时绒毛极短或缺失，肛门周围粘有黄白色粪便，腹部膨大、突出，表明卵黄吸收不良，脐部愈合不好、湿润、有出血痕迹，缺乏绒毛覆盖，明显裸露，瘦弱无力。

图 1-5　优质雏鸡（刘嘉　摄）

图 1-6　劣质雏鸡
（四川省万源县农业局提供）

③听：主要听雏鸡的叫声，优质健康雏鸡叫声洪亮、清脆而短促；弱雏则叫声微弱而嘶哑，或者尖叫不休，但注意要和由高温、缺水、寒冷等不良环境条件引起的鸣叫声相区别。

④触：将雏鸡握在手中，触摸膘肥、腹部大小、卵黄吸收是否良好，体态是否匀称。健康雏鸡感到挣扎有力，体态匀称，体重适

中，腹部平坦柔软、大小适中，表明卵黄吸收及脐部愈合良好。弱雏手握感到挣扎无力，瘦弱，松软，腹部膨大。

## 26. 怎样概算标准化蛋鸡场的投资?

以建设年存栏 50 000 只蛋鸡的标准化养殖场为例。标准化蛋鸡场总占地面积 10 667 米$^2$（16 亩），鸡舍 10 栋，其中：育雏舍 2 栋，育成舍 3 栋，蛋鸡舍 5 栋。育雏、育成舍每批可饲养蛋鸡 2.5 万只，蛋鸡舍每栋可饲养 10 000 只，每年 2 批，标准化蛋鸡场年存栏蛋鸡 50 000 只。

**（1）设施建设**

①主体房建设预计费用 246.5 万元。

其中：鸡舍建设 4 500 米$^2$预计 225 万元，职工住宿区 200 米$^2$预计 10 万元，消毒室建设 50 米$^2$预计 2.5 万元，储料室建设 300 米$^2$预计 1.5 万元，办公室建设 150 米$^2$预计 7.5 万元。

②辅助设施建设预计费用 25.48 万元。

其中：污水处理池建设 60 米$^3$预计 1.0 万元，粪便处理场建设 600 米$^2$预计 2.4 万元，厂区沙石路修建预计 1.28 万元（200 米×0.2 米×4 米），修建排水沟 700 米预计 2.8 万元，水、电架设预计 4.0 万元，征地和场地平整费预计 10 万元，厂区绿化预计 4 万元。

**（2）设备购置**

①设备购置预计费用 130 万元。

其中：笼具设备 10 套预计 70 万元，喂料机＋清粪机＋通风设备＋室内水电 10 套预计 60 万元。

②辅助设备购置预计费用 24.4 万元。

其中：取暖设备 2 套预计 0.4 万元，消毒设备 1 套预计 1 万元，无害化焚烧炉 1 台预计 2 万元，运输车辆 1 台预计 6 万元，饲料加工设备 1 套预计 3 万元，自备发电机 1 台预计 2 万元，办公生活设备预计 10 万元。

**（3）其他** 购置鸡苗 50 000 只预计 25 万元，购置疫（菌）苗需费用 1 万元，滚动发展投入饲料周转资金 80 万元。

以上合计，整个项目计划总投产 532.38 万元，其中固定资产投资 426.38 万元。

# 参 考 文 献

邓塘波，高文彪. 商业企业管理三题 [J]. 企业经济，1988（8）：51-52.

中国畜牧兽医年鉴编辑委员会. 2016. 中国畜牧兽医年鉴 2016 [M]. 北京：中国农业出版社.

智妍咨询集团. 2017—2022 年中国蛋鸡养殖行业分析及发展前景预测报告 [R]. 北京：智妍咨询集团，2017：38-42.

邹仕庚. 欧洲消费者对鸡蛋品质的追求与理解 [J]. 中国家禽，2001，23（5）：36-37.

彭红梅，王银钱，刘燕，等. 蛋鸡政策解读 [J]. 北方牧业，2014（9）：35.

侯国庆，马骥. 农户蛋鸡规模化养殖意愿与行为偏离的影响因素分析 [J]. 中国家禽，2016，38（23）：36-40.

王忠强. 未来我国蛋鸡行业的发展格局及政策解读 [J]. 北方牧业，2015（23）：8-9.

朱宁，秦富. 蛋鸡产业发展的国际趋势及中国展望 [J]. 中国家禽，2016，38（20）：1-5.

何新天，王志刚，张金松，等. 全面落实《全国蛋鸡遗传改良计划》促进现代蛋鸡种业发展 [J]. 中国畜牧业，2016（22）：35-36.

闻雪梅. 我国蛋鸡集约化养殖集成技术与发展趋势分析 [J]. 中国畜牧兽医文摘，2016，32（2）：55.

鸡病专业网. 7 月 31 日我国部分地区鸡蛋、淘汰鸡价格汇总 [EB/OL]. http：//www.jbzyw.com/view/257941，2017-07-31.

孙海龙，谭利伟，温婧，等. 用"互联网＋"现代畜禽业打造智慧蛋鸡新业态，引领世界蛋鸡种业新发展——深度专访北京市华都峪口禽业有限公司董事长孙浩 [J]. 农业工程技术，2016（18）：57-59.

刘雪，陈雪瑞，张领先. 欧盟蛋鸡养殖模式的重大变革和原因分析 [J]. 中国畜牧业，2013（17）：60-62.

叶静.美国与欧盟关于鸡福利标准的比较 [J].中国家禽，2009，31（7）：
　　31-33.

张安杰，陈宽之.蛋鸡规模养殖技术 [J].中国畜牧兽医文摘，2014（11）：
　　89-90.

孔维其.蛋鸡标准化规模养殖关键技术初探 [J].安徽农学通报，2012，18
　　（4）：13.

艾文森.1999.蛋鸡生产（第三版）[M].北京：中国农业出版社.

李尚敏，杨根祥，车跃光，等.蛋鸡标准化规模养殖关键技术集成与示范
　　[J].畜牧与饲料科学，2011（2）：114-116.

杨宁，秦富，徐桂云，等.我国蛋鸡养殖规模化发展现状调研分析报告 [J].
　　中国家禽，2014，36（7）：2-9.

范瑜.浅谈畜禽生态规模养殖的好处及选址要求 [J].兽医导刊，2014，8：
　　43-44.

易敢峰，孙铁虎，冯自科.中国现代规模化肉鸡养殖面临的机遇和挑战及应
　　对策略 [J].中国畜牧杂志，2008，44（14）：29-35.

赵守红.蛋鸡品种与雏鸡的选择 [J].养殖技术顾问，2014（2）：39.

# 第二章 蛋鸡场的规划与建设

## 第一节 鸡场选址与布局

### 27. 怎样选择蛋鸡场场址?

（1）**地理条件** 蛋鸡场应选在地势较高、干燥平坦及排水良好，向阳背风的场地。平坝地区应将场址选择在比周围地段稍高的地方，地下水至少低于建筑物地基深埋 0.5 米以下。对靠近河流、湖泊地区，场地应比当地水文资料中最高水位高 1～2 米。山区建场应选在稍平缓的坡上，坡面向阳，避开断层、滑坡、塌方、坡底和谷底向风口等地方。

（2）**环境条件**

①土壤：要求透气性和透水性良好。蛋鸡场场址的土壤以排水性能良好、隔热沙壤和壤土为宜。

②供水：水质应符合相关卫生要求。

③供电：供电量应能满足生产需要，为防止停电，最好有备用电源或准备发电机。

④交通：一般应选择在交通方便，靠近消费地和饲料来源地建蛋鸡场，但与主要交通干线应保持一定的距离，最好在 1 千米以上。

（3）**符合用地规划及畜牧法规定的区域** 选址应符合当地土地利用发展和村镇建设发展计划要求，距离主要交通干线和居民区 1

千米以上，地势高燥，背风向阳且通风良好，给排水方便，远离噪音。

《中华人民共和国畜牧法》第四十条规定：禁止在下列区域内建设畜禽养殖场、养殖小区。

①生活饮用水的水源保护区，风景名胜区，以及自然保护区的核心区和缓冲区。

②城镇居民区、文化教育科学研究区等人口集中区域。

③新建、改建、扩建的畜禽养殖选址应避开禁建区域，在禁建区域附近建设的，应设在规定的禁建区域常年主导风向的下风向和侧风向处，场界与禁建区边界的最小距离不得小于 500 米。

## 28. 蛋鸡场布局应遵循哪些原则？

蛋鸡场的总体布置首先要满足生产工艺流程的要求，按照生产过程的顺序性和连续性来规划和布置建筑物，以达到便于管理，利于生产，提高效率的目的。

**(1) 分区与布局要利于生产** 鸡舍朝向应坐北朝南，分为场前区（包括办公生活区、饲料加工及料库、更衣消毒和洗澡间、配电房、水塔、职工宿舍、食堂等）、生产区（育雏、育成、产蛋鸡舍）及隔离区（包括病、死鸡的隔离、剖检、化验、处理等房舍和设施，粪便污水处理及贮存等设施）。按地势主导风向依次为职工生活区→生产管理区→生产区→污染隔离区。鸡舍应根据主风向按孵化室→育雏舍→育成舍→产蛋鸡舍布局。各功能区界限分明，联系方便。

**(2) 利于防疫**

①生产区与行政管理区、生活区分开：蛋鸡场一般分为生活区、行政管理区、生产辅助区、生产区、粪污处理区等区域，并根据地势高低，水流方向和主导风向，按人、鸡、污的顺序，将建筑设施按环境卫生条件的要求进行排列，其按地势、风向分区。示意图见图 2-1。

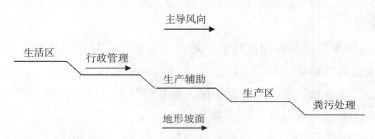

图 2-1　蛋鸡场按地势、风向分区规划示意图

②净道和污道分开：料道是饲养员从料库到鸡舍运输饲料的道路，粪道是鸡场通向化粪池的道路。粪道不能与料道混在一起，否则易暴发传染病。

③全进全出制：指同一场（舍）只饲养同一批日龄的蛋鸡，场（舍）内的蛋鸡同一日期进场，饲养期满后，全群一起出场（舍）。空场（舍）后进行场内房舍、设备、用具等彻底的清扫、冲洗、消毒，空闲两周以上，然后饲养另一批鸡。

全进全出包括三种模式：整场全进全出、一个功能区一起全进全出和一栋鸡舍全进全出。

## 29. 蛋鸡场选址与布局应考虑哪些问题？

（1）**各区的设置**　一般行政区和生产辅助区相连，有围墙隔开；生活区最好自成一体；污粪处理区应在主风向的下方，与生活区保持较大的距离。

（2）**饲养工艺与设施设备**　蛋鸡场的饲养工艺分为两段式和三段式。两阶段饲养即是育雏育成为一个阶段，成鸡为一阶段，需建两种蛋鸡舍，一般两种蛋鸡舍的比例是1：3。三阶段的饲养方式是育雏、育成、产蛋鸡均分舍饲养，三种蛋鸡舍的比例一般是 1：2：6。雏鸡舍应放在上风向，依次是育成舍和蛋鸡舍。根据饲养规模，舍内可采取 3 列 4 走道、4 列 5 走道布局（表 2-1）。设备包括笼具、通风设备、降温设备、光照系统、自动饮水系统、自动清粪系统。

表 2-1　鸡舍设计参数

| 鸡笼类型 | 布局 | 舍宽 | 舍长 | 屋檐高 | 屋脊高 |
|---|---|---|---|---|---|
| 390 型 | 2 列 3 走道 | 7.8 | 80～100 | 2.8～3.0 | 3.5～3.7 |
| | 4 列 5 走道 | 11.0 | 80～100 | 2.8～3.0 | 3.5～3.7 |
| 4128 型 | 2 列 3 走道 | 8.0 | 80～120 | 3.0～3.2 | 3.7～3.9 |
| | 4 列 5 走道 | 11.5 | 80～120 | 3.0～3.2 | 3.7～3.9 |

(3) **蛋鸡舍的朝向**　主要根据太阳辐射和主导风向两个主要因素确定朝向，最好向阳背风。

(4) **蛋鸡舍间距及生产区内的道路**　蛋鸡舍之间的间距一般是蛋鸡舍高度的 3～5 倍，以满足防疫、排污及防火等要求。生产区的道路分为净道和污道两种，净道专供运输鸡蛋、饲料和转群使用，污道主要用于运输淘汰蛋鸡和鸡粪等。

(5) **蛋鸡场的绿化**　绿化布置应根据不同地段的需要种植不同的树木，以发挥林木美化、改善蛋鸡场自然环境的作用。

(6) **蛋鸡舍类型**　蛋鸡舍的类型可分为开放式和密闭式(又称为环境控制蛋鸡舍)。密闭式蛋鸡舍的通风、光照均需用电，对电的依赖性大，为耗能型建筑；开放型蛋鸡舍依靠自然通风，自然光照加人工补充光照，不供暖，靠太阳能和蛋鸡体热来维持舍温，属于节能型建筑。

(7) **饲养方式**　分为平养和笼养两种。平养蛋鸡舍根据围栏和管理通道的分布，可分为无走道平养、单列单走道、双列单走道、双列双走道、四列双走道等；笼养便于防疫及管理，根据笼具组合形式分为全阶梯、半阶梯、叠层式、复合式和平置式。

# 第二节　鸡舍设计与建筑

## 30. 蛋鸡舍包括哪些类型？设计原则是什么？

(1) **蛋鸡舍类型**　蛋鸡舍按建筑形式可分为密闭式（无窗蛋鸡

舍），普通式（有窗蛋鸡舍），卷帘式（兼用型蛋鸡舍）和地下鸡舍四类；按饲养阶段可分为育雏舍、育成舍、产蛋舍、育雏育成舍、育成产蛋舍、育雏—育成—产蛋舍等。

（2）**蛋鸡舍设计原则** 蛋鸡舍应满足蛋鸡的生理要求，使蛋鸡能够充分发挥其生产潜能；适合工厂化生产要求，满足机械化、自动化所需条件或留有待日后添加设备的条件；符合安全卫生防疫要求，便于进行彻底的冲洗、消毒，地面及墙壁应坚固，所有的口、孔均应安装防护网；符合蛋鸡场的总体平面设计要求，布局合理，因地制宜，节约建材，降低造价。

## 31. 密闭式蛋鸡舍有哪些特点?

密闭式蛋鸡舍的屋顶及墙壁均采用隔热材料封闭，有进气孔和排风机；舍内安装有轴流通风机、空气冷却器等调控舍内的温湿度，常年人工光照。

密闭式蛋鸡舍的优点是，能消除自然因素的影响，使蛋鸡在人工控制的环境下充分发挥生产潜能，实现稳产高产；可控制蛋鸡的性成熟，监控耗料情况，提高饲料转化率；可防止野兽等的侵袭，有利于卫生防疫；机械化自动化程度高，饲养密度大，可降低劳动强度。缺点是前期投资成本高、耗能多。

## 32. 普通蛋鸡舍有哪些特点?

普通蛋鸡舍可分为开放式和半开放式两种。开放式依赖自然空气，完全自然采光；半开放式采用自然通风辅以机械通风，自然采光和人工光照相结合，在需要时补充人工光照。优点是能减少开支，节约能源，适合不发达地区及小规模养殖；缺点是受自然条件的影响大，生产性能不稳定，不利于防疫及安全均衡生产。

## 33. 卷帘式蛋鸡舍有哪些特点?

卷帘式蛋鸡舍兼有密闭式和开放式的优点，在我国南北方、高热及寒冷地区均可采用。屋顶材料采用石棉瓦、铝合金瓦、普通瓦片、玻璃钢瓦等，除离地15厘米以上建有50厘米高的薄墙外，其余全敞开；侧墙内层和外层安装隔热卷帘，由机械传动可分别向上、向下卷起或闭合，从而达到各种通风要求。

## 34. 地下鸡舍有哪些特点?

利用密闭式鸡舍设计原理，因地制宜，利用坑洼地形建设而成；采光系统为人工光照＋可调自然光照；利用地热资源＋湿垫＋纵向通风，控制舍内温、湿度和空气成分；粪污通过提升系统排出舍外，避免环境污染。

## 35. 怎样设计一万只存栏量的规模蛋鸡舍?

### (1) 鸡舍建筑构造

①育雏育成舍：坐北朝南，每栋鸡舍长45米，跨度11.4米，双坡式屋顶结构，屋顶密封不设窗，顶层加保温隔热层，内部吊顶，舍内地面距离吊顶2米，建筑外檐高2.5米，侧墙设紧急通风口，为全封闭式，37墙体加保隔热板层，墙体表面内外均用水泥，白灰抹面。前端工作道(净道端)宽3米,尾端工作道（污道端）宽2米，笼具间走道宽1米。3列笼具4走道，每列20组笼具，共60组，单列笼长40米，鸡笼架跨度2.4米，单栋饲养量可达10 800万只。

鸡舍净道端外部的南侧设9米²料塔；鸡舍污道端外部设粪沟，长5米，宽1.5米，深1米，舍内粪沟深40～60厘米。

②产蛋鸡舍：坐北朝南，长65米，跨度11.4米，双坡式屋顶结构，屋顶密封不设窗，顶层加保温隔热层，建筑外檐高3.6米，侧墙开窗，37墙体加保温隔热板层,墙体表面内外均用水泥、白灰抹面。前段工作段（净道端）宽3米，尾端工作端（污道端）宽2米，笼具间走道宽1米。3列4走道，4层阶梯笼，每列28组，共84组，单列笼长56米，鸡笼架跨度2.4米，单栋饲养量可达10 080万只。

鸡舍净道端外部的南侧设料塔，北侧设贮蛋间，每间房9米²

（3 米×3 米）；鸡舍污道端外部设粪沟，长 8 米，宽 1.5 米，深 1 米，舍内粪沟深 40～60 厘米。

（2）鸡笼构造

①育雏育成鸡笼：选用 4 层阶梯式牵引行车喂料育雏育成笼，整组笼具规格为 1.98 米×2.6 米×1.99 米（长×宽×高），每组笼具有 8 个单笼，饲养量为 180 只。每个单笼尺寸为 1.95 米×0.62 米×0.39 米（长×宽×高），每条单笼包括 3 个门，每门可养殖 10 只鸡，每只鸡占 403 厘米$^2$。

②产蛋鸡笼：选用 4 层阶梯式牵引行车喂料蛋鸡笼，整组笼具规格为 2 米×2.4 米×1.9 米（长×宽×高），每组笼具 8 个单笼，每组鸡笼的饲养量为 120 只。每个单笼尺寸为 1.96 米×0.35 米×（0.38～0.35）米（长×宽×高），每条单笼包括 5 个门，每门可养殖 3 只鸡，每只鸡占 457 厘米$^2$。

# 第三节　饲养设备

## 36. 常见蛋鸡笼有哪几类？各具有什么特点？

根据蛋鸡场的面积、饲养密度、机械化程度、管理情况、通风及光照等具体情况，将蛋鸡笼分为全阶梯式、半阶梯式和层叠式三类。

（1）全阶梯式　组装时上下两层笼体完全错开，常见的为 2～3 层。优点：禽粪直接落于粪沟或粪坑，笼底不需设挡粪板；结构简单，停电或机械故障时可以人工操作；各层笼敞开面积大，通风与光照面大。缺点：占地面积大，饲养密度低、多为 10～12 只/米$^2$，设备投资较多。

（2）半阶梯式　上下两层笼体之间有 1/4～1/2 的部位重叠，下层重叠部分有挡粪板，按一定角度安装，粪便落入粪坑。因挡粪板的作用，通风效果比全阶梯差，饲养密度为 15～17 只/米²。

（3）**层叠式** 蛋鸡笼上下两层笼体完全重叠，常见的有 3～4 层。优点：鸡舍面积利用率高，生产效率高；饲养密度三层 16～18 只/米²，四层 18～20 只/米²。缺点：对蛋鸡舍的建筑、通风设备、清粪设备要求较高，给管理、观察带来一定的困难。

## 37. 常见的饮水设备有哪些？

（1）**饮水设备** 包括水泵、水塔、过滤器、限制阀、饮水器以及管道设施等。

（2）**常用的饮水器类型** 有长形水槽，用镀锌、铁皮或塑料制成；真空饮水器，由聚乙烯塑料筒和水盘组成，筒倒扣在盘上，水由壁上的小孔流入饮水盘，当水将小孔盖住时即停止流出，适用于雏鸡和平养蛋鸡；乳头式饮水器，为现代最理想的一种饮水器，直接同水管相连，利用毛细管作用控制滴水，使阀杆底端经常保持挂着一滴水，饮水时水即流出，如此反复，既节约用水更有利于防疫，并且不需清洗，经久耐用，不需经常更换（图 2-2）；吊盘式饮水器，主要由上部的阀门和下部的吊盘组成，阀门通过弹簧自动调节并保持吊盘内的水位，一般用绳索或钢丝悬吊在空中，适用于平养，一般可供 50 只蛋鸡饮水用（图 2-3）。

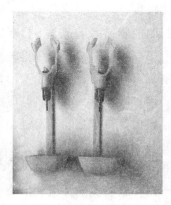

图 2-2 乳头式饮水器　　　　图 2-3 吊盘式饮水器

### 38. 常见的喂料设备有哪些?

常见的喂料设备包括贮料塔、输料机、喂料机和饲槽等四个部分。

**（1）贮料塔** 在蛋鸡舍外，上部为圆柱形，下部为圆锥形，圆锥与水平面的夹角应大于 60°，以利于排料，喂料时由输料机将饲料送到饲槽（图 2-4）。

**（2）喂料机** 有链板式、螺旋弹簧式、塞盘式等，链板式应用于平养和各种笼养蛋鸡舍，由料箱、链环、长饲槽、驱动器、转角轮和饲料清洁器等组成，链环经过饲料箱时将饲料带至食槽各处；螺旋弹簧式应用于平养式蛋鸡舍，电动机通过减速器驱动输料圆管内的螺旋弹簧转动，将料箱内

图 2-4　贮料塔

的饲料送进输料圆管,再从圆管中的各个落料口掉进圆形食槽；塞盘式喂饲机由一根直径为 5～6 毫米的钢丝和多个塞盘组成，饲料在封闭的管道内运送，一台喂饲机可同时为 2～3 栋蛋鸡舍供料。

**（3）饲槽** 平养应用得较多，适用于干粉料、湿料和颗粒料的饲喂，可制成大、中、小长形食槽。

**（4）喂料桶** 由塑料制成的料桶，圆形料盘和连接调节机构组成，料桶与料盘之间有短链相接，留一定的空隙。

### 39. 常见的清粪设备有哪些?

**（1）牵引式刮粪机** 由牵引机、刮粪板、框架、钢丝绳、转向滑轮、钢丝绳转动器等组成，在一侧建有贮粪沟；靠绳索牵引刮粪

板，将粪便集中，刮粪板在清粪时自动落下，返回时，刮粪板自动抬起；一栋舍内粪沟与相邻粪沟内的刮粪板由钢丝绳相连，可在一个回路中运转，一刮粪板正向运行，另一个则逆向运行；也可楼上楼下联动同时清粪（图2-5）。

（2）**清粪传送带** 是我国近年来才开始推行的一种清粪技术，既节省人工成本，又提高劳动效率，但设备投资、日常维护、运转费用较高。履带式清粪系统由舍内的纵向履带清粪设备、横向履带清粪设备以及舍外斜向带式输送机三部分组成，包括电机、减速机、链传动、主动辊、被动辊和履带等部分。由于履带的造价较高，为延长其使用寿命，应选择质量好、强度高、不易胀缩的优质履带。层叠式笼养履带式清粪是在每层鸡笼的下面，均设置一条纵向清粪带，阶梯式笼养履带式清粪，是在最下层鸡笼距离地面10～15厘米处安装一条清粪履带。传送带清粪技术对粪便的清除程度比人工清粪技术好，舍内由粪便产生的氨气、硫化氢等有害气体也相对减少（图2-6）。

 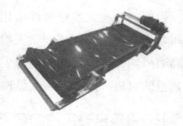

图2-5 牵引式刮粪机　　　　图2-6 清粪传送带

## 40. 蛋鸡场集蛋设备有哪些？

（1）**捡蛋车** 为中小型鸡场笼养蛋鸡舍内人工捡蛋时的运输工具。人工捡蛋时装运盛蛋箱或盛蛋盘，也可用于运输鸡笼输送育成鸡和淘汰鸡。

（2）**自动集蛋装置** 由导入装置、拾蛋装置、导出装置、缓冲装置、输送装置、扣链齿轮以及升降链条等部分组成。这种装置可完成横向、纵向及由上而下的集蛋工作，比人工捡蛋提高工效 3～4 倍，但投资大，若设备质量不过关，易提高破蛋率。

# 第四节　环境控制设施

## 41. 蛋鸡舍通风控制分几类？各有什么特点？

蛋鸡舍通风控制分为纵向通风和横向通风两类。

标准化规模蛋鸡场主要采用纵向负压通风方式，风机一般安装在污道的山墙上，对应的净道山墙或侧墙端水帘作为进风口。设计通风量必须满足夏季极端高温条件的通风需要，并安装足够的备用风机。

目前，标准化蛋鸡舍都采用纵向通风，当鸡舍过长或跨度很大时，为提高通风均匀度，常在侧墙上安装一

图 2-7　风　机

定数量的风机（图 2-7），在纵向通风的同时，辅助以横向通风。

## 42. 蛋鸡舍通风控制有哪些要求？

蛋鸡舍通风要求舍内均匀无死角，现代化的蛋鸡舍，安装舍内环境参数自动测定和控制设备，实现鸡舍环境的数字化精准控制。根据测定结果自动调节进风口的开关大小，达到调节舍内环境条件的目的。

对于跨度较大的蛋鸡舍，横向辅助风机已不能满足实际需要，在纵向负压通风的同时，在两侧墙上设计进风口，对应进风口间用塑料管连接，在塑料管上设计进风口，有效地解决了大跨度蛋鸡舍的通风均匀度问题。

### 43. 蛋鸡舍降温方式有哪些?

蛋鸡舍降温主要有水帘降温和喷雾降温两种方式。水帘（图2-8）降温是最常见的降温方式，将水帘安装在鸡舍净道端山墙上，污道山墙上安装风机纵向通风，水帘或风机安装在侧墙上容易造成通风不均匀，降温效果受到较大影响。

在酷热夏季，鸡舍温度较高，利用自动喷雾降温设备在鸡舍内喷洒极细微雾滴，大量雾滴在降落过程中因吸热而汽化，从而使鸡舍温度降低，达到高温应急降温的目的。缺点是长时间使用会使舍内的湿度增加，在潮湿环境条件下不宜使用。

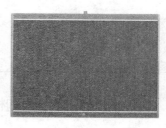

图 2-8 水 帘

### 44. 怎样建设蛋鸡场消毒池?

车辆消毒池池深 0.3~0.5 米，宽度根据进出车辆的宽度确定，一般 3~5 米，长度为要使车辆轮子在池内药液内滚过至少一周，通常为 5~9 米，池边应高出消毒液 5~10 厘米。消毒池顶上最好建顶棚。

消毒液常用 2%~3%的氢氧化钠溶液或 5%的甲酚皂溶液，每 3~4 天更换一次。北方冬季消毒池应有防冻措施。

蛋鸡场常见的消毒设备有高压清洗机、紫外线消毒灯、火焰消毒器、电热干燥箱、高压蒸汽灭菌器及喷雾设施等。

### 45. 蛋鸡舍内的有害气体有哪些?

蛋鸡舍内的有害气体包括粪尿分解产生的氨气和硫化氢，呼吸或物体燃烧产生的二氧化碳，以及垫料发酵产生的甲烷，另外用煤炉加热燃烧不完全还会产生一氧化碳。这些气体对蛋鸡的健康和生产性能均有负面影响，而且有害气体浓度的增加会相对降低氧气的含量。禽舍内各种气体的浓度有一个允许范围值（表2-2），通风换气是调节蛋鸡舍空气环境状况最佳、最常用的手段。

表2-2　蛋鸡舍内各种气体的致死浓度和最大允许浓度

| 气体种类 | 致死浓度（%） | 最大允许浓度（%） |
|---|---|---|
| 二氧化碳 | >30 | <1 |
| 甲烷 | >5 | <5 |
| 硫化氢 | >0.05 | <0.004 |
| 氨 | >0.05 | <0.002 5 |
| 氧 | <6 | |

## 46. 蛋鸡光照作用的机理是什么？

光照不仅使蛋鸡看到饮水和饲料，促进蛋鸡的生长发育，而且对蛋鸡的繁殖有决定性的刺激作用，即对蛋鸡的性成熟、排卵和产蛋均有影响。一般认为蛋鸡对光照有两个感受器，一个为视网膜感受器即眼睛，另一个位于下丘脑。下丘脑接收光照变化刺激后分泌促性腺释放激素，这种激素通过垂体门脉系统到达垂体前叶，引起尿促卵泡素和排卵诱导素的分泌，促使卵泡的发育和排卵。

增加光照并维持相当长度的光照时间（15小时以上），可促使母鸡正常排卵和产蛋，并且使母鸡获得足够的采食、饮水、社交和休息时间，提高生产效率。

## 47. 空气湿度对蛋鸡散热的影响是什么？

湿度对蛋鸡的影响只有在高温或低温情况下才明显，在适宜温度下无大影响。高温时，蛋鸡主要通过蒸发散热，如果湿度较大，会阻碍蒸发散热，造成高温应激。低温高湿环境下，鸡失热较多，采食量加大，饲料消耗增加，严寒时会降低生产性能。低湿容易引起雏鸡的脱水反应，羽毛生长不良。蛋鸡适宜的湿度为60%～

65％，但是只要环境温度不偏高或偏低，湿度在 40％～72％范围内也能适应。

## 48. 维持适宜温热环境的措施有哪些?

（1）**鸡舍结构**　蛋鸡舍更适合于环境温度达 31℃以上时的温度控制。蛋鸡舍的外墙和屋顶涂成白色或覆盖其他反射热量的物质，以利于降温。

（2）**通风**　通风可以将污浊的空气和水汽排出，同时补充新鲜空气，而且一定的风速可以降低禽舍的温度。风速达到 30 米/分，蛋鸡舍可降温 1.7℃；风速达到 152 米/分，蛋鸡舍可降温 5.6℃。封闭式蛋鸡舍必须安装机械通风设备，以提供适当的空气流动，并通过对流进行降温。

（3）**蒸发降温**　蒸发降温主要有以下几种方法：房舍外喷水，以降低进入蛋鸡舍空气的温度；利用湿热风机降温系统，使空气通过湿垫进入蛋鸡舍；舍内低压或高压喷雾系统，形成均匀分布的水蒸气。

（4）**鸡舍加温**　在高纬度地区冬季为了提高鸡舍的温度，需要给鸡舍提供热源。热源的方式有热风炉、暖气、电热育雏伞、地炕、火炉等多种形式。

（5）**调整饲养密度和足够饮水**　减少单位面积的存栏数，能降低环境温度；提供足够的饮水器和尽可能凉的饮水，也是简单实用的降温方法。

## 49. 蛋鸡场内清洗消毒设施有哪些?

蛋鸡场常用的场内清洗消毒设施有高压清洗机和火焰消毒器。

（1）**高压清洗机**　可产生 6～7MPa 的水压，用于蛋鸡场内用具、地面、鸡笼等清洗，进水管如与盛消毒液的容器相连，还可进行鸡舍的消毒。

（2）**火焰消毒器**　利用煤油燃烧产生的高温火焰对蛋鸡场内设

备及建筑物表面进行烧扫，以达到彻底消毒的目的。火焰消毒器的杀菌率可达 97%，一般用药物消毒后，再用火焰消毒器消毒，可达到蛋鸡场防疫的要求，而且消毒后的设备和物体表面干燥。而只用药物消毒，杀菌率一般仅达 84%，达不到规定的必须在 93% 以上的要求。

火焰消毒器所用的燃料为煤油，也可用农用柴油，严禁使用汽油或其他轻质易燃易爆燃料。火焰消毒器不可用于易燃物品的消毒，使用过程中也要做好防火工作。

# 参 考 文 献

周大薇.2014.养禽与禽病防治［M］.成都：西南交通大学出版社.

赵聘，关文怡.2012.家禽生产技术［M］.北京：中国农业科学技术出版社.

蒋合林.2011.无公害肉鸡高效养殖与疾病防治新技术［M］.北京：中国农业科技出版社.

杨宁，杨军香，黄仁录.2012.蛋鸡标准化养殖技术图册［M］.北京：中国农业科技出版社.

杨宁.2010.家禽生产学［M］.北京：中国农业出版社.

颜培实，李如治.2011.家畜环境卫生学［M］.北京：高等教育出版社.

# 第三章 蛋鸡品种

## 第一节 现代蛋鸡品种

### 50. 现代蛋鸡品种有哪些特点?

(1) **具有突出的生产性能** 现代商业育种具有明确的育种目标,充分利用杂种优势,全面提高生产性能;现代商业品种广泛采用现代遗传育种理论和先进的技术手段,使纯系育种群的曾祖代、祖代的育种值不断提高,通过杂交充分利用杂种优势,使种禽和商品代的生产性能得到持续不断的遗传改良。如最好的白壳蛋鸡年产蛋量已超过 310 枚,而其亲本单冠白来航品种标准为 220 枚左右;在选育过程中,重点强调生产性能的提高,对外貌特征不强求一致。

(2) **具有特有的商品名** 脱离原来标准品种的名称,而变为以育种公司的专有商标来命名。如海兰 W36(Hyaline W36)和罗曼蛋鸡分别是美国海兰公司和德国罗曼公司在单冠白来航鸡变种的基础上选育形成的;国内的京红 1 号、京粉 1 号都是由华都峪口禽业公司培育品。

### 51. 现代蛋鸡品种有哪些类型?

现代蛋鸡品种均具有较高的产蛋性能,按蛋壳的颜色分为白壳蛋鸡、褐壳蛋鸡和粉壳蛋鸡三种类型。此外,在国内消费市场中绿壳蛋鸡也逐步占据一定市场份额。

（1）**白壳蛋鸡** 全部来源于单冠白来航鸡变种，通过培育不同的纯系来生产两系、三系或四系杂交的商品蛋鸡，一般利用伴性快慢羽速基因在商品代实现雏鸡自别雌雄。

（2）**褐壳蛋鸡** 主要利用伴性羽色基因在商品代实现雏鸡自别雌雄。最主要的配套系模式是以标准品种洛岛红为父系、洛岛白或白洛克等带伴性银色基因的品种为母系；利用横斑基因作自别雌雄时，则以洛岛红或其他非横斑羽型品种（如澳洲黑鸡）作父系，以横斑洛克为母系作配套，生产商品代褐壳蛋鸡。

（3）**粉壳（或浅褐壳）蛋鸡** 利用轻型白来航鸡与中型褐壳蛋鸡杂交产生的鸡种。因此，用作现代白壳蛋鸡和褐壳蛋鸡的标准品种一般都可以用于粉壳蛋鸡配套系杂交。目前主要采用的是以洛岛红鸡为父系，与白来航母系杂交，并利用伴性快慢羽基因自别雌雄。

## 52. 目前全球主要的育种公司有哪些？

目前，全球的蛋鸡品种主要由三大育种集团控制。

（1）**德国 EW 集团** 世界上最大的家禽育种集团，旗下拥有全球市场份额最大的 3 家蛋鸡育种公司：罗曼（Lehmann）、海兰（Hay-line）及尼克（H&N）公司。

（2）**荷兰汉德克动物育种集团（Hendrix Genetics）** 于 2005年收购法国伊沙家禽育种有限公司。目前，荷兰汉德克家禽育种公司和法国伊沙家禽育种公司平等地归属于汉德克动物育种集团，并且一起构成汉德克动物育种集团的蛋鸡育种公司—伊沙家禽育种公司。

（3）**伊沙家禽育种公司** 包括伊莎（ISA）、雪弗（Shaver）、巴布考克（Babcock）、海赛（Hisex）、宝万斯（Bovans）及迪卡（Dekalb）公司。

此外，北京市华都峪口禽业公司作为我国蛋鸡育种公司之一，拥有京红 1 号、京粉 1 号、京粉 2 号、京粉 6 号、京粉 8 号、京白 1 号等品种。

### 53. 褐壳蛋鸡品种主要有哪些？生产性能如何？

由于褐壳蛋鸡配套系利用伴性金银羽色基因，易于雏鸡自别雌雄，且品种较多，蛋重大、蛋壳厚、易运输，适宜工厂化生产，是目前我国饲养量最大的蛋鸡品种类型。

(1) **褐壳蛋鸡主要品种** 主要包括罗曼褐蛋鸡、海赛克斯褐蛋鸡、海兰褐蛋鸡、迪卡褐蛋鸡、尼克褐蛋鸡。

罗曼褐蛋鸡是由德国罗曼家禽育种有限公司培育的褐壳蛋鸡配套系，具有产蛋率高、饲料转化率高、蛋重适中、蛋品质优良、蛋壳硬等优点。

海赛克斯褐蛋鸡是荷兰汉德克家禽育种有限公司培育的四系配套杂交鸡，是我国褐壳蛋鸡中饲养较多的品种之一；海赛克斯褐壳蛋鸡具有耗料少、产蛋多和成活率高等优良特点。

海兰褐蛋鸡是美国海兰国际公司培育的蛋鸡配套系，目前国内引进有海兰褐、海兰褐佳、海兰银褐三种，其具有抗病力强、产蛋率高、蛋品质好、适应性强等特点。

迪卡褐蛋鸡是由美国迪卡公司培育的褐壳蛋鸡配套系，它的特点是成熟早、产蛋率高、产蛋高峰持续时间长、抗病力强、适应性强、成活率高、生长发育快、饲料转化率高。

伊莎褐蛋鸡，又名伊莎黄蛋鸡和伊莎红蛋鸡（图 3-1），是由法国伊沙公司育成的四系配套的杂交鸡，红褐羽，可根据羽色自别雌雄，以高产和较好的整齐度及良好的适应性而著称，在全国各地均有分布。

尼克褐蛋鸡（图 3-2）是由美国尼克国际公司培育而成，其生产性能高且稳定。

(2) **主要褐壳蛋鸡品种生产性能** 主要褐壳蛋鸡品种的生产性能见表 3-1。

图 3-1　伊沙褐　　　　　　　图 3-2　尼克褐

**表 3-1　主要褐壳蛋鸡品种的生产性能**

| 指标 | 品种 | | | | | | | | |
|---|---|---|---|---|---|---|---|---|---|
| | 罗曼褐 | 海兰褐 | 尼克褐 | 伊莎褐 | 迪卡褐 | 海赛褐 | 巴布考克褐 | 宝万斯褐 | 雪弗褐 |
| 产蛋周期（周龄） | 18～78 | 18～90 | 19～95 | 18～90 | 18～90 | 18～90 | 18～90 | 18～90 | 18～90 |
| 存活率（%） | 97～98 | 97 | 90～95 | 94 | 94 | 94 | 94 | 95 | 94 |
| 50%开产日龄（天） | 140～150 | 140 | 142～152 | 144 | 143 | 143 | 144 | 143 | 145 |
| 高峰产蛋率（%） | 92～94 | 95～96 | 94～95 | 96 | 96 | 96 | 96 | 96 | 96 |
| 平均蛋重（克） | 64.0～65.0 | 62.9～65.5 | 62～65 | 62.9 | 62.6 | 62.5 | 63.8 | 63.3 | 62.0 |
| 入舍鸡产蛋量（枚） | 350～360 | 408～421 | 420～425 | 420 | 418 | 422 | 417 | 418 | 416 |
| 入舍鸡产蛋重（千克） | 22.5～23.5 | 25.5 | 27.34 | 26.4 | 26.2 | 26.4 | 26.6 | 26.5 | 25.8 |
| 平均日采食量（克/天） | 110～120 | 105～112 | 113～118 | 111 | 112 | 112 | 114 | 114 | 110 |
| 料蛋比 | 2.10 | 1.95～2.07 | 2.17 | 2.10 | 2.13 | 2.11 | 2.13 | 2.15 | 2.12 |
| 体重（千克） | 1.9～2.1 | 1.91～2.03 | 2.08 | 2.0 | 2.0 | 2.0 | 2.02 | 2.0 | 1.95 |

## 54. 白壳蛋鸡品种有哪些？生产性能如何？

（1）**主要品种**　由于白壳蛋鸡体型小，耗料少，开产早，产蛋量高，其商品代雏鸡可根据快慢羽进行雌雄鉴别，是蛋用型鸡的典型代表。白壳蛋鸡主要以来航品种为基础培育而成，目前，生产中的白壳蛋鸡品种大都是"白色单冠来航鸡"的杂交后代。

我国饲养的白壳蛋鸡良种主要有白来航鸡、京白蛋鸡、海兰W-36白羽蛋鸡、海兰W-77白羽蛋鸡、海赛克斯白蛋鸡、星杂288蛋鸡、迪卡白鸡、尼克白鸡、滨白蛋鸡和罗曼白蛋鸡。

白来航鸡原产于意大利，是世界上著名的蛋鸡品种。我国目前引进的有单冠白羽来航鸡品种。白色单冠来航鸡是来航鸡的12个品种之一，此品种的特点为体型小、清秀、全身羽毛白色而紧贴，冠大鲜红，公鸡冠厚而直立，母鸡冠薄且倒向一侧；性情活泼好动，善飞跃，易受惊吓，无抱性，适应性强，性成熟早。因其优秀的生产性能成为世界上著名的蛋用鸡种。

京白蛋鸡是由北京市畜牧局种禽有限公司培育的白壳蛋鸡配套系，因其既适于专业户饲养又适于工厂化笼养，在国内的饲养量最大，在全国各地均有分布。其特点为体型小，生产性能高，适应性强，饲养成本低，是优良的白壳蛋鸡品种。

海兰白蛋鸡是美国海兰国际公司培育的白壳蛋鸡配套系，分W-36、W-98和W-77三个配套系，其商品代雏鸡可以通过快慢羽自别雌雄。海兰W-36白羽蛋鸡的商品代生产性能较高，适应性较好。海兰W-77白羽蛋鸡较海兰W-36白羽蛋鸡的适应性更好一些。

海赛克斯白蛋鸡荷兰汉德克家禽育种有限公司培育的白壳蛋鸡配套系，其以产蛋强度高、蛋重大而著称。

星杂288是加拿大雪佛公司育成的4系配套杂交鸡，其特点为成活率高、体型小、耗料少、早熟和产蛋多。但由于该品种因为脱肛、啄肛的致命弱点太突出，在国内已经接近消失。

迪卡白鸡是由美国迪卡公司培育而成，它具有开产早、产蛋多、饲养报酬高、抗病能力强等特点，凭高产、低耗等优势赢得社会好评。

伊莎白蛋鸡（图3-3）是由法国哈伯德伊莎公司培育的白壳蛋鸡配套系。

尼克白鸡（图3-4）是美国尼克国际公司育成的配套杂交鸡。

其特点是产蛋多、体重小、耗料少、开产早、适应性强。

罗曼白蛋鸡是德国罗曼家禽育种有限公司培育的白壳蛋鸡配套系，其产蛋量高，蛋重大。

图 3-3　伊莎白

图 3-4　尼克白

（2）**生产性能**　主要白壳蛋鸡品种的生产性能见表 3-2。

表 3-2　主要白壳蛋鸡品种的生产性能比较

| 指标 | 品种 | | | | | | | | |
|---|---|---|---|---|---|---|---|---|---|
| | 海兰白W-36 | 海兰白W-80 | 尼克白 | 伊莎白 | 迪卡白 | 海赛白 | 巴布考克白 | 宝万斯白 | 雪弗白 |
| 产蛋周期（周龄） | 18~90 | 18~90 | 19~95 | 18~90 | 18~90 | 18~90 | 18~90 | 18~90 | 18~90 |
| 存活率（%） | 96.6 | 96.5 | 90~95 | 95 | 95 | 94 | 95 | 94 | 94 |
| 50%开产日龄（天） | 143 | 141 | 140~150 | 141 | 141 | 143 | 141 | 143 | 141 |
| 高峰期产蛋率（%） | 95~96 | 95~97 | 94~95 | 96 | 96 | 96 | 96 | 96 | 96 |
| 平均蛋重（克） | 63.6 | 64.0 | 62~65 | 63.0 | 62.5 | 62.2 | 62.9 | 62.0 | 61.7 |
| 入舍鸡产蛋量（枚） | 407~418 | 410~424 | 435~440 | 429 | 427 | 425 | 429 | 426 | 423 |
| 入舍鸡产蛋重（千克） | 25.09 | 25.2~26.1 | 27.62 | 27.0 | 26.7 | 26.4 | 27.0 | 26.4 | 26.1 |
| 平均日采食量（克/天） | 98 | 99~111 | 107~110 | 112 | 109 | 107 | 113 | 108 | 104 |
| 料蛋比 | 1.87~1.97 | 1.96~2.12 | 2.01 | 2.07 | 2.02 | 2.01 | 2.08 | 2.03 | 1.99 |
| 体重（千克） | 1.54~1.58 | 1.62~1.74 | 1.79 | 1.75 | 1.725 | 1.71 | 1.75 | 1.71 | 1.68 |

## 55. 粉壳蛋鸡主要品种有哪些？生产性能如何？

粉壳蛋鸡又称浅褐壳蛋鸡，从蛋壳的颜色来看，粉壳蛋介于白壳蛋与褐壳蛋之间，该鸡的各种性能介于白壳蛋鸡与褐壳蛋鸡之间，融两个亲本的优点于一身，所产鸡蛋蛋壳颜色与土鸡蛋十分相似，产蛋性能也与白壳蛋鸡、褐壳蛋鸡相似，体重介于二者之间。该品种的羽毛多为白色掺杂少量红黑色，其特点为生活力强、适应性好、好管理。粉壳蛋鸡的抗病能力较褐壳蛋鸡差，但因其蛋壳颜色特别，蛋的销路好并且价钱高。

(1) **主要品种** 目前常见的粉壳蛋鸡主要包括京白 939 蛋鸡、尼克粉蛋鸡、星杂 444 蛋鸡、罗曼粉蛋鸡、农大 3 号粉蛋鸡。

京白 939 蛋鸡是由北京市华都种禽公司培育的粉壳蛋鸡配套系。该品种特点是能快慢羽鉴别雌雄，适应性强，抗病力强，成活率高。

尼克粉蛋鸡是由美国尼克国际公司育成的配套杂交鸡，其特点为开产早、产蛋多、体重小、耗料少、适应性强。

星杂 444 粉蛋鸡是加拿大雪佛公司培育出来的三系配套杂交鸡，其商品代可由羽色自别雌雄。

罗曼粉蛋鸡是由德国罗曼家禽育种有限公司培育的粉壳蛋鸡配套系，我国是在 1983 年开始引进，随后便在全国逐渐推广开来。

农大 3 号粉蛋鸡是由中国农业大学培育出的优良蛋鸡配套系。该品种的父本是矮小型褐壳蛋鸡配套系，母本是白壳蛋鸡配套系；商品代雏鸡能够根据羽速自别雌雄，成年鸡羽毛以白色为主，有少量红羽。

(2) **生产性能** 主要的粉壳蛋鸡良种的生产性能见表 3-3。

表 3-3 主要粉壳蛋鸡良种的生产性能比较

| 指标 | 品种 | | | | |
|---|---|---|---|---|---|
| | 京白 939 蛋鸡 | 尼克粉蛋鸡 | 星杂 444 蛋鸡 | 罗曼粉蛋鸡 | 农大 3 号粉蛋鸡 |
| 开产时间 | 155～160 日龄 | 152 日龄左右 | 150 日龄左右 | 140～150 日龄 | 148～153 日龄 |
| 72 周龄平均产蛋量（枚） | 290～300 | 295～300 | 265～280 | 300～310 | 278 |

（续）

| 指标 | 品种 | | | | |
|---|---|---|---|---|---|
| | 京白939蛋鸡 | 尼克粉蛋鸡 | 星杂444蛋鸡 | 罗曼粉蛋鸡 | 农大3号粉蛋鸡 |
| 平均蛋重（克） | 62 | 60～62 | 61～63 | 63.5 | 55～58 |
| 总蛋重（千克） | 17.2～18.4 | 19.0～20.0 | 16.7～17.4 | 19.0～20.0 | 15.0～16.7 |
| 料蛋比 | (2.1～2.3)：1 | (2.1～2.3)：1 | (2.45～2.70)：1 | (2.1～2.2)：1 | (2.0～2.1)：1 |
| 产蛋期成活率（%） | 93 | 90～94 | 95 | 97 | 96 |

## 56. 何为绿壳蛋鸡？生产性能如何？

（1）**绿壳蛋鸡**　因产绿壳蛋而得名，其特征是所产蛋的外壳颜色呈绿色，是我国特有禽种，被农业农村部列为"全国特种资源保护项目"。该鸡种抗病力强，适应性广，喜食青草菜叶，饲养管理、防疫灭病和普通家鸡没有区别。绿壳蛋鸡体形较小，结实紧凑，行动敏捷，匀称秀丽，性成熟较早，产蛋量较高，具有明显高于普通家鸡抗御环境变化的能力，南北均可养殖，是国家重点保护动物之一。

（2）**生产性能**　常见的绿壳蛋鸡有东乡绿壳蛋鸡，由江西东乡黑羽蛋鸡原种场培育而成。其开产日龄为140～150天，70周龄产蛋量为200～230枚，成年鸡体重为1300～1600克，产蛋期存活率为96%，绿壳蛋率为88%。

## 57. 我国饲养的蛋鸡品种主要有哪些？

目前，我国饲养的蛋鸡品种（或配套系）有国产和引进两类品种。

（1）**国产品种**　有京红1号、京粉1号、京粉2号、农大3号、农大5号、新扬系列、大午粉1号、大午金凤、大午京白939、凤大1号、豫粉1号土种蛋鸡、京白1号、欣华2号蛋鸡等。

（2）**引进品种**　海兰和罗曼一直是我国引进的主要祖代蛋雏鸡品种，2016年引进海兰蛋鸡16.71万套，罗曼蛋鸡7.28万套（数据来源于2016年度中国禽业发展报告）。

### 58. 适合规模化舍饲养殖的蛋鸡品种主要有哪些?

与放养的养殖方式相比,规模化舍饲养殖有着饲养密度高,环境可控,产蛋量、出栏量、成活率稳定等特点。适合规模化舍饲养殖的蛋鸡品种,主要要求生产性能高,产蛋性能好,存活率高,生长发育快、饲料转化率高。其蛋鸡品种主要有海南蛋鸡、迪卡蛋鸡、滨白蛋鸡、罗曼蛋鸡、尼克蛋鸡、京白 939 等。

### 59. 适合山地放牧饲养蛋鸡品种应具备哪些条件?

为适合山地放牧饲养,蛋鸡品种一般应具备以下条件:

首先,适应性广、抗病力强。因为山地放牧饲养时,鸡所处的生存环境较差,自由的野外活动会导致其接触病原物质的概率增加,所以在品种的选择上应该选择对环境、气候适应性强,抗病能力高的品种。

其次,觅食性要强。放牧的优点在于其能够改善产品品质和节约饲料资源,而要充分利用这些野外资源就要求鸡的觅食性要强,要活泼好动。

第三,体重、体型大小要适中。放牧饲养的鸡应当选择中、小型鸡,为了适应环境,应该选择一些体重偏轻,体躯结构紧凑、结实,个体小而活泼好动,对环境适应能力强的品种。

### 60. 适合山地放牧饲养的蛋鸡品种主要有哪些?

(1) 适合山地放牧饲养的蛋用地方品种 主要有仙居鸡、白耳黄鸡、绿壳蛋鸡、柴鸡等。

仙居鸡原产于浙江省台州地区,是浙江省小型的蛋用地方鸡种。该品种体型结实、紧凑,秀丽小巧,性格活泼、动作灵敏,容易受惊。其生长速度中等,早期增重慢,属于早熟品种,其因体小而灵活配种能力强。

白耳黄鸡主产于江西上饶地区和浙江的江山市,是我国稀有的白耳鸡种。该品种的主要特征为体型较小,体重较轻,羽毛紧凑,后躯宽大、耳白(白耳,耳叶大,呈银白色、似白桃花瓣)、三黄(黄羽、黄喙、黄脚)。其性情温顺,行动灵活,觅食力强,适合山地放牧饲养。

绿壳蛋鸡是我国特有的种禽,其性情温和,喜群居,抗病能力强,全国各地均可饲养。该品种鸡主食五谷杂粮,喜食青草、青菜,可进行笼养、圈养和散养。

柴鸡主要分布于河北省的广大地区,其因体型瘦小如柴而得名,具有耐粗食、适应性广,觅食性强,遗传性能稳定、就巢性弱和抗病能力强等特征。其体型矮小,体细长,结构匀称,羽毛紧凑,骨骼纤细,头小清秀,喙短而细,呈浅灰色或苍白色少数全黑色或全黄色,冠型比较杂,以单冠为主,肉髯呈红色,不发达,适合山地放牧饲养。

**(2) 适合山地放牧饲养的商用蛋鸡品种**  主要有农大矮小鸡、海兰蛋鸡、伊莎蛋鸡。

农大矮小鸡是中国农业大学培育的优良蛋鸡配套系,分为农大褐和农大粉两个品系。其具有优良的生产性能,体型小,抗病能力强,适合山地放牧饲养。

海兰鸡蛋是我国直接从美国海兰国际公司引进的著名蛋鸡商业配套系(引祖代)鸡种,该品种生产性能高,适应性和抗病能力强,蛋大,产蛋量高。其分为海兰褐、海兰白和海兰灰三个品系。

伊莎蛋鸡是由法国哈伯德伊莎公司培育的,其性情温顺,生产性能高,适应性强,主要包括伊莎褐蛋鸡、伊莎新红褐蛋鸡、伊莎金慧星蛋鸡和伊莎白蛋鸡。

# 第二节  优良品种的选择和引进

### 61. 优良蛋鸡品种选择的原则是什么?

蛋鸡的优良品种众多,选择蛋鸡品种不能只看性能参数,要根据具体情况，因地、因时制宜。优良品种与良好的饲养管理有机结合才能获得高生产水平和高效益。优良蛋鸡品种的选择的原则主要有以下几个方面：

（1）**市场需求原则** 根据市场需求选择品种，是饲养者选种的基本原则。在选择优良蛋鸡品种时，应该根据市场的情况，预测将来市场的变化并且结合自己的实际，决定饲养品种的类型，比如蛋壳颜色、体型大小。

（2）**经营方向** 按照蛋鸡良种繁育体系把鸡场分为品种场、育种场、原种场、一级繁殖场、二级繁殖场和商品场。蛋鸡商品场只能饲养商品代母鸡，不养公鸡。而且引进的品种类型、名称和代数应与经营目标一致，商品代母雏应从父母代种鸡场引进，父母代鸡场的种鸡应来自祖代场。

（3）**必须在合格的种鸡场引种** 无论选择什么样的鸡种，必须从具备生产许可证、生产规模大、技术力量强、诚信度高、售后服务好、有资格向社会供种或出售雏鸡的种鸡场引进。

（4）**不能在疫区引进** 不能在经常发生疫情或正在发生疫情的鸡场引种，这是一条重要原则。

（5）**引自别雌雄的雏鸡** 引入的商品代雏鸡如果是自别雌雄的，则褐壳蛋鸡商品代一般采用羽毛颜色自别雌雄，母雏羽毛为淡褐色，公雏为白色；白壳蛋鸡商品代一般采用快慢羽速自别雌雄，母雏为快羽，公雏为慢羽。

（6）**适宜的性价比** 品种、年龄、体重与价格应该相符合，若相差过大，可能有欺诈行为。

## 62. 怎样评价蛋鸡品种的优劣？

一个蛋鸡品种的优劣可以通过计算其产蛋数、总蛋重、蛋料比等指标进行比较和分析。但是在实际工作中，这是一件非常麻烦的事情。现在多用经济效益指数的方法，进行不同鸡种间评价对比。

蛋鸡的经济效益指数计算公式有两种：一种是不同类型鸡种所

产鸡蛋价格相同时经济效益指数的计算，另一种是不同类型鸡种所产鸡蛋价格不同时经济效益指数的计算。

不同类型鸡种所产鸡蛋价格相同时的计算公式为：

$$经济效益指数 = \frac{A \times B \times C}{D \times F}$$

不同类型鸡种所产鸡蛋价格不同时的计算公式为：

$$经济效益指数 = \frac{A \times B \times C \times G}{D \times F}$$

式中：

$A$——日饲养总蛋重（千克）；

$B$——育成率（%）；

$C$——产蛋期存活率（%）；

$D$——料蛋比；

$F$——淘汰鸡体重（千克）；

$G$——鸡蛋出厂价格（元/千克）。

通过上面公式的计算，会得出两种不同类型鸡种的经济效益指数，然后通过经济效益指数的比值就可以评价出这两种不同类型蛋鸡品种的优劣。

## 63. 蛋鸡为什么需要从国外引种?

我国的地方鸡种资源丰富，但是真正属于蛋用型的较少，如仙居鸡和白耳黄鸡。这些鸡种体型小、蛋重少、年产蛋量在160～200枚，仅有7～10千克，无法实现大规模工厂化养殖。我国从20世纪70年代后期开始引进国外的蛋鸡品种，不仅年产蛋量有了显著提高，而且推动了工业化饲养蛋鸡的发展，到1985年以后，蛋鸡生产进入快速发展的阶段，到20世纪末，发展的趋势渐缓。我国对良种蛋鸡的引种，不仅能够促进家禽生产的进展，还能够促进配合饲料工业、养鸡笼具设备工业的相应发展，对我国家禽畜牧业和经济的发展也是大有裨益的。

## 64. 引种时应注意哪些问题?

（1）**不能从疫区引进** 不能从经常发生疫情或正在发生疫情的鸡场引种，这是一条重要原则。

（2）**注意外观选择** 对 1 日龄的雏鸡应逐只检查雏鸡的健康，从外观看毛色、眼神、活泼程度，特别是肛门有无污粪、脐带吸收是否良好等情况。如果引进的是种蛋，应该检查蛋重、新鲜程度、整齐度、色度和油污脏蛋、畸形蛋掺入等情况。

（3）**注意查看孵化日程或进雏时间**

（4）**注意查看饲养记录和饲料消耗记录**

（5）**选择合适的运输方式** 远距离运输应当选择空运，冬季和夏季最好选择空调车运输雏鸡，在运输过程中要做好车辆和人员的消毒；种蛋在运输过程中要防止颠簸，进入孵化室贮蛋库前要熏蒸消毒。

## 65. 怎样选择合适的蛋鸡品种用于生产?

（1）**市场调查** 要进行市场调查。要了解清楚当地消费者的喜好和商品蛋销售时的具体情况，再确定购买的蛋鸡品种。

（2）**品种适应能力** 要了解所选择蛋鸡品种对环境的适应能力。一个生产性能高的蛋鸡品种只有在适宜的外界环境中才能发挥它的生产力，从而为生产者创造更高的经济效益。因此，在选择蛋鸡品种时要了解该品种对环境的适应能力，才能有利于选择出适合的蛋鸡品种用于生产。

（3）**品种生产性能** 要了解我们选择的蛋鸡品种的生产性能。优秀的蛋鸡品种，年产蛋量在 300 枚以上。如果蛋鸡品种本身的生产性能就不高，那么再好的饲养管理和环境条件，也不会有高的生产水平，也不会取得高收益。所以，在选择蛋鸡品种之前，一定要进行品种生产性能的调查。

（4）**饲养管理和疾病预防情况** 要调查了解种鸡场的饲养管理

情况和疾病预防情况。种鸡场的种鸡的饲养水平越高、疫病越少，将来商品鸡苗的成活率就越高，成鸡的生产性能也就越高。

## 66. 为什么不宜将商品代鸡留作种用？

良种繁育体系中遗传进展是纵向、单向传递的，商品代蛋鸡是将许多不同特点的高产品系进行品种间、品系间、多品系间的杂交而成的，多属于四系配套杂交鸡，表现出明显杂交优势，蛋鸡产蛋多，蛋重大。如果用商品代蛋鸡作种鸡，因其基因型为杂合型，会导致性状分离、隐性有害基因可能从某些方面暴露出来，生产性能下降、对疾病抵抗力降低、生长发育不稳定、鸡群不整齐，体重大小不一，生产性能参差不齐，适应性有强有弱等情况，所以不宜将商品代蛋鸡留作种用。必须用配套的纯系或父母代鸡制种，生产商品代鸡用于生产，才能保证鸡群的生产性能高的优点。

## 参 考 文 献

贺晓霞.2006. 蛋鸡规模化健康养殖彩色图册 [M]. 长沙：湖南科学技术出版社.

尤明珍，杨荣明.2006. 蛋鸡无公害饲养 200 问 [M]. 北京：中国农业大学出版社.

周友明，高木珍.2014. 规模化蛋鸡场生产与经营管理手册 [M]. 北京：中国农业大学出版社.

韩守岭.2003. 蛋鸡生产技术问答 [M]. 北京：中国农业大学出版社.

赵守红. 四法挑选优秀雏鸡 [J]. 农村百事通.

魏清宇，闫益波，李连任.2013. 农家生态养土鸡技术 [M]. 北京：化学工业出版社.

李英，谷子林.2010. 规模化生态放养鸡 [M]. 北京：中国农业大学出版社.

金光钧，等.2003. 蛋鸡良种引种指导 [M]. 北京：金盾出版社.

# 第四章 蛋鸡的营养与饲料

## 第一节　蛋鸡的消化生理特点

### 67. 高产蛋鸡的生活习性有哪些?

(1) **对环境变化敏感**　大规模集约化饲养时，蛋鸡的个体小，生产水平高，鸡的感觉器官较为敏锐，对环境与饲料成分的变化十分敏感，富有神经质，小型蛋鸡品种更敏感，必须保持安静的饲养环境。异常声响、动作、动物（猫、鼠）等出现，都将迅速引起鸡的应激反应，如惊叫、飞跃、逃跑、炸群等，饲养密度大时，常出现扎堆、压伤压死等，导致蛋鸡停产或易下软壳蛋、无黄蛋、双黄蛋等异常蛋。

(2) **合群性很强**　喜欢成群活动，无论公、母鸡，认巢能力很强，能快速适应新环境、回到原处栖息。笼养鸡免去了觅食及相伴探究行为，主食五谷杂粮，喜食青草、昆虫、嫩叶，不爱酸性高的食物。鸡有模仿行为，若营养和饲养管理技术差，因鸡群密度大，脱肛病或局部负伤的鸡宜尽快隔离饲养，常会造成群起啄肛、啄羽的习性。

(3) **对粗纤维的消化能力低**　鸡对谷实类的饲料消化率较好，但对粗纤维的消化能力低，因此蛋鸡饲料粗纤维的含量不易过高，一般不应超过 5%，饲料在鸡体内停留时间短，再加上在肠道有益微生物的作用，所以鸡粪蛋白质含量高。

(4) **蛋鸡代谢旺盛，生长迅速、繁殖率高**　每分钟呼吸 36 次，心跳 300 次左右，代谢十分旺盛。代谢旺盛是鸡可利用率高的生命基础，必须给予丰富的营养物质和能量物质，对通风换气、环境条件也有较高的要求。1 只蛋鸡一年可产蛋 15～17 千克（280～320 枚），约为其体重的 10 倍。为确保代谢需要，鸡的饲料配方应尽量达到全面、平衡。

（5）**小鸡怕冷，成鸡怕热怕潮湿** 成鸡的体温为 41～42℃，雏鸡体温比成鸡体温低 3℃，产热少，体温调节能力差，必须保温。成鸡全身密布羽毛又没有汗腺，主要依靠呼吸散热来调节体温，单位体重的体表散热面积较大，维持正常体温消耗的能量较多。因此，抗热能力较差，生长过程中最合适的环境温度为 15～25℃。环境温度过高易产生热应激。夏天应做好防暑降温工作，温度过低，影响鸡的生长发育、降低生产性能、增加饲料消耗。鸡喜欢温暖干燥的环境，潮湿不利于鸡散热，易导致空气浑浊，细菌、寄生虫滋生，引发各种疾病。

（6）**鸡只有日龄性换羽而没有季节性换羽** 雏鸡从长绒毛到长成扇羽，经过 4～5 周龄，7～8 周龄，12～13 周龄，18～20 周龄 4 次换羽，除开产前有零星脱羽象征开产外，高产蛋鸡跨年度后要换羽，鸡在停产期自然换羽时间短，强制换羽可以缩短停产期。

（7）**对光敏感** 鸡对光十分敏感，鸡舍无光线便停食，为防止鸡早熟，育成期控料可与控光结合，产蛋前期起逐渐延长补光时间，促进光线对鸡脑垂体后叶的刺激，导致卵巢机能活动，有利产蛋率上升。控光、补光都要有计划，一定的时间内采用弱光照、均匀柔和为好。

（8）**蛋鸡的抗病能力差** 鸡淋巴系统不健全，病原体在体内的流动传播不易被自身所控制，较易发病。鸡的肺脏较小，连接有许多气囊，而且体内各个部位包括骨腔内都存在着气囊，彼此连通，从而使某些经空气传播的病原体很容易沿呼吸道进入肺、气囊和体腔、肌肉、骨骼之中，发病迅速，死亡率高。鸡的排废气量大，排出二氧化碳等气较其他动物多，舍内空气中有害气体多，粪中产生氨气也多，如湿度大，细菌寄生虫大量滋生，鸡病易发或继发。鸡的体腔中部缺少横隔，使腹腔感染很容易传至胸部的重要脏器。鸡的生殖道与粪尿道共同开口于泄殖腔，易患输卵管炎。保证鸡舍的清洁卫生、做好隔离消毒，是防病的重要手段。

（9）**蛋鸡适合于集约化规模饲养** 人工孵化技术为集约化养鸡提供了雏鸡来源，在高水平饲养管理条件下，鸡的生长发育整齐（图 4-1），通过控制光照时间与强度能够控制鸡的开产，使得大批量散养或笼养都成为可能（图 4-2）。

图 4-1　小　鸡

图 4-2　蛋鸡集约化饲养

## 68. 地方品种鸡与高产蛋鸡消化生理有什么不同？

①地方品种鸡自主觅食能力强，抗逆性强；嗉囊和小肠弹性好，结实，容积小。

②地方品种鸡重量指数比高产蛋鸡高，消化道普遍细、长、厚而富有弹性，消化吸收能力好于高产蛋鸡。

③地方品种鸡体型小，活动力好，相对能量要求高。

④地方品种鸡与高产蛋鸡相比，肝脏、肌胃相对重量大，体积小，说明消化器官致密度高、质量好，消化能力好。

⑤地方鸡抗逆性强，对环境反应敏感。

## 69. 放养鸡有哪些消化特点?

放养鸡又称放牧鸡、散养鸡。

①放养鸡（图4-3）可采食高纤维青绿饲料，可刺激鸡盲肠发育及食物在盲肠发酵，放养鸡肌胃和盲肠的大小、重量高于笼养鸡，能增加肠道的长度、肠壁厚度和弹性，增强消化吸收能力。增加肠绒毛的长度，说明适量的纤维饲粮可滋养、保健禽类的消化器官。

图 4-3　放养鸡饲养

②放牧鸡肠道内容物呈微酸性，有利于有益微生物繁殖。散养鸡高产必须补饲营养价值全面的颗粒状配合饲料。可促进唾液的分泌，增强胃肠的蠕动，有利于促进营养物质的消化与吸收。

③放养鸡脂肪消化量大，体脂肪含量低，如采食能量超过消耗量，则以脂肪的形式在体内蓄积，腹脂增多，反之肌间脂肪沉积加大，而皮下脂肪减少，因而必须适当添加高能量饲料。

④放养鸡的肝细胞增生，数量变多，体积增大，说明肝发育好，功能强大（肝脏是家禽的主要内脏器官，具有代谢、排泄、解毒、免疫、凝血和调节6大功能）；放养鸡的肝脏、腺胃、肌胃的相对重量指数都比笼养组的高（胃具有贮纳、转运、消化食物以及

杀灭病菌等生理功能），表明组织代谢加快；内脏器官的相对重量高，表明鸡的发育状况好，也说明原生态饲喂对鸡消化器官有保健功能。

## 70. 蛋鸡需要哪些营养成分？

蛋鸡的营养物质包括能量、蛋白质（含氨基酸）、矿物质（含微量元素）、维生素和水。鸡体的一切组织，如肌肉、骨骼、羽毛、内脏器官、血液和鸡蛋等，都是由各种营养物质转化而成，充足营养是维持正常生命活动的根本，是保证鸡只健康、发挥生产潜力的前提。鸡的一切生命活动都是通过一系列生理过程实现的，掌握蛋鸡营养需要，可提供适合蛋鸡生长和生产的饲料。如果缺乏某些营养，其生理过程就会局部受阻或发生故障，若长期营养供给不足，鸡只就会逐渐消瘦，甚至消耗殆尽而死。同时，鸡的一切生命活动，如呼吸、血液循环、运动、调节体温等，都不断分解体内营养物质，以产生鸡体所需要的能量。

(1) **能量** 鸡的生命活动及全部生理过程离不开能量，鸡的能量主要来自饲料中的碳水化合物及脂肪。碳水化合物是植物性饲料的主要组成部分，主要成分包括易消化的无氮浸出物（单糖、二糖和淀粉）及难消化的粗纤维。淀粉是鸡能量的主要来源，它可通过转化成糖原和脂肪贮备起来；适量的粗纤维则有利于肠蠕动，含量可占干物质的 $50\%\sim80\%$。有时分解蛋白质也可产生能量（如机体营养不足或摄入蛋白质过量时）。

(2) **蛋白质与氨基酸** 蛋白质是生命的基础，是构成细胞原生质的成分，也是体内一切酶、激素与抗体的基本成分。鸡蛋与鸡肉的主要成分是蛋白质，此外鸡的冠、肉垂、皮肤、羽毛等几乎每个部分都由蛋白质组成，构成蛋白质的氨基酸有 20 多种，分为必需氨基酸与非必需氨基酸。

(3) **矿物质** 矿物质是鸡进行正常生理和生产不可缺少的重要营养物质，是机体组织和细胞（特别是骨骼）的重要组成成分，在代谢中也起重要作用，还是辅酶、激素及某些维生素的组成成分。鸡所需的矿物元素主要是指常量元素（动物体内含量在 0.01% 以上）钙、磷、钾、钠、氯、硫、镁与微量元素（动物体内含量在 0.01% 以下）锰、锌、铁、铜、钴、碘、硒、钼、铬等。生产中除注意满足钙、磷的供给外，还应按饲养标准注意钙、磷比例。适宜的钙磷比例有助于钙、磷的正常吸收，保持血液和其他体液的中性。饲料钙磷比雏鸡为（1.1～1.5）：1，以 1.2：1 为宜，产蛋鸡为（5～10）：1。

（4）**维生素** 维生素是维持机体正常生理机能不可缺少的有机化合物，是维持生命所必需的微量营养成分。它既不提供能量，也不是机体的组成成分，主要用于控制调节机体的代谢。一般饲料中容易缺乏的是维生素 A、维生素 D、维生素 $B_1$、维生素 $B_2$ 等。鸡的常用维生素有 15 种，只占饲料重量及成本的很小部分（分别为 <100 毫克/千克和 2% 左右），但它们在日粮中的作用却极为显著。

（5）**水** 水是鸡体一切细胞与组织的组成成分、鸡体内生化反应的参与者、鸡体内重要的溶剂，体内一切生化过程都是在水中进行的。水分在养分的消化吸收、代谢废物的排泄、血液循环和调节体温上起重要作用。饮水不足，则饲料的消化吸收不良，血液浓稠，体温上升，生长和产蛋均受影响。水还对体温、体内渗透压等起重要的调节作用。鸡体失水 10% 时，则可造成死亡。1 只鸡 1 天饮水 150～250 毫升。气温高、产蛋量高时，饮水增加。

## 71. 能量对蛋鸡有何营养作用?

鸡具有为能而食的特点，对高能饲料，采食到足够的能量时，就不再采食了；对低能饲粮，通过增加采食量来满足其对能量的需要。产蛋鸡对能量需要的总量约有 2/3 用于维持，1/3 用于产蛋。除注意能量与营养平衡外，还应注意环境温度、母鸡体重、活动量及生长速度对能量摄入量的影响。在 10～30℃ 范围内，环境温度每升高 1℃，来航型母鸡每日采食量下降 0.7～1.5 克；高于 30℃ 每升高 1℃采食量下降 2.5～4 克。在产蛋高峰期和在热应激情况下，往往摄入能量不足。在配制饲料时，应注意能量与蛋白质或氨基酸的比例（蛋白能量比），以及与其他营养的配合互补关系。脂肪不但能量值高，而且对脂溶性维生素等物质的消化吸收十分重要，在饲料中添加脂肪可延长饲料在消化道中的停留时间，利于饲料的消化吸收。由于饲料中的淀粉可转化为脂肪，且大部分脂肪酸在体内可合成，不会发生脂肪缺乏的现象。但是亚油酸在鸡的体内不能合成，必须从饲料中提供。饼粕类饲料是亚油酸的丰富来源，鸡的饲料中常含有相当数量的饼粕，因此一般能得到足够的亚油酸。

## 72. 蛋鸡不同发育阶段能量需要的标准是什么？

蛋鸡分为育雏期、育成期和产蛋期，不同生长阶段蛋鸡摄取供其生长、维持、生产的最适养分含量是一定的。

营养学上的能量单位常用卡（cal）、千卡（kcal）和兆卡（Mcal），近年来国内外通用的能量单位统一为焦耳（J）、千焦耳（kJ）、兆焦耳（MJ），"卡"为非法定计量单位，已不能用。二者的换算关系如下：1 卡＝4.184 焦耳；1 焦耳＝0.239 卡。

美国 NRC 计算笼养蛋鸡代谢能需要量的公式（供参考）：

$$ME（千卡）＝W^{0.75}（173－1.95T）＋5.5\Delta W＋2.07EE$$

式中　$W$——蛋鸡体重（kg）；

　　　$T$——鸡舍温度（℃）；

　　　$\Delta W$——蛋鸡日增重（g）；

　　　$EE$——只日产蛋重（g）。

如体重 1.8 千克的母鸡，日增重 4 克，饲养在 21℃的鸡舍中，日产蛋重 54 克（产蛋率 90%，蛋重 60 克/枚），计算其每日代谢能需要量。代入公式为：

$$ME＝1.8^{0.75}×（173－1.95×21）＋5.5×4＋2.07×54＝339$$
（千卡）＝1 669（千焦）。

蛋鸡不同时期发育的特点各不相同，因而能量需要的标准也有差别，蛋鸡育雏期是体格、骨架等的充分发育时期，育成期是各内脏器官的成熟和体重的快速增长时期，产蛋期是体成熟与性成熟时期，也是生产效益显现的阶段，因而要维持鸡的高产，必须延长此阶段的有效时间。

（1）**育雏期蛋鸡能量需要**　蛋鸡在5周龄内是内脏器官发育关键阶段，对发挥蛋鸡全程生产性能起着决定性的作用。雏鸡抵抗力弱，活动能力差，并且养殖过程中遇到免疫、断喙的应激时，此期雏鸡骨架和身体各器官的发育，需要有足够的养分，最基本的是能量，还有更多的蛋白和氨基酸，此期饲料较其他阶段相比有最高的蛋能比和赖氨酸能量比。如育雏期蛋鸡生长受限，意味着一些重要组织（内脏器官）发育不良，也影响各消化、循环、神经、生殖和其他免疫系统的功能。为杜绝雏鸡挑食和饲料分层，育雏期日粮配方一般采用颗粒料，以支持雏鸡的发育。美国NRC（1994）建议，0～6周龄、7～12周龄的白壳蛋品系蛋鸡ME需要量为11.92兆焦/千克；褐壳蛋鸡品系蛋鸡ME需要量为11.72兆焦/千克，行标NY/T 33—2004中，0～8周龄时建议代谢能含量为11.91兆焦/千克，两个标准相似。

（2）**育成期蛋鸡能量需要**　蛋鸡在育雏期健康发育进入育成期，此期主要是促进器官成熟和生长发育，增加体重。拥有成熟健壮的体格，对于产蛋期的高产具有重要意义。美国NRC（1994）建议在12～18周龄给予白壳蛋鸡系育成蛋鸡能量浓度为12.13兆焦/千克。在NY/T 33—2004中，蛋鸡9～18周龄建议的能量浓度为11.70兆焦/千克，此期的前期浓度高于后期，可见蛋鸡身体的健康发育对于整个产蛋期的重要性。海兰褐饲养标准（2009）对于此期的饲养分别划分成了7～12周、13～15周、16～17周三个饲养阶段；第一阶段考虑蛋鸡生长迅速，应该提供足量的养分，推荐浓度为11.68～12.14兆焦/千克；第二阶段是促进机体的成熟，浓度稍低，其推荐浓度为11.35～11.81兆焦/千克；第三阶段是为蛋鸡开产储备能量和促进性器官的发育，浓度为11.44～12.28兆焦/

千克，此期仍是蛋鸡生长关键期，蛋鸡的限饲可依母鸡重量略高于本品种蛋鸡饲养标准时限饲。

（3）**开产期母鸡能量需要** 蛋鸡开产期的日龄，通常在 18 周龄，之后产蛋率迅速上升至 90％以上的产蛋高峰期。小母鸡第一次产蛋应激大，之后性器官迅速成熟。为了克服产蛋的应激还将为高产期储备能量等各种营养物质，防止产蛋高峰期之后产蛋率的迅速下降。NRC（1994）和 NY/T 33—2004 建议在此期饲料代谢能浓度分别为 12.13 兆焦/千克和 11.50 兆焦/千克。

## 73. 什么是能量饲料?

饲料是各种营养物质的载体，含有蛋鸡所需的各种营养素。能量饲料是指干物质中粗纤维低于 18％，粗蛋白低于 20％，每千克饲料干物质中含有 10.46 兆焦以上消化能的饲料。能量饲料中的营养物质是鸡的主要养分。能量饲料在动物日粮中所占的比例最大，一般为 50％～70％，主要起供能作用。鸡的常用饲料有数十种，包括谷实类、糠麸类、脱水块根、块茎及其加工副产品，动植物油脂等，如玉米、麦类、稻谷、碎米、高粱、麸皮、米糠、乳清粉、油脂类饲料等。玉米是主要的能量饲料，麸皮的粗蛋白含量较高，油脂的能量浓度很高，并且容易被鸡利用，配合饲料时可依不同能量饲料特点及经济高效的原则进行选择。

## 74. 什么是蛋白质饲料?

蛋白质饲料是指自然含水率低于 45％，干物质中粗纤维又低于 18％，且干物质中粗蛋白质含量达到或超过 20％的一类饲料，如豆类、饼粕类、鱼粉等。蛋白质饲料又分为植物性和动物性蛋白饲料。蛋白质饲料蛋白质含量高，营养丰富，利于饲养动物的吸收利用，此外，这类饲料含有一种未知的生长因子，有一种特殊的营养作用，能促进动物提高营养物质的利用率，不同程度地刺激生长和繁殖，是其他营养物质所不能代替的。

## 75. 家禽的必需氨基酸和非必需氨基酸有哪些?

氨基酸可满足鸡的多种功能需要,是构成体细胞和产品的主要成分,也是各种酶、激素与抗体的基本组成成分。机体不能合成或合成速度不能满足鸡体需要,必须从饲料蛋白质中获得的称必需氨基酸。蛋鸡的必需氨基酸有 13 种,包括:赖氨酸、蛋氨酸、异亮氨酸、精氨酸、色氨酸、苏氨酸、苯丙氨酸、组氨酸、缬氨酸、亮氨酸、胱氨酸、酪胺酸和甘氨酸。任何一种必需氨基酸不足都会影响鸡体蛋白质的合成,饲养蛋鸡时必须注意氨基酸的平衡,尤其是蛋氨酸、赖氨酸、色氨酸和胱氨酸。

非必需氨基酸为甘氨酸、丙氨酸、脯氨酸、酪氨酸、丝氨酸、半胱氨酸、天冬酰胺、谷氨酰胺、天冬氨酸、谷氨酸。

## 76. 什么是限制性氨基酸?

蛋白质饲粮中个别必需氨基酸含量相对较低,导致其他的必需氨基酸在体内不能被充分利用而浪费,饲料中蛋氨酸、赖氨酸,还有精氨酸、苏氨酸和异亮氨酸常达不到营养需要标准,使蛋白质的合成受到限制,造成蛋白质营养价值较低,这种含量相对较低的必需氨基酸称限制性氨基酸。按其缺乏程度依次称为第一限制性氨基酸与第二、第三限制性氨基酸。赖氨酸为谷类饲料的第一限制性氨基酸,蛋氨酸为非谷物类饲料的第一限制性氨基酸。如在玉米——豆粕型饲粮中,蛋氨酸是第一限制性氨基酸,色氨酸是第二限制性氨基酸。小麦、大麦、燕麦和大米第二限制性氨基酸是苏氨酸,大豆、花生、牛奶、肉类相对不足的限制性氨基酸为蛋氨酸和苯丙氨酸。

所有的蛋白质饲料中各种氨基酸的含量存在差异,蛋白质水平低的饲粮,添加一些限制性氨基酸,可提高其他氨基酸的利用率,提高鸡的生长速度和产蛋性能。多用几种氨基酸含量和比例不同的原料,可通过氨基酸的互补作用,使氨基酸平衡更为理想。合理添加蛋氨酸可适当降低饲料粗蛋白标准，从而降低饲料成本，减少粪氮排出，但过量添加蛋氨酸，达1％时，毒性作用显现。由于动物性蛋白饲料氨基酸组成完善，尤其是蛋氨酸、赖氨酸含量高，此外还有维生素 $B_{12}$，未知因子等，因而更有效健康的方法是，饲料种类应多一些。有条件时应补充一部分优质新鲜动物蛋白饲料。若能按照饲料所含可消化吸收（可利用）的氨基酸量来计算配制饲粮，则效果更佳。

## 77. 生长鸡对蛋白质和氨基酸的需要有何特点？

生长鸡对蛋白质、氨基酸的需要，有蛋鸡35天定终生的说法，前5周是鸡免疫系统发育的关键时期，体重如不达标，造成免疫器官发育不良，难以恢复到正常的水平。鸡每千克体重内源氮的损失一般为0.2～0.25克左右，体重越大，维持需要越高。蛋鸡对饲料蛋白质的利用效率为61％，在保证蛋白质数量的前提下，还应注意蛋白质的质量，也就是必需氨基酸的种类和数量，根据氨基酸平衡的木桶原理，各种必需氨基酸皆应满足供应，任何一种氨基酸的不足均会影响总体效果。蛋氨酸在代谢上可转化为胱氨酸，但该过程不可逆。苯丙氨酸可用于满足鸡酪氨酸的需要，但酪氨酸几乎不能生成苯丙氨酸。甘氨酸与丝氨酸可互相代用，氨基酸之间也存在颉颃关系，如亮氨酸-异亮氨酸-缬氨酸、组氨酸-赖氨酸、苯丙氨酸-缬氨酸、苯丙氨酸-苏氨酸、亮氨酸-色氨酸、苏氨酸-色氨酸之间均存在颉颃作用。其中最重要的颉颃是亮氨酸和异亮氨酸。

鸡对蛋白质和氨基酸的需要也可分为体成熟前的生长需要、羽毛更新需要、产蛋需要和维持需要，摄入的蛋白质中约有2/3用于产蛋，1/3用于维持。鸡体组织中蛋白质含量为18％左右，羽毛中蛋白质含量为82％。当鸡摄入过量蛋白质时，可转化成糖和脂肪，或者分解产热；当鸡体营养不足时，则可分解体蛋白供能。

增重与长羽毛：蛋鸡开产后至36周龄前后仍有增重，所增体重含蛋白质约为 18％，饲料粗蛋白转化体蛋白的效率亦为 50％。

产蛋需要：鸡蛋中约含蛋白质 12.1％，饲料粗蛋白的转化率为 60％。

维持需要：每千克体重约为 2 克粗蛋白。

假设蛋鸡体重 2.0 千克，日产蛋重 56 克（产蛋率 90％，蛋重 62.2 克/枚），日增重 4.3 克，估算其每日粗蛋白需要量为：

蛋鸡生长阶段对粗蛋白质日需要量＝增重与长羽毛需要量＋产蛋需要＋维持需要

＝日增重（克）×体蛋白含量/转化率＋蛋重（克）×产蛋率×蛋中蛋白含量/转化率＋单位体重维持蛋白需要量×体重

＝4.3×18％÷50％＋62.2×90％×12.1％÷60％＋2×2

＝1.55＋11.29＋4＝16.84［克/（日·只）］

## 78. 产蛋鸡的蛋白质和氨基酸需要有何特点？

产蛋鸡根据体成熟情况可将产蛋期分为两个阶段。第一阶段为 21～42 周龄，后备母鸡的生长早期对蛋白质和氨基酸最为敏感，接近性成熟时能量更重要，鸡除产蛋外还伴有体重的增长，包括生产、生长、维持。此时蛋白质、氨基酸的需要量可分为维持需要和体成熟前的生长需要、羽毛生长与更新需要、产蛋需要等。第二阶段为 42 周龄以后，鸡的需要则主要为产蛋需要和维持需要。一般轻型产蛋鸡日需蛋白质 17～18 克。日粮蛋白质中氨基酸的组成模式和鸡蛋中的氨基酸含量尽量一致。

## 79. 维生素有哪些营养生理功能？

维生素是一组化学结构不同、营养作用和生理作用各异的化合物。维生素的添加量应根据鸡的健康状况、日粮组成、环境温度、饲养方式及加工工艺等加上一定的安全用量。鸡对维生素的需要量甚微，它们在鸡体内主要以辅酶和催化剂的形式，广泛参与体内代谢的各种化学反应，从而保证鸡体组织器官的细胞结构和功能正常。

蛋鸡应用维生素的关键期是育雏阶段，它最大的作用是雏鸡整齐度好，健雏率提高。促进生长依靠动物自身产生免疫，维生素添加越早越好，但必须适量，过量也将影响生长，育雏、育成期是骨骼发育期，骨骼发育影响将来的生产性能。维生素 $D_3$ 利于吸收钙磷，促进骨骼发育。在开产期和产蛋的高峰期提供充足维生素，可提高鸡群整体抗病能力、产蛋率、饲料报酬，产蛋高峰时间延长，蛋品质好。B 族维生素是每天需要多少吸收多少，它在体内基本不储存，所以要经常补充。

各种维生素的功能及缺乏症见表 4-1。

表 4-1　各种维生素的作用及缺乏症

| 维生素种类 | 功能 | 含量丰富的饲料 | 缺乏症状 |
|---|---|---|---|
| 维生素 A | 维持视觉、生殖、上皮细胞和神经细胞的正常功能，促进生长，增进视力，保护上皮组织 | 鱼肝油中含量丰富，青绿饲料、水果皮、南瓜、胡萝卜、黄玉米含有的胡萝卜素能在鸡体内转变为维生素 A | 生长停滞，生产力下降，干眼症、食弱、共济失调，羽毛蓬乱 |
| 维生素 $D_3$ | 促进钙磷吸收，调整钙磷代谢和骨骼形成 | 鱼肝油、干草中含量丰富 | 佝偻病、骨疏松、薄壳蛋、生长缓慢、种蛋孵化率降低 |
| 维生素 E | 清除体内的自由基，抗衰老、抗氧化剂，协助保持生殖能力等 | 麦芽、麦胚油、棉籽油、花生油、大豆油、青饲料 | 雏鸡患脑软化症、渗出性素质病和白肌病；生殖机能障碍，雏鸡脑软化，产蛋量、免疫力下降等 |
| 维生素 K | 促进凝血 | 青饲料、大豆和动物肝脏中 | 肌肉、黏膜出血、延迟凝血过程 |
| 硫胺素 | 参与碳水化合物和脂肪代谢，开胃助消化 | 糠麸、青饲料、胚芽、草粉、豆类、发酵饲料和酵母粉 | 表现糖代谢受阻，神经系统受到损害，食欲丧失，多发性神经炎，消化不良，致死 |
| 核黄素 | 参与能量代谢 | 青饲料、干草粉、酵母、鱼粉、糠麸、小麦 | 生长缓慢，皮肤干而粗糙；种蛋孵化率低；足趾卷曲瘫痪，四肢麻痹；下痢；组织呼吸减弱，代谢强度降低；产蛋下降、孵化率低下胚胎死亡 |

（续）

| 维生素种类 | 功能 | 含量丰富的饲料 | 缺乏症状 |
|---|---|---|---|
| 泛酸 | 酰基载体，参与蛋白质、脂肪和碳水化合物代谢 | 酵母、青饲料、糠麸、花生饼、干草粉、小麦 | 消化障碍、皮炎、皮毛稀少、鸡口角及腹部干痂状病害 |
| 烟酸 | 参与蛋白质、脂肪和碳水化合物代谢，能维持神经组织的健康 | 烟酸性质稳定。大多含有烟酸，但籽实类和副产品中的烟酸大多不能利用 | 神经营养障碍，跗关节肿大、皮肤炎、体重减轻、腹泻、舌与口腔、皮炎黑舌病 |
| 吡哆醇 | 转氨酶和氨基酸脱羧酶的辅酶，参与蛋白质代谢，参与氨基酸的代谢 | 在饲料中含量丰富，又可在体内合成 | 亢奋、食欲不振、生长受阻、神经障碍、皮炎、脱羽、出血和孵化率下降，长时间抽搐而死亡 |
| 叶酸 | 一碳基团的载体，参与红细胞生成，参与蛋白质和核酸的合成 | 常用饲料中含量丰富，特别是草籽 | 生长受阻、贫血、皮毛粗刚、孵化率下降、骨短粗、瘫痪 |
| 生物素 | 羧化酶的辅酶，作为抗皮炎的要素 | 消化道内合成充足，不易缺乏 | 生长迟缓、肌软弱、后肢痉挛、鸡喙周边及眼周皮炎、曲腱症、运动失调、骨骼畸形、短粗、孵化率下降 |
| 维生素 $B_{12}$ | 变位酶的辅酶，催化底物分子内基团的变位反应，参与蛋白质、碳水化合物及脂肪代谢，维持血液中的谷胱甘肽，形成红细胞、动物蛋白因子，有助于提高造血机能 | 肉骨粉、鱼粉、血粉、羽毛粉等动物性饲料 | 饲料蛋白质利用率下降，生长受阻，恶性贫血、胚胎期死亡 |
| 胆碱 | 参与脂肪代谢，传递神经脉冲 | 饲料含量较丰富特别是绿色多汁饲料 | 发育差，脂肪肝，产蛋繁殖力下降，骨短粗，食欲减退，羽毛粗糙 |
| 维生素 C | 参与氧化还原反应、羟化反应，有抗氧化功能，有助于抵御热应激 | 青饲料、果树叶 | 易患坏血病 |

## 80. 蛋鸡对维生素的需要量是多少？

蛋鸡维生素需要量参见表 4-2。

表 4-2　维生素营养需要量（每千克饲料含量）

| 维生素种类 | 生长鸡周龄 | | | 蛋鸡及其种鸡产蛋率（%） | | |
|---|---|---|---|---|---|---|
| | 0～6 | 7～14 | 15～20 | >80 | 65～80 | <65 |
| 维生素 A（单位） | 1 500 | 1 500 | 1 500 | 4 000 | 4 000 | 4 000 |
| 维生素 D₃（单位） | 200 | 200 | 200 | 500 | 500 | 500 |
| 维生素 E（单位） | 10 | 5 | 5 | 5 | 5 | 10 |
| 维生素 K（毫克） | 0.5 | 0.5 | 0.5 | 0.5 | 0.5 | 0.5 |
| 硫胺素（毫克） | 1.8 | 1.3 | 1.3 | 0.80 | 0.80 | 0.80 |
| 核黄素（毫克） | 3.6 | 1.8 | 1.8 | 2.2 | 2.2 | 3.8 |
| 泛酸（毫克） | 10.0 | 10.0 | 10.0 | 2.2 | 2.2 | 10.0 |
| 烟酸（毫克） | 27 | 11 | 11 | 10 | 10 | 10 |
| 吡哆酸（毫克） | 3 | 3 | 3 | 3 | 3 | 4.5 |
| 生物素（毫克） | 0.15 | 0.10 | 0.10 | 0.10 | 0.10 | 0.15 |
| 胆碱（毫克） | 1300 | 900 | 900 | 500 | 500 | 500 |
| 叶酸（毫克） | 0.55 | 0.25 | 0.25 | 0.25 | 0.25 | 0.35 |
| 维生素 B₁₂（毫克） | 0.009 | 0.003 | 0.003 | 0.004 | 0.004 | 0.004 |
| 亚油酸（克） | 10 | 10 | 10 | 10 | 10 | 10 |

## 81. 饲料中缺乏维生素对蛋鸡有哪些影响？

放牧或散养条件下，鸡可以采食到各种饲料，特别是青绿饲料，加之散养鸡生产性能较低，一般较少出现维生素缺乏。而在集约化、高密度饲养条件下，鸡的生产性能较高，同时鸡的正常生理特性和行为表现被限制，环境条件被恶化，对维生素的需要量大幅增加，加之缺乏青饲料的供应和阳光的照射，容易发生维生素缺乏症。维生素缺乏，会造成机体代谢紊乱，影响鸡的健康和产蛋，种鸡受精率、孵化率不高；雏鸡食欲下降和生长受阻。生产中必须注意添加各种维生素来满足生存、生长、生产和抗病需要。

集约化饲养日粮中最常提供给鸡的维生素有 14 种，最易缺乏的是维生素 A、维生素 D₃、核黄素、维生素 B₁₂、维生素 E 和维生素 K 等。缺维生素 E 会导致产蛋率下降；缺维生素 A 容易感染生殖系统疾病；缺维生素 D 会导致钙和磷的吸收比例失调，产蛋率下降，产软壳蛋和无壳蛋。

## 82. 影响维生素需要量的因素有哪些?

(1) **生理特点和生产目的**　家禽对维生素的需要量依其生理特点、周龄、健康状况和营养状况及生产水平高低。种鸡为了最高的种蛋孵化率和最健康雏鸡应有更高更合理的需要，所需的维生素 A、维生素 $D_3$ 和维生素 E 比快速生长的肉鸡和产蛋的蛋鸡都高。现代品系比过去品系的生产性能高，对维生素的需要量也大。

(2) **饲养方式**　笼养、网上或条板上的圈养，维生素需要量更高。应激、疫病或恶劣的环境条件下，在集约化的生产体系中，家禽日粮供给高维生素水平，特别是维生素 K 和 B 族维生素，可提高免疫抗病力。可饲喂丰富的青绿草、干草和其他维生素丰富物质，这些物质中胡萝卜素和维生素 E 的消化利用好。

(3) **疾病因素**　疾病或消化道寄生虫会降低肠道对饲料或由微生物合成的维生素的吸收，引起维生素缺乏。

(4) **饲料和药物因素**　饲料霉变干扰胆汁的形成与分泌，影响日粮维生素 A、维生素 D、维生素 E 和维生素 K 的吸收；酸败的油脂也使生物素灭活，并破坏维生素 A、维生素 D 和维生素 E 等；日粮部分氨基酸的过量将增加烟酸需要量；缺硒时，胰脏纤维化，不能分泌足够的胰脂酶。抗微生物药会改变肠道微生物，抑制部分维生素的合成，如磺胺药将增加蛋鸡对生物素、叶酸、维生素 K 的需要量。

(5) **营养素之间的互作**　维生素之间及与其他营养素之间存在着广泛的互作。任何营养素的过量及缺乏，都影响维生素需要，油脂的消化吸收受阻，影响脂溶性维生素吸收。脂溶性维生素和维生素 $B_{12}$ 比其他水溶性维生素更易贮存在肝脏和脂肪组织，吸收能力少了。维生素间颉颃，竞争性结合等都影响利用率。蛋白消化正常与否影响和蛋白质相结合的维生素的吸收。

（6）**免疫期**　免疫不是完全靠疫苗，还靠动物自身产生免疫应答，动物每次免疫都是应激，只有动物自身健康才能有好的免疫效果。免疫应答会大量消耗体内的维生素和氨基酸，此时，对维生素的需要量要增加 50%。

## 83. 蛋鸡对矿物元素需要量是多少？

蛋鸡不同生长阶段矿物元素需要量可参见表 4-3。

**表 4-3　蛋用鸡不同阶段矿物质需要量**

| 矿物质种类 | 生 长 鸡 周 龄 | | | 蛋鸡及其种鸡产蛋率（%） | | |
| --- | --- | --- | --- | --- | --- | --- |
| | 0～6 | 7～14 | 15～20 | ＞80 | 65～80 | ＜65 |
| 钙（%） | 0.80 | 0.70 | 0.60 | 3.50 | 3.40 | 3.20 |
| 有效磷（%） | 0.40 | 0.35 | 0.30 | 0.33 | 0.32 | 0.30 |
| 食盐（%） | 0.37 | 0.37 | 0.37 | 0.37 | 0.37 | 0.37 |
| 铜（毫克/千克） | 8 | 6 | 6 | 6 | 6 | 8 |
| 碘（毫克/千克） | 0.35 | 0.35 | 0.35 | 0.30 | 0.30 | 0.30 |
| 铁（毫克/千克） | 80 | 60 | 60 | 50 | 50 | 60 |
| 锰（毫克/千克） | 60 | 30 | 30 | 30 | 30 | 60 |
| 锌（毫克/千克） | 40 | 35 | 35 | 50 | 50 | 65 |
| 硒（毫克/千克） | 0.15 | 0.10 | 0.10 | 0.10 | 0.10 | 0.10 |

# 第二节　蛋鸡的饲养标准

## 84. 什么是家禽的饲养标准？

饲养标准是动物营养和饲料科学通过大量试验研究和饲养实践经验，根据其主要功能（蛋用还是肉用）不同，较为合理地为各类鸡群制订出各类营养的需要量称为鸡的饲料标准。标准规定日粮中蛋白质、能量、矿物质和维生素的百分比或数量，列出了每天应给予的能量和各种营养成分的数据。饲养标准主要考虑的营养需要包括：蛋白质及氨基酸需要；脂肪和必需脂肪酸需要；能量需要；矿物元素（常量元素和微量元素）需要；维生素需要。家禽饲养标准以家禽品种、饲养方式为基础分类制定，制订饲养标准时因畜禽的品种（系）、性别、饲养环境条件、日粮类型、饲养阶段划分和能量营养体系等存在差异，对每一种类家禽分别按不品种（系）、生长阶段（体重、性成熟、生产阶段）、生产性能（增重、产蛋量或产蛋率）等进行制订。

饲养标准是反映群体的平均营养供给量，依饲养标准进行标准化饲养，可大幅度提高家禽的生产性能和饲料利用率，减少饲料浪费。随着养禽业的发展和家禽的育种技术提高，一些专门化品系或品种的饲养标准相继被推出，可作为实际生产的参考，如美国国家研究委员会（NRC，1994）建议的来航蛋鸡、伊萨褐壳蛋鸡营养需要见表 4-4、表 4-5。

表 4-4　NRC（1994）建议的来航蛋鸡营养需要（不同采食量时日粮中养分需要量）（日粮中含干物质 90%）

| 采食量（克/天） | 80 | 100 | 120 |
|---|---|---|---|
| 代谢能（兆焦/千克） | 12.13 | 12.13 | 12.13 |
| 粗蛋白（%） | 18.8 | 15.0 | 12.5 |
| 钙（%） | 4.06 | 3.25 | 2.71 |
| 非植酸磷（%） | 0.31 | 0.25 | 0.21 |
| 钠（%） | 0.19 | 0.15 | 0.13 |
| 氯（%） | 0.16 | 0.13 | 0.11 |
| 蛋氨酸（%） | 0.38 | 0.30 | 0.25 |
| 蛋氨酸＋胱氨酸（%） | 0.73 | 0.58 | 0.48 |
| 赖氨酸（%） | 0.86 | 0.69 | 0.58 |
| 色氨酸（%） | 0.20 | 0.16 | 0.13 |
| 亚油酸（%） | 1.25 | 1.00 | 0.83 |

表 4-5 伊萨褐壳蛋鸡的营养需要

| 营养指标 | 阶段 | | | | |
|---|---|---|---|---|---|
| | 1~10 周 | 10~20 周 | 20~40 周（产蛋率>80%） | 40~55 周（产蛋率65%~80%） | 55 周（产蛋率<65%） |
| 代谢能（兆焦/千克） | 11.932 | 11.514 | 11.723 | 11.514 | 11.514 |
| 粗蛋白（%） | 19 | 15.10 | 19.00 | 18.5 | 18.00 |
| 钙（%） | 1.00~1.10 | 1.10~1.20 | 3.80~4.20 | 4.20 | 4.20 |
| 有效磷（%） | 0.48 | 0.40 | 0.42 | 0.40 | 0.38 |
| 食盐（%） | 0.37 | 0.37 | 0.37 | 0.37 | 0.37 |
| 蛋氨酸（%） | 0.45 | 0.30 | 0.41 | 0.395 | 0.38 |
| 蛋氨酸+胱氨酸（%） | 0.80 | 0.54 | 0.74 | 0.71 | 0.68 |
| 赖氨酸（%） | 1.05 | 0.66 | 0.86 | 0.83 | 0.80 |

## 85. 我国的蛋鸡饲养标准是什么？

农业部于 2004 年 8 月 25 日发布了新版《鸡饲养标准》（NY/T 33—2004）。其中蛋鸡生长期营养需要见表 4-6。

表 4-6 鸡饲养标准（NY/T 33—2004）生长蛋鸡营养需要

| 营养指标 | 单位 | 0~8 周龄 | 9~18 周龄 | 19 周龄至开产 |
|---|---|---|---|---|
| 代谢能 ME | 兆焦/千克 | 11.91 | 11.70 | 11.50 |
| 粗蛋白质 CP | % | 19.0 | 15.5 | 17.0 |
| 蛋白能量比 CP/ME | 克/兆焦 | 15.95 | 13.25 | 14.78 |
| 赖氨酸能量比 Lys/ME | 克/兆焦 | 0.84 | 0.58 | 0.61 |
| 赖氨酸 | % | 1.00 | 0.68 | 0.70 |
| 蛋氨酸 | % | 0.37 | 0.27 | 0.34 |
| 蛋氨酸+胱氨酸 | % | 0.74 | 0.55 | 0.64 |
| 苏氨酸 | % | 0.66 | 0.55 | 0.62 |
| 色氨酸 | % | 0.20 | 0.18 | 0.19 |
| 精氨酸 | % | 1.18 | 0.98 | 1.02 |

（续）

| 营养指标 | 单位 | 0～8周龄 | 9～18周龄 | 19周龄至开产 |
|---|---|---|---|---|
| 亮氨酸 | ％ | 1.27 | 1.01 | 1.07 |
| 异亮氨酸 | ％ | 0.71 | 0.59 | 0.60 |
| 苯丙氨酸 | ％ | 0.64 | 0.53 | 0.54 |
| 苯丙氨酸＋酪氨酸 | ％ | 1.18 | 0.98 | 1.00 |
| 组氨酸 | ％ | 0.31 | 0.26 | 0.27 |
| 脯氨酸 | ％ | 0.80 | 0.34 | 0.44 |
| 缬氨酸 | ％ | 0.73 | 0.60 | 0.62 |
| 甘氨酸＋丝氨酸 | ％ | 0.82 | 0.68 | 0.71 |
| 钙 | ％ | 0.90 | 0.80 | 2.00 |
| 总磷 | ％ | 0.70 | 0.60 | 0.55 |
| 非植酸磷 | ％ | 0.40 | 0.35 | 0.32 |
| 钠 | ％ | 0.15 | 0.15 | 0.15 |
| 氯 | ％ | 0.15 | 0.15 | 0.15 |
| 铁 | 毫克/千克 | 80 | 60 | 60 |
| 铜 | 毫克/千克 | 8 | 6 | 8 |
| 锌 | 毫克/千克 | 60 | 40 | 80 |
| 锰 | 毫克/千克 | 60 | 40 | 60 |
| 碘 | 毫克/千克 | 0.35 | 0.35 | 0.35 |
| 硒 | 毫克/千克 | 0.30 | 0.30 | 0.30 |
| 亚油酸 | ％ | 1 | 1 | 1 |
| 维生素A | 单位/千克 | 4 000 | 4 000 | 4 000 |
| 维生素D | 单位/千克 | 800 | 800 | 800 |
| 维生素E | 单位/千克 | 10 | 8 | 8 |
| 维生素K | 毫克/千克 | 0.5 | 0.5 | 0.5 |
| 硫胺素 | 毫克/千克 | 1.8 | 1.3 | 1.3 |
| 核黄素 | 毫克/千克 | 3.6 | 1.8 | 2.2 |
| 泛酸 | 毫克/千克 | 10 | 10 | 10 |
| 烟酸 | 毫克/千克 | 30 | 11 | 11 |
| 吡哆醇 | 毫克/千克 | 3 | 3 | 3 |
| 生物素 | 毫克/千克 | 0.15 | 0.10 | 0.10 |
| 维生素$B_{12}$ | 毫克/千克 | 0.01 | 0.003 | 0.004 |
| 叶酸 | 毫克/千克 | 0.55 | 0.25 | 0.25 |
| 胆碱 | 毫克/千克 | 1 300 | 900 | 500 |

## 86. 使用饲养标准时应注意哪些问题?

(1) **因地制宜** 根据经济原则，选择饲料种类配制，把标准所列数值作为添加量，把饲料中的测定含量作为安全量。应根据各地区的具体情况灵活掌握。产蛋鸡的能量、粗蛋白质、氨基酸标准按生产水平分为产蛋率高于80%、产蛋率65%～80%和产蛋率低于65%三档，当舍内温度高于26℃时，按高一档的标准供给，经常注意供给清洁优质适量的饮水，以满足鸡的生理需要。

(2) **经济稳定** 饲养标准所列指标以离地加全饲的饲养条件为主，当鸡在地面平养或放养时可适当调整。能量和能量营养评定体系是饲养标准制订中的基础参数之一，饲养标准中一般列出了鸡每日的采食量和对各种营养的需要量或供给量。采食量增减时应增减能量水平，然后再依蛋白能量比确定相应的粗蛋白质含量。自由采食的鸡，日粮能量浓度应高一些；笼养蛋鸡对体重超高标准者可限饲。限制饲喂蛋用型鸡，如在生长阶段限饲，从8周龄开始至20周龄阶段内，可采用限量（自由采食的90%）饲喂法，或用低能量日粮（11.7兆焦/千克，蛋能比为10克/兆焦）。偏离预期体重时，可根据情况适当增减喂料量。生长鸡和产蛋鸡在各阶段换料时，可采用过渡饲喂法，尽量减少应激（逆境）因素的影响；进入产蛋期以后可采用每日饲喂自由采食量的85%的限饲方法。

(3) **科学精准** 按照家禽的生长发育规律，更加科学精确地制定家禽的营养需要，提高饲料利用率和减少排泄物污染。在添加合成蛋氨酸平衡饲料的必需氨基酸时，粗蛋白质水平可适当降低，育成期到产蛋前供给钙含量逐步过渡增加，不宜转换过早。应用食盐指标时，应测定饲料原料中鱼粉的含盐量。标准中维生素、微量元素是指鸡的需要量，未计饲料原料以及添加剂中活性成分的破坏损失，在应用时应根据鸡群生态、环境、饲养条件以及疾病等情况酌情加减安全系数。

（4）**灵活适用** 温度、湿度、空气流通速度和畜禽饲养密度等因素，明显影响畜禽的基础代谢强度、应激程度以及生产性能，必须充分考虑到饲养标准的适用性和灵活性。饲养标准确定的是健康畜禽在最适宜的环境有理想生产性能时最低营养需要量，环境条件实际情况与饲养标准不同，要了解饲养标准所列出的参数值是最低营养需要，还是适宜营养供给量，如果是最低营养需要，在实际应用时应将参数值上调。如直接照搬会影响畜禽生产性能。

（5）**平衡日粮** 不同的原料组成决定了日粮的类型不同，不同类型的日粮有不同的营养消化吸收率。抗营养因子的种类和含量也不同，不同类型日粮，可导致畜禽的消化吸收代谢与生产性能存在不同。以可利用营养指标作为饲养标准的参数较科学。由于日粮的类型不同，可消化程度的差异，饲养标准中粗蛋白质的参数值只适用于特定的日粮类型。蛋白质营养的实质主要是氨基酸营养，理想氨基酸平衡模式是指可消化粗蛋白质所含可利用的各必需氨基酸间，以及非必需氨基酸和必需氨基酸间的组成和比例，与动物所需要的氨基酸比例模式基本相一致，这种蛋白被称为理想蛋白。

众多的营养在消化吸收和代谢过程中存在复杂的互作关系，营养间的平衡对于维持健康和发挥生产性能极其重要，例如钙、磷和维生素 D 间的平衡，微量元素间的平衡，维生素间的平衡，电解质平衡等。

## 87. 因饲料导致的环境污染有哪些？

因为饲料原因导致对环境的污染以及饲料化合物成分在肉蛋产品中的残留，均应采取多种途径减少污染，降低残留。

（1）**饲料造成的氮、磷环境污染** 饲料均衡适量供给蛋鸡营养，粗蛋白质水平相对较高，多余的不能吸收的氨基酸在鸡体内降解，经尿液排出体外，降低了饲料的利用率，增加空气污染及土壤和地下水的氨污染。饲料原料中的抗营养因子如不溶性蛋白质、胰蛋白酶抑制因子等降低蛋白质的消化率，使日粮中的某些含氮物质未经吸收便排出体外，造成环境污染。如：对饲料中植酸磷的利用率低，排出体外造成环境磷污染。多数含氮物被氧化成硝酸盐，其中一部分滞留在表土层，另一部分则渗入地下水，污染地下水源，危害生态环境。一百万只鸡的鸡场每年至少向周围环境排放 36 万吨粪便，其中约含 60 吨氮和 55 吨磷。

(2) **饲料造成的恶臭物质环境污染**　鸡排出的粪便产生具有恶臭味氨气（$NH_3$）和硫化氢（$H_2S$），刺激人、禽、畜嗅觉神经和三叉神经，对呼吸中枢产生毒害危害大。会降低鸡的抵抗力，引起疾病，降低生产性能。

(3) **饲料造成的矿物元素环境污染**　无机态的矿物元素消化吸收能力差，往往超量添加，导致鸡体内矿物质过剩，超量排放，污染生态环境。据报道，我国每年使用的微量元素添加剂有 10 万吨未被动物利用而随粪尿排出，造成环境污染。

(4) **饲料造成的药物添加剂环境污染**　许多饲用药物添加剂不但会在动物体内蓄积，影响蛋鸡健康及肉蛋品质，而且会随动物粪尿排出，污染环境与水资源。

# 第三节　蛋鸡的饲料配制技术

## 88. 什么是日粮和平衡日粮？

日粮是指满足一头动物一昼夜（一天）所需要的营养物质而采食的各种饲料总量。日粮又分为纯合日粮和半纯合日粮两类，纯合日粮是指配合动物日粮时不使用天然饲料原料，所有营养物质均由化学合成或提纯的物质提供；而半纯合日粮是指配置动物日粮时采用部分天然饲料原料，部分采用纯化合物质。

平衡日粮，又称全价日粮，为满足蛋鸡生理和生产上的需要，根据相应饲养标准中所规定的各种营养物质需要量，选用适当种类的饲料，为蛋鸡配合的一昼夜采食的饲料。它能平衡日粮中各种营养物质的种类、数量及相互间的比例，日粮的体积、适口性和消化性等都要求符合不同家禽的生长生理特点。

## 89. 什么是配合饲料？

配合饲料是由多种饲料配合而成的混合饲料，它是根据不同畜禽品种、不同生长阶段、不同生产方式，对各种营养的不同需要，将多种饲料加工粉碎，按比例配合而成的饲料（图4-4）。配合饲料以谷实类和各种农副产品为主要原料，按照家禽的饲养标准添加各种矿物质、微量元素、维生素和氨基酸等营养物质，营养全面，能提高饲料的利用效率，既能增强饲养效果，又合理利用了饲料资源。生产中充分的粉碎、搅拌，各营养成分包括微量成分均匀、安全，可防止营养缺乏或过剩，工厂化生产，便于运输、贮存和使用，保证新鲜饲喂。

图 4-4  配合饲料成品

## 90. 配合饲料有哪些种类？

(1) **全价配合饲料**　是根据饲养标准要求的鸡只在不同生长、生产阶段的营养物质需要量，由能量饲料、蛋白质（氨基酸）饲料、矿物质饲料和维生素饲料以及饲料添加剂配制而成的，各种营养物质种类、数量及其相互比例，饲料的营养全价程度、吸收性能及品质好坏，均能满足鸡所需要的全部营养需要，并且体积、适口性和消化率等各方面也应满足不同鸡只的生理特点。能直接饲喂畜禽的饲料终产品，不用再添加其他物质。按形态可分为粉状料、颗粒料、膨化料及液体料等。

(2) **浓缩饲料**　是由蛋白质饲料（如鱼粉、豆粕等）、矿物质饲料、维生素饲料和必要的饲料添加剂预混物，按规定要求进行混合而成，不能直接饲喂，必须按产品说明以一定比例与能量饲料进行混合，配制成全价饲料后才能喂鸡。

（3）**添加剂预混料** 不能单独饲喂，是配合饲料生产半成品。可用来生产全价配合饲料和浓缩饲料。由各种必要的添加剂（维生素、微量元素、氨基酸、抗生素、驱虫剂、抗氧化剂等）加载体稀释，一般以玉米粉或豆饼粉、石粉等饲料作载体，按规定要求进行混合而成。

## 91. 常用的饲料原料类型有哪些？

用于蛋鸡配制日粮的原料类型很多，常用的是能量饲料、蛋白质饲料、矿物质饲料和添加剂饲料。

（1）**能量饲料** 干物质中粗纤维含量在18％以下、粗蛋白含量在20％以下的饲料。如玉米、麦类、稻谷、碎米、高粱、麸皮、米糠、油脂类饲料等。玉米是用量最大的能量饲料，在鸡的日粮中占50％～70％。麸皮的粗蛋白含量较高，占日粮的3％～20％。

（2）**蛋白质饲料** 粗蛋白质含量在20％以上、粗纤维含量在18％以下的饲料。又分为植物性蛋白饲料和动物性蛋白饲料。植物性蛋白质饲料以各种油料籽实榨油后的饼粕为主（主要有大豆、棉籽、花生、菜籽、向日葵等饼粕、玉米蛋白粉）。动物性蛋白质饲料主要包括鱼粉、肉骨粉、蚕蛹粉、血粉、羽毛粉、饲用酵母等。豆饼（粕）在各种饼粕类饲料中消化率最高，是最好的植物性蛋白质饲料，其用量可占日粮的10％～30％。豆饼（粕）粗蛋白含量40％～48％，代谢能10～11兆焦/千克，赖氨酸含量比较高，但缺乏蛋氨酸，矿物质、维生素的含量与谷实类大致相似，大豆饼（粕）中的蛋白是鸡最理想的植物性蛋白质。鱼粉是最好的动物性蛋白质饲料，其蛋白质含量高（进口鱼粉粗蛋白含量在65％左右），必需氨基酸全面，维生素与矿物质含量丰富，钙磷比例适当。

（3）**矿物质饲料** 蛋鸡对矿物质饲料的需要量较多，必须在日粮中补加。常用的矿物质饲料有食盐、骨粉、石粉、磷酸氢钙、贝壳粉等。一般添加量为 $1\%\sim2\%$。

**(4) 饲料添加剂** 天然饲料中尽管含有鸡生长发育所需的营养成分，这些成分不能完全满足鸡的营养需要，以致出现一些营养缺乏症，且病害极易引起综合征。因此，在配合饲料中必须加入一些饲料添加剂，用以平衡完善饲料的全价性，减少饲料在贮存期间营养物质的损失，提高饲料的利用率，促进蛋鸡生长、生产和预防疾病。

饲料添加剂根据其成分和作用可分为两大类，即营养性添加剂与非营养性添加剂。营养性添加剂包括氨基酸、微量元素、维生素添加剂，主要用于平衡或强化日粮营养。非营养性添加剂主要包括生长促进剂（抗生素、酶制剂、益生素）、抗球虫与蠕虫剂、防霉剂、抗氧化剂、增色剂和调味剂（诱食剂）等。由于添加剂量很少，有的有毒副作用，使用时要注意拌和均匀。

## 92. 蛋鸡常用的能量饲料有哪些？

能量饲料中的营养物质是鸡的主要养分，蛋鸡生产上多使用谷实类饲料，常用的有：玉米、麦类、稻谷、碎米、高粱、麸皮、米糠、油脂类饲料等。能量饲料的特点是淀粉含量高，而粗纤维、蛋白质、矿物质的含量较低。若饲料中纤维过多，营养水平与鸡的生理特点不相适应，则影响其他营养成分的消化吸收，造成饲料浪费；但纤维过少时肠的蠕动不充分，鸡易发生食羽毛、啄肛等不良现象，一般饲料中纤维含量在 $2.5\%\sim5.0\%$ 为宜。脂肪的热能值很高，其发热量为碳水化合物的 2.25 倍。在产蛋鸡的饲料中，添加 $1\%\sim5\%$ 的脂肪，提高饲料的能量水平对产蛋鸡提高产蛋有良好的效果。

产蛋鸡和育成鸡都能适应一定的能量范围，以下为常用能量饲料。

**（1）玉米** 是主要的能量饲料。含能量高、纤维少、适口性好、消化率高，其易消化的淀粉消化率可达90％。玉米中脂肪含量约为4％，玉米含亚油酸较高（达2％），是所有谷实类饲料中含量最高者。玉米在鸡的日粮中占50％～70％。黄玉米中胡萝卜素和叶黄素含量较多，对卵黄和皮肤的着色有良好的效果。缺点是蛋白质含量低，氨基酸组成不良质量差，缺乏赖氨酸、蛋氨酸和色氨酸。

（2）**麸皮** 粗蛋白可达12.5％～17％，B族维生素含量也较丰富，质地松软，适口性好，有轻泻作用，适合喂育成鸡和蛋鸡。缺点是粗纤维含量较高，能量相对较低，钙磷比例不平衡，且含有鸡不易利用的植酸磷。可占日粮的3％～20％。

（3）**碎大米** 它是加工大米时破碎的颗粒，南方各省区产量较多，营养价值（能量、蛋白质、纤维等）与玉米相似，蛋白质中色氨酸高于玉米而亮氨酸偏低。

（4）**小麦** 在南方一些省区其价格较低可代替部分玉米用于养鸡。小麦的能量水平低于玉米，蛋白质含量较高，约为12％，苏氨酸不足。

（5）**油脂饲料** 油脂的能量浓度很高，并且容易被鸡利用，饲料中添加油脂可减少饲料粉尘，减轻热应激造成的损失，改善饲料外观。夏季，蛋鸡日粮中添加1％～2％油脂可显著提高饲料利用率，提高产蛋量。油脂可分为植物油和动物油两类，植物油的吸收率高于动物油。植物油含亚油酸高达51％～55％，动物油仅含4.3％（牛油）至22.3％（禽类脂肪）。

（6）**多汁饲料** 包括块根、块茎及瓜类饲料，主要有红薯、马铃薯、胡萝卜等。多汁饲料对于促进鸡的新陈代谢、能量转换有一定的效果，可提高鸡的生长速度、产蛋率和饲料利用率。

## 93. 蛋鸡常用的蛋白质饲料有哪些？

为了维持蛋鸡的生命，保证雏鸡正常生长以及成鸡大量产蛋，必须从饲料中提供足够的蛋白质和必需氨基酸。氨基酸供应过多时，会转化为体脂肪储存起来，导致鸡过肥。蛋白质饲料又分为植物性蛋白饲料、动物性蛋白饲料和单细胞蛋白三类。植物性蛋白质饲料以各种油料籽实榨油后的饼粕为主，主要有大豆、棉籽、花生、菜籽、向日葵等饼粕及淀粉加工副产品。动物性蛋白质饲料主要包括鱼粉、肉骨粉、蚕蛹粉、血粉、羽毛粉等。单细胞蛋白，也叫微生物蛋白，它是用许多工农业废料及石油废料人工培养的微生物菌体，含有碳水化合物、脂肪、维生素和矿物质等多种营养成分，按使用的微生物种类可分为酵母蛋白、细菌蛋白、霉菌蛋白等；按所得产品用途，可分为饲料蛋白、食用蛋白；按利用的碳源种类可分为石油蛋白、乙醇蛋白。

**(1) 植物性蛋白质饲料**

①大豆饼（粕）：大豆饼（粕）是大豆榨油后的副产品，用压榨法加工的副产品叫大豆饼，用浸提法加工的副产品叫大豆粕。豆粕、豆饼的蛋白质含量分别为 46% 和 42% 左右，氨基酸组成较好，赖氨酸高，蛋氨酸略低；能量水平较高，代谢能达 10~11 兆焦/千克，其用量可占日粮的 10%~30%；矿物质、维生素的含量与谷实类大致相似；豆粕、豆饼富有香味，适口性好，是鸡最理想的植物性蛋白质饲料，不能喂用生豆饼。大豆饼（粕）中缺乏蛋氨酸，鱼粉中蛋氨酸较多，因此，在以大豆饼（粕）为主要蛋白质来源的日粮中，加入部分鱼粉或一定量的合成蛋氨酸，饲喂效果更好。

②菜籽饼（粕）：含粗蛋白质 33%~38%，与豆饼相比，富含蛋氨酸，但精氨酸、赖氨酸低，且含有硫葡萄糖苷，其酶解产物会毒害肝、肾及甲状腺等，需经去毒才能作为鸡饲料。与花生饼和棉仁饼配伍效果好，适口性不好不宜多用。用量可占饲料的 5% 左右，近年来研制出的菜籽饼解毒剂添加后可使用量增至 20%。

③花生饼：其蛋白质含量因花生壳含量而有较大差异，一般在 36%~40%。蛋白质的氨基酸组成中赖氨酸和蛋氨酸的比例偏低而精氨酸偏高。能量水平与豆饼相似，适口性也很好。应注意的是在

高温高湿季节易感染黄曲霉菌而造成雏鸡中毒。花生饼不宜作为配合饲料中植物性蛋白质饲料的唯一来源，若能与其他饼、粕混合使用则效果会有明显提高。

④棉仁饼（粕）：蛋白质含量可达 33％～41％，赖氨酸、蛋氨酸含量少而精氨酸含量高，与菜籽粕配合使用较好。棉仁饼（粕）中含有游离棉酚、环丙烯类脂肪酸等毒素，鸡摄食游离棉酚过量，可导致中毒，加热或加硫酸亚铁可脱去部分毒素。

生产中棉仁饼（粕）与菜籽饼（粕）结合使用，可以缓冲赖氨酸与精氨酸的颉颃作用，同时，还可以减少蛋氨酸的添加量，经济效益好。一般用量不应超过 5％。

⑤玉米蛋白粉：又叫玉米面筋粉，含蛋白质 25％～60％，且粗纤维含量少，蛋白质消化率高（鸡为 81％），是鸡的优质蛋白饲料。玉米蛋白粉的赖氨酸、色氨酸含量低而蛋氨酸含量较高，与鱼粉相近。精氨酸含量是赖氨酸含量的 2～2.5 倍。由于玉米蛋白粉含有大量的叶黄素，因此也有着色作用。

⑥豆类籽实：大豆是蛋白质和脂肪含量都比较高的饲料，分别为 37％和 16％，能量值高于玉米；黑豆的营养价值略低于大豆。豆类在使用前必须加热破坏其中所含的有毒物质，豆类籽实中脂肪含量较高，配合饲料中的用量不超过 10％。

**（2）动物性蛋白质饲料**

①鱼粉：鱼粉是最好的蛋白质饲料，其蛋白质含量高，必需氨基酸全面，几种限制性氨基酸含量高；维生素与矿物质含量丰富，钙磷比例适当；鱼粉中还含有未知促生长因子且不含粗纤维。进口鱼粉呈棕黄色，粗蛋白含量在 65％左右，含盐量低，用量可占日粮的 10％～12％。国产鱼粉为灰褐色，粗蛋白含量 35％～55％，含盐量高，用量一般只占日粮的 5％～7％，否则易造成食盐中毒。因鱼粉价格昂贵，且质量不稳定，种鸡生产中较少使用。

②蚕蛹：蛋白质含量较高，约 50％；而且氨基酸含量很高，

约 2.2%，比较平衡，尤其蛋氨酸含量高，赖氨酸和色氨酸含量较高，精氨酸含量较低；脂肪含量高，因而代谢能值较高，所以优质蚕蛹是较好的动物性蛋白质饲料，蚕蛹与其他蛋白质饲料配合使用的效果很好。

③肉骨粉：是由不能食用的畜禽屠体、骨骼、碎肉、胚胎、内脏及废物下脚料等经高温脱脂后制成。蛋白质含量为 35%～60%；钙、磷、锰含量高，钙含量 3%～5%，消化率 60%～80%；肉骨粉含赖氨酸较多，蛋氨酸、色氨酸较少，含 B 族维生素较多。肉骨粉产品营养价值变化较大，品质难保证，雏鸡用量不超过 5%，成鸡用量 5%～15%。

④血粉：屠宰家畜时得到的血液经常规干燥、快速干燥、喷雾干燥制成。其消化利用率以喷雾干燥的血粉最高，常规干燥的血粉最低。血粉含蛋白质 80%，赖氨酸较多，但蛋氨酸、异亮氨酸、精氨酸、色氨酸和甘氨酸含量低，添加量不超过 5%。

⑤羽毛粉：是羽毛经高温高压处理或用盐酸水解制成。其蛋白质含量在 80%以上，氨基酸组成中以胱氨酸、异亮氨酸、甘氨酸和丝氨酸含量为高，而蛋氨酸、赖氨酸含量低。羽毛粉与血粉的配伍效果较好。

(3) 单细胞蛋白质饲料　单细胞蛋白质类饲料是指用饼（粕）或玉米面筋等做原料，通过微生物发酵而获得的含大量菌体蛋白的饲料，包括酵母、真菌、藻类等。单细胞蛋白质饲料具有高含量的蛋白质及氨基酸，且繁殖迅速，不占空间，常用的主要是酵母粉。饲用酵母含蛋白质 40%～60%，B 族维生素含量高，还含有丰富的酶系，蛋氨酸和胱氨酸较低，其他各种必需氨基酸的含量均丰富，磷含量高，钙较少。用量一般为 2%～3%。

## 94. 蛋鸡常用饲料添加剂有哪些？

饲料添加剂是指在基础饲料之外添加的各种微量成分，专门用来补充饲料中的某些不足或缺少的营养成分，用以完善饲料的全价性，提高饲料的利用效率，促进鸡生长、生产和预防疾病，减少饲料在贮存期间营养物质的损失。

目前国内常用的饲料添加剂，根据其成分和作用可分为两大类，即营养性添加剂与非营养性添加剂。

(1) **营养性添加剂** 主要用于平衡或强化日粮营养。包括氨基酸添加剂、微量元素添加剂和维生素添加剂。

①氨基酸添加剂：目前使用较多的主要是人工合成的蛋氨酸和赖氨酸。

蛋氨酸是含硫氨基酸，属第一限性制氨基酸，在无鱼粉日粮中添加蛋氨酸，其饲养效果可接近或达到鱼粉日粮的生产水平。通常在日粮中的添加量为 0.05%～0.2%。

赖氨酸也是限制性氨基酸。一般饲料中，赖氨酸的一部分是与其他物质结合而不易被家禽利用的，在饲料中添加赖氨酸时，应考虑饲料中有效赖氨酸的含量。一般添加量为日粮的 0.05%～0.25%。

②微量元素添加剂：目前市售的产品大多是复合微量元素，有铁、铜、锰、锌、钴、硒、碘。对于笼养鸡，配料时必须添加。以复合无机矿物盐形式添加，也有以有机络（螯）合物的形式添加。常用的化合物有柠檬酸亚铁、硫酸亚铁、氧化铁、氯化铜、硫酸铜、硫酸锌、氧化锌、氯化锌、碳酸锌、硫酸锌、氧化锰、硫酸锰、碳酸锰、磷酸氢锰、氯化钴、乙酸钴、硫酸钴、亚硒酸钠、硒酸钠、碘化钾、碘化钠、蛋氨酸铜络（螯）合物、蛋氨酸铁络（螯）合物、蛋氨酸锰络（螯）合物、蛋氨酸锌络（螯）合物等。

③维生素添加剂：对于笼养鸡，青绿饲料的饲喂不太方便，必须在配合饲料中添加多种维生素。现代养鸡所需要的维生素皆以添加剂的形式配入饲料。这类添加剂有单一的制剂，如维生素 $B_1$、维生素 $B_2$、维生素 E 粉，生产中多采用复合添加剂（多维素）形式配制，使用时应注意其生物学效价和稳定性，对稳定性

差的维生素应加大用量，并加入抗氧化剂。如遇高温、寒冷、疾病、免疫接种、断喙、转群等，多维素的使用应在规定用量上有所增加。

（2）非营养性添加剂 主要包括生长促进剂、防霉剂和抗氧化剂等。

①生长促进剂：在饲料中添加生长促进剂可促进生长和产蛋，改善饲料利用率，增进健康。这类添加剂常用的有药用保健类和中草药助长剂、酶制剂及其他一些物质等。

药用保健类和中草药助长：包括大蒜、艾粉、松针粉、芒硝、党参叶、麦饭石、野山楂、橘皮粉、刺五加、苍术、益母草等。

酶制剂：是一种高效生物催化剂，由单酶或多酶组成，主要有植酸酶、淀粉酶、脂肪酶、纤维素酶和葡聚糖酶等。由于鸡的饲料中90%左右是各种植物种子及其副产品，营养物质含于其细胞中，而细胞壁会阻止鸡对细胞内营养物质的消化。植物细胞壁是由各种聚合物（纤维素、半纤维素和果胶等）组成的，在饲料中添加能分解这类聚合物的酶可提高饲料利用率，提高产蛋量。常用酶制剂有淀粉酶（产自黑曲霉、解淀粉芽孢杆菌、地衣芽孢杆菌、枯草芽孢杆菌、长柄木霉、米曲霉）和支链淀粉酶（产自酸解支链淀粉芽孢杆菌），适用于青贮玉米、玉米、玉米蛋白粉、豆粕、小麦、次粉、大麦、高粱、燕麦、豌豆、木薯、小米、大米。

益生素：是益生素、益生元、EM制剂、微生态制剂的统称。是由活体微生物制成的生物活性制剂，它可有效补充机体消化道内的有益微生物，改善消化道菌群平衡，提高免疫力、代谢率以及饲料的吸收利用率。种类有：益生素、益生元（化学益生素）、合生元三大类，益生元主要有低聚糖和酸化剂两大类，合生元常用于添加剂，是益生素和益生元的复合物，主要分4类：乳酸杆菌类微生物制剂、芽孢杆菌类、酵母类和光合细菌类，具有益生素和益生元两方面的功能。饲料中常用地衣芽孢杆菌、枯草芽孢杆菌、两歧双歧杆菌、粪肠球菌、屎肠球菌、乳酸肠球菌、嗜酸乳杆菌，添加剂量按菌种特点及需求比例而定，一般添加量为0.1%～0.2%。

②抗球虫剂与抗螨虫剂：球虫、螨虫危害是常见的，在育雏期使用效果明显。很多抗球虫药易产生抗药性，常用药为包括中草药添加剂、药物添加剂（氨丙啉）等；不产生抗药性的有莫能霉素与盐霉素。

③抗氧化剂与防霉剂：日粮中的不饱和脂肪酸最容易导致维生素 A、维生素 D 和维生素 E 的破坏。饲粮中有效的抗氧化剂为：二丁基羟基甲苯（BHT）、丁羟基茴香醚（BHA）与乙氧喹啉。饲料被霉菌毒素污染，既降低饲料营养价值又对鸡的危害十分严重。在原料中加入防腐剂，如丙酸、丙酸钠、丙酸钙、山梨酸或它们的复合制剂，可以有效地防止霉菌毒素的产生。

④调味剂（诱食剂）：鸡的嗅觉差，味觉处于退化状态，但对刺激物仍有良好反应。目前鸡用调味剂主要是大蒜素，大蒜素不仅可促进食欲，而且有杀菌和改善肉质风味的作用。一般添加量为0.04%～0.2%。还有谷氨酸钠、食用氯化钠、乳糖、麦芽糖、糖精钠、食品用香料、甘草等。

## 95. 使用添加剂应注意哪些问题？

(1) **应用目的** 首先要明确应用目的，严格控制用量。根据具体情况，有针对性地选用适宜的添加剂，不能乱用、滥用，因运输、鸡群状况等因素适当进行调整。不同添加剂作用不同，许多添加剂之间会发生一些相互作用或化学反应，配制、生产饲料时注意添加剂之间的相互关系。如硫胺素（即维生素 $B_1$）有减弱抗球虫剂的作用，添加了抗球虫药时，不宜过多使用硫胺素。

(2) **成分含量** 其次应明确成分含量标准，添加时应注意准确计算添加量。按饲养标准规定或产品说明添加，微量元素的可利用性差异较大，隐患也很大，添加时应注意用量，宜少不宜多。饲料添加剂仅占饲料的极微量，配料时坚持逐级扩大原则，应先用适当的辅料分级预混，逐级扩大，每次扩大 20～30 倍，经几次预混再放入大堆混匀。常用的辅料有石粉（用于微量元素添加剂）和玉米粉（用于维生素添加剂）。

（3）**维生素的添加**　在各种应激情况下，家禽所需要的维生素量比正常情况下多用，可添加一些青绿饲料。家禽体内感染有害细菌、寄生虫时，体内维生素的损耗也严重，青绿饲料要新鲜。

（4）**促进生长类的添加**　促生长类添加剂主要作用是预防疾病，改善鸡体代谢过程，促进鸡体健康，提高饲料利用率和鸡群生产率。添加时考虑：日粮组成、饲养方式、疾病、运输、转群等情况以及饲养阶段、产蛋水平。

## 96. 饲粮配制的基本原则是什么?

（1）**注重科学性和全价营养性**　结合本场鸡群的生产水平和生产实际，科学选择营养标准，还要考虑各种微量营养指标及家禽个体特点、发育阶段、环境因素、饲养方式等因素。尤其是各种营养指标比例的平衡，选好多种饲料原料，进行合理组合、修正、补充，使饲料达到全价，促进生长、发育，肉蛋品质好，发挥遗传潜力。

（2）**要求原料优质、经济、多样化**　饲料配方原料的成本很大程度决定经济效益，配方的质量与成本之间必须合理平衡，做到既营养全面又成本低廉。保证饲料原料品质优良、新鲜。弄清鸡的年龄、体重、生理状态、品种、性别、生产性能、饲养方式、环境条件、采食量和消化生理特性，饲养季节和气候条件，饲料加工工艺和生态环保要求，尽量利用本地饲料。

（3）**了解原料的营养成分和特性**　充分了解所选饲料原料的种类、来源、价格、特性和限制条件。借助饲料成分表时，能测定选定的饲料营养成分数据为好，适当抽检，凭相应结果和经验，配制的饲料应有良好的适口性和消化吸收性，其粗纤维含量、适口性和体积必须与蛋鸡的消化生理特点相适应。鸡群均匀度有时比单纯的平均体重更重要，理想的均匀度指标是 15～18 周龄鸡群的均匀度应高于 80％。

**（4）注重添加剂安全性** 遵守国家有关的饲料法律法规，如《饲料和饲料添加剂管理条例》《中华人民共和国兽药管理条例》《饲料标签》《饲料卫生标准》等。在保证蛋鸡对营养物质满足的情况下，尽量少添加化学添加剂，提高性价比，且保持电解质平衡。如氯对蛋壳有害，氯在鸡体内呈酸性，妨碍碳酸氢盐转变为碳酸盐，同时影响鸡体内钙磷代谢。

**（5）注意水分对营养成分的影响** 饲料成分表中所列数据是水分含量小于 13％的风干样品的分析结果。要注意原料的干湿程度。如果饲料的含水量大于 13％时，营养成分的取值应适当减少；原料品质好，成分含量取高值；反之，则取低值。

**（6）热应激时应提高饲料的能量浓度** 代谢产生的热消耗高，可减少纤维性饲料的使用，添加适量油脂，改善适口性以增加采食量，从而提高产蛋率和蛋重。

**（7）保持新鲜度** 所配饲料不宜久存，过期饲料造成营养价值降低，甚至导致饲料发霉变质，易造成霉菌中毒。

## 97. 饲料配方设计的方法有哪些？

蛋鸡饲料配方的设计方法有：手工计算和计算机规划两类。即试差法、四角线法、线性规划法、电脑软件配方法。大、中型鸡场的饲料厂和专业的饲料厂大多使用电脑配方，精确度高，营养成分平衡，达到符合饲养标准且成本最低的饲料配方。使用自配料的鸡场或养鸡户，可采用试差法配制饲料。

以试差法为例，计算饲料配方的步骤如下：

①根据饲养标准，选择营养需要指标及日常经验中试算的营养

指标。依据现场条件，确定准备纳入配方计算的原料种类和数量，初步拟出各种饲料原料的大致比例，明确重点计算指标，依据饲料成分及营养价值表，确定已选饲料的各种试算指标含量。每种原料各自的比例乘以该原料所含各种养分的百分含量，汇总原料的同种养分总量。

②与饲养标准要求的对应指标进行比较，根据各种养分的盈余情况，调整相应饲料原料的用量，直至配方中各种养分含量符合要求。该法不受饲料原料种数限制，简单易学，但要平衡配制一个营养指标，计算量大、盲目性较大，要反复试算多次。

③将所得结果与饲养标准进行对照，如有差异，调整原料比例和重新计算，直至所有的营养指标都基本满足要求为止。

## 98. 提高蛋壳质量的营养措施有哪些?

提高蛋壳质量最重要的是营养、电解质平衡，满足产蛋鸡需要，保证钙磷及维生素的需要。

**(1) 钙磷比例适当** 蛋鸡饲粮中有效磷含量维持在 0.4% 左右，钙磷比例为 4:1～6:1 时，蛋壳质量较好。

**(2) 钙质饲料的颗粒度适中** 添加钙质饲料时除了钙含量要达到标准外，还必须保证钙质饲料的颗粒度，细度以 8～12 目为好。若用颗粒钙替代 1/3～2/3 的细石粉，保证钙的摄入量及钙在体内的存留时间，有助于改善蛋壳质量。

**(3) 补充维生素 D** 维生素 D 是蛋鸡体内钙磷代谢所必需的物质，它能够促进肠道对钙、磷的吸收和从骨骼动员钙，在一定程度上克服钙磷比例不当。其他维生素必须满足生产需要，一般每千克饲料中的维生素 D 添加量为 2 000～2 500 国际单位，维生素 C 的补充量以每吨饲料 50～100 克为宜。

**(4) 夏季防暑降温** 在日粮中添加适量的碳酸氢钠和维生素C，保证鸡群健康。疾病会使蛋壳变薄、蛋形异常，也影响蛋的质量。

（5）**保持电解质平衡** 氯在鸡体内呈酸性，氯对蛋壳是有害的，影响鸡体内钙磷代谢，可用小苏打代替食盐，以有效调节体内酸碱平衡，减少蛋壳破损率，提高蛋壳硬度。

（6）**保证水质** 水是生命代谢的重要物质，良好的水质中，矿物质含量丰富，对鸡有保健作用。

## 99. 蛋鸡配合饲料有哪些品质要求？

（1）**生物安全和环境保护的特殊要求** 随着科学的进步和社会的发展，饲料生物安全和环境生态保护将逐步作为强制性措施实行。饲料配方应根据这些要求作出调整，遵守禁用药物规定，降低动物氮、磷的排泄等。

（2）**营养指标的特殊要求** 厂家生产配合饲料时，常根据具体条件将配方中的营养指标调整到超过饲养标准的要求，以保证产品合格并有效。如对配合饲料中某些维生素的实际添加量设定安全系数。

（3）**日粮要全价** 各种营养素要完善，尽可能使用种类比较多的原料，以达到营养物质互补（主要是氨基酸互补）的作用，降低饲料成本。蛋内的各种营养成分都是由产蛋母鸡从饲料中摄入，通过体内变化、血液运输生殖系统分泌而进入蛋内的。平衡日粮中营养成分的关系，保证鸡群健康。

（4）**适口性与限量** 饲料中某些营养成分过量会使鸡蛋产生异味。如蚕蛹粉、劣质鱼粉等。棉仁粕用量过高，会发生鸡只中毒，化学药物有毒副作用，这些都应限量。

## 100. 怎样举例说明常用蛋鸡饲料配方？

根据南方地区的常见饲料原料品种，不同阶段蛋鸡饲料配方举例如表 4-7。

表 4-7　蛋鸡常用的饲料配方实例

| 饲料名称 | 0～6 周龄 | 6～14 周龄 | 14～20 周龄 |
|---|---|---|---|
| 玉米（%） | 59.6 | 59.3 | 63.5 |
| 麸皮（%） | 10.0 | 15.0 | 18.0 |
| 豆饼（%） | 21.0 | 19.9 | 14.4 |
| 鱼粉（%） | 6.0 | 2.0 | 1.0 |
| 石粉或贝壳粉（%） | 0.5 | 0.5 | 0.5 |
| 骨粉（%） | 1.5 | 2.0 | 1.3 |
| 食盐（%） | 0.3 | 0.3 | 0.3 |
| 蛋氨酸（%） | 0.1 | — | — |
| 预混料（%） | 1.0 | 1.0 | 1.0 |
| 合计 | 100.0 | 100.0 | 100.0 |
| 主要营养成分 代谢能（兆焦/千克） | 12.01 | 11.80 | 11.55 |
| 粗蛋白（%） | 18.2 | 16.2 | 13.2 |
| 粗纤维（%） | 3.10 | 3.40 | 3.50 |
| 钙（%） | 1.01 | 0.98 | 0.90 |
| 磷（%） | 0.71 | 0.66 | 0.60 |
| 蛋氨酸＋胱氨酸（%） | 0.60 | 0.50 | 0.60 |

## 101. 怎样选购蛋鸡商品饲料?

选购蛋鸡商品饲料时，各种营养成分与原料的含量要求达到基本的品质特征；有的原料要严格控制使用量，棉籽粕、高粱、化学药品与添加剂等尽量少加。必要时可订制饲料，如生态放牧的，可不加化学添加剂。

另外，还有许多其他质量特征，如色泽、粒度和一些技术性价值（如耐储藏、易于加工、生产日期等），选购时既要求饲料质量好，适口性强，同时也要兼顾价格。包括一些感官价值、主观心理价值（如产地、品牌、生产方式等）在内的一些价值特征也尤为重要。

在选购饲料量时，一次购买不要超过 15 天的用量，以免长期贮存降低营养成分的含量及新鲜度，长期贮存对维生素的含量影响明显。饲料型号应要相对稳定、适合相应生长期，如需更换饲料，最好采用逐渐过渡的方法，以免引起鸡食欲下降和消化障碍。

## 102. 怎样计算蛋鸡饲料报酬？

饲料报酬是表示饲料效率的指标，它表示每生产单位重量的产品耗用饲料的数量，是商品生产的经济指标。生长期常用料重比表示，指每增重 1 千克体重所需饲料的千克数，即饲料/增重。产蛋期常用的料蛋比表示，即每生产 1 千克鸡蛋所需要的饲料千克数。一般来说，饲料报酬既未考虑饲料营养价值的高低，也未考虑所生产产品的成分与内容，是产品和饲料重量的比较，耗料少，饲料报酬就高。但饲料质量往往有差别，用全期平均数进行计算比较，能比较出饲料质量及营养的合理性。饲料报酬是某个生产阶段的饲料消耗量与产蛋量之比，当计算全年的蛋比时，把全年的饲料量除以全年蛋重。

如某 5 000 只鸡的蛋鸡场，月平均饲料消耗量为 3.3 千克/只，平均产蛋 26 枚/只，总蛋重 1.3 千克/只，月饲料报酬＝饲料消耗量/产蛋重计算：

月饲料报酬（料蛋比）＝3.3/1.3＝2.54

## 参　考　文　献

师亚玲，贾鸿莲 . 2006. 科学养鸡 300 问［M］. 大原：山西科学技术出版社 .

杨宁 . 2002. 家禽生产学［M］. 北京：中国农业出版社 .

杨山 . 1995. 家禽生产学［M］. 北京：中国农业出版社 .

魏忠义 . 1999. 家禽生产学［M］. 北京：中国农业出版社 .

康相涛，田亚东 . 2011. 蛋鸡健康高产养殖手册［M］. 河南科学技术出版社 .

孙桂荣，康相涛，李国喜，韩瑞丽，等 . 2006. 不同饲养方式对固始鸡生产性能的影响［J］. 华北农学报 .

王子旭，佘锐萍，陈越，等 . 2003. 日粮锌硒水平对肉鸡肠道黏膜结构的影响［J］. 中国兽医科技，32（4）：34-37.

樊航奇．1999．高产蛋鸡饲养技术问答［M］．北京：中国农业出版社．

李燕，康相涛，孙桂荣，等．木寡糖对矮脚绿壳蛋鸡肠道长度及形态结构的
影响［J］．饲料研究，2007，12：67-69．

王子旭，佘锐萍，陈越，等．日粮锌硒水平对肉鸡肠道黏膜结构的影响［J］．
中国兽医科技，2003，32（4）：88-94．

张振涛．2002．绿色养鸡新技术［M］．北京：中国农业出版社．

彭秀丽．2011．畜禽健康养殖新技术［M］．武汉：湖北科学技术出版社．

佟建明．2003．蛋鸡无公害综合饲养技术［M］．北京：中国农业出版社．

黄炎坤，王扬伟，周立．1996．实用蛋鸡饲养新技术［M］．中原农民出版社．

王凤英．2010．科学养猪技术问答［M］．第二版，北京：中国农业大学出版
社．

陈喜斌．2003．饲料学［M］．北京：科学出版社．

赵志平．2005．蛋鸡饲养技术［M］．修订版，北京：金盾出版社．

郝正里，王小阳．2009．怎样应用鸡饲养标准与常用饲料成分表［M］．北京：
金盾出版社．

白修明，白波．1995．蛋鸡饲养技术［M］．沈阳：辽宁科学技术出版社．

段淇斌．2007．蛋鸡饲养技术［M］．兰州：甘肃科学技术出版社．

王金洛，宋维平．2002．规模化养鸡新技术［M］．北京：中国农业出版社．

冯定远．2003．配合饲料学［M］．北京：中国农业出版社．

郭强．2003．现代蛋鸡生产新技术［M］．北京：中国农业出版社．

宁中华．2006．节粮型蛋鸡饲养管理技术［M］．北京：金盾出版社．

杨春英．1998．科学养鸡饲料问答［M］．北京：科学技术文献出版社．

# 第五章 商品蛋鸡的饲养管理

## 第一节 雏鸡的培育与饲养

### 103. 雏鸡有哪些生理特点?

雏鸡通常是指从出壳后到 6 周龄的鸡,如图 5-1。

**(1) 生长迅速,代谢旺盛** 雏鸡生长快,2 周龄和 6 周龄的体重分别是初生重的 4 倍和 10 倍。雏鸡的羽毛生长快,3 周龄和 4 周龄时分别占体重的 4% 和 7%,羽毛的蛋白质含量高达 80%~82%。换羽速度快,幼雏从孵出到 20 周龄时羽毛要脱换 4 次。所以雏鸡对蛋白质的需求量很高,在育雏时既要保证雏鸡的营养需要,又要保证良好的空气质量。

图 5-1 雏 鸡

**(2) 消化系统发育不健全** 雏鸡的嗉囊、胃、肠容积都很小,消化腺不发达,肌胃研磨能力差,因此,要注意喂给粗纤维含量低、易消化的饲料。

**(3) 体温调节功能不完善** 刚出壳的雏鸡神经系统发育不完全,个体小,羽毛稀,体温要较成年鸡低 2~3℃,4 日龄开始上升,10 日龄时达到成年体温。所以对雏鸡的保温工作要给予极大的重视。

（4）**抵抗力弱，敏感性强** 雏鸡的免疫系统发育不完全，免疫功能不健全，出壳后母源抗体也渐渐衰弱，3 周龄左右母源抗体降至最低，10～21 日龄为危险期。饲料中的各种营养成分缺乏或有毒物过量时，雏鸡都会很快出现病例症状。因此，在配制雏鸡日粮时，要谨慎确定各种营养成分的含量及其比例。

（5）**易受惊吓，缺乏自卫能力** 各种异常响声和新奇的颜色都会引起雏鸡骚乱不安，因此，育雏环境要安静，还要防止其他动物对雏鸡群的影响，做好防护。

## 104. 育雏前应做好哪些准备工作？

### （1）鸡舍的清理与消毒

①清扫：鸡舍的清扫顺序是顶棚、墙壁、地面和其他设施，由内向外。清扫之前为防止尘土飞扬、病原微生物扩散，可向舍内适当喷洒消毒液。当遇到不易清扫之处，一定要认真彻底清扫。

②水洗：清扫后用高压水进行冲洗。冲洗顺序为先上后下，先内后外，可除去部分病原体，冲洗掉大部分有机物，冲洗干净后开窗干燥 1 天。

③消毒：消毒的方法有很多种，通常是采用化学消毒，也可以采用火焰灼烧的物理方法消毒。消毒的顺序是顶棚、墙壁和设备，最后是地面。顶棚与 1.5 米以上的墙壁用 8％生石灰水与 1％火碱溶液混合喷洒消毒，1.5 米以下的墙壁与地面用 3％火碱溶液消毒，设备则采用 0.2％浓度的百毒杀喷洒消毒。最后均采用福尔马林熏蒸消毒，熏蒸时应提高舍内温度，湿度在 60％～80％较好，用比例为 1∶2 的高锰酸钾与福尔马林，每立方米用量分别为 15 克和 30 毫升，密闭门窗 2 天。

（2）**育雏设施设备的准备** 在进舍前应对育雏室进行修缮以及内部热设施等的检修，做到保温良好，通风换气良好，光亮适宜，室内干燥，无鼠害。常用育雏设备的准备如下：

①育雏保温锅炉：正常情况下养殖舍内的温度可达到 35～

38℃，雏鸡的成活率达到99％以上。温度控制采用微电脑控制器，把育雏舍自动控制成生产需要的温度。

②育雏器护栏：在平养饲养开始时，为了防止雏鸡远离热源，围绕育雏器周围而设置的设备。护栏可用竹席、金属网或其他材料制成。一般护栏高30～40厘米，距热源的距离随季节的变化而变化，冬季约为70厘米，夏季约为90厘米。蛋鸡熟悉热源之后，逐渐扩大护栏面积，一周即可去掉护栏。

③伞形育雏器：可以用木板、纤维板或铁皮等材料做成，在伞罩内上部有加热器。伞罩起着使热量向下辐射，温度集中的作用，可节约燃料，育雏效果好。伞下所容纳的鸡数应根据伞的高度和面积来确定，一般可容纳300～1 000只。育雏伞的高度要随着日龄的增长而升高。2周龄后应调整雏鸡的数量（表5-1）。

表5-1 电热伞形育雏器的容积数

| 伞高（厘米） | 伞罩面积（厘米²） | 2周龄以下的鸡数（只） |
| --- | --- | --- |
| 55 | 100 | 300 |
| 60 | 130 | 400 |
| 70 | 150 | 500 |
| 80 | 180 | 600 |
| 100 | 240 | 1 000 |

④饮水器和食槽：喂料和饮水设备应结构合理，数量充足，大小适当，高低可调，减少饲料浪费。食槽要求采食方便、光滑、平整，便于清洗和消毒等。高度及其上缘通常高出鸡背2厘米合适。食槽可用木板、镀锌铁皮或者硬塑料板制成。蛋鸡所需的食槽空间见表5-2。

表5-2 蛋鸡所需食槽空间

| 周龄 | 食槽槽式（厘米/只） | 吊桶式直径为30～40厘米/（只·个） | 饮水器水槽（厘米/只） |
| --- | --- | --- | --- |
| 1～4 | 2.5 | 35 | 1.5 |
| 5～10 | 5.0 | 25 | 2.0 |
| 11～20 | 7.5～10 | 20 | 2.5 |

饮水器要具备清洗方便、不漏水、不污染的特点。饮水器的种类要根据鸡的大小和饲养方式而定。常用的饮水器包括真空饮水器、杯式饮水器、水槽和乳头式饮水器。雏鸡第一周主要采用真空饮水器，筒的容量为1～3升，可供70～100只雏鸡使用。杯式饮水器、水槽目前应用较多，杯式饮水器大小不等，水容易被污染。乳头式饮水器有利于防疫、节水，可减轻人工清洗这一步。

（3）**饲料及药品的准备**　育雏前根据本次育雏数量计划雏鸡饲料。通常情况下应准备10～15天的饲料，饲料放置过久易发生霉变，因为育雏舍内属于高温高湿的环境条件，容易滋生霉菌。但也不能准备太少，2～3天进行一次补料，不利于防疫隔离，而且还会增加费用。准备好蛋鸡场常用疫苗，如新城疫疫苗、法氏囊病疫苗、传染性支气管炎疫苗等，同时配备抗白痢、球虫病药和抗应激药物。

（4）**舍内预温**

①预温的作用：主要使舍内温度保持稳定，在北方冬季育雏时，尤其应检验一下供温设施的供温能力。因为在预温时加速了福尔马林残余物的逸出，所以在预温的同时应该开启风机。

②测试：当舍内温度达标后，打开育雏笼检测，包括供电线路、控制系统的运作情况。

③调温：育雏标准在25℃左右，北部地区升温较难，但地面温度还应高于18℃，否则育雏效果较差，实践表明，即使短期受寒也会影响成活率、均匀度及生产性能。

④混合供热：单一热源无法确保温度时，应采取混合供热方式。

⑤预温时间：进雏的前1～2天应进行预热，预温时间冬季较夏季长。注意不可过早进行，否则易造成环境干燥。

## 105. 雏鸡运输应注意哪些问题？

雏鸡运输是一项极为重要的技术工作。为保证雏鸡的安全，运输时应注意以下问题：

（1）**运雏人员的选择**　运雏人员必须具备一定的专业知识和运雏经验，还需要有较强的责任心。长途运输时，可选择2名具有运输经验的技术人员，轮流在车厢内观察雏鸡的情况，做到及时调整。

（2）**运雏工具的准备**　根据路途的远近、天气情况选择运雏的工具（车、船、飞机等），但不管使用哪种交通工具，运输的过程都要求做到稳且快。目前规模化的孵化场通常专门订制专业运雏车，车辆内配置好空调，可以合理地来控制运雏车厢内的温度，从而降低外界环境温度对雏鸡造成的影响。所有的运雏工具以及物品都必须经过严格的清洗消毒。

（3）**适宜的运雏时间**　一般雏鸡在出壳 48 小时内可以不采食、不饮水，雏鸡的体质健康不会受影响，因为雏鸡出壳前吸收的卵黄，可以继续被雏鸡利用，满足约 48 小时内的营养和水分的需求。所以长途运输雏鸡尽可能在出壳后 48 小时内完成。如超出时间越长，对雏鸡的危害越大。事实上，同一批次的雏鸡出壳的时间不同，相差约 12 小时，在考虑运输的同时，应考虑到此因素。另外季节和天气的不同决定运输的时间，早春和冬天适合在中午前后运输。如果运输工具具备空调装置则可以忽略季节对装车运输时间的影响。

（4）**运雏途中的管理**

①运输中的控制：尽量使雏鸡处于黑暗状态，从而减少雏鸡的运动量，降低相互挤压造成的损伤。雏鸡自身的体温调节能力较差，对外界敏感，胆小，所以在运输过程中加强防寒保温工作；车辆行驶过程要平稳，避免颠簸、急刹车、急转弯等尽量避免剧烈震动。

②注意天气变化：运输驾驶员要根据天气和温度变化情况做好车内通风和保温措施，随时观察鸡群的情况，防止鸡压死、闷死、冻死等意外情况的发生。运输过程中如果只注意保温而不注意通风换气，会导致雏鸡受闷缺氧，甚至窒息死亡；而只注意通风换气不注意保温，则会导致雏鸡患感冒，拉稀下痢，影响成活率。因此，雏鸡在装车时鸡箱要错开摆放。箱周围要留通风的空隙，重叠的高度不要太高。气温太低时要加盖保温用品，但也要注意不要盖得太

严实。

③注意观察：运输人员通常应 0.5～1 小时观察一次雏鸡的情况，如发现雏鸡张嘴抬头、绒毛潮湿，则说明温度太高，要掀盖通风。如发现雏鸡挤在一起，唧唧叫，则说明温度偏低，要加盖保温。当温度低或者车子震动而使雏鸡发生挤压的时候，则要将上下层的雏鸡箱换位置，防止中间和下层的雏鸡受闷而死。

## 106. 育雏方式有哪些?

### (1) 平面育雏

①地面育雏：该方法适用于天气不太冷的地区或时期，是将雏鸡养在铺有垫料的水泥地面、砖地面、泥土地面或炕面。垫料可使用轧碎的秸秆，也可以用刨花、木屑等，垫料厚 3～5 厘米，需每批更换。垫料中鸡粪中的微生物发酵可产生维生素 $B_{12}$，能补充鸡的营养。平时小雏鸡经常拨料，可以增加运动量，加快新陈代谢，促进生长发育（图 5-2）。

②网上育雏：饲养密度大，雏鸡可以不与粪便接触，能够减少疾病的传播机会。该方法是用铁丝网、塑料网或竹竿网代替地面。一般网面离地面 50～60 厘米，网眼为 1.25 厘米×1.25 厘米。网上育雏可以使鸡粪直接落在网下，雏鸡不直接接触鸡粪和地面，从而减少白痢、球虫等其他疾病的传播机会，降低发病率（图 5-3）。

图 5-2　地面育雏

图 5-3　网上育雏

（2）**立体育雏** 也称笼育育雏。立体育雏雏鸡密度大，能够有效地利用房舍与能源。将雏鸡饲养在分层育雏笼内。分层育雏笼一般为3～5层，采用叠层式。笼底是铁丝网，鸡粪漏于承粪板上，定期清除。笼内的热源采用电热丝或热水管来供给，育雏室内通常用热风或热水汀供暖，热风由电热丝加热器通过通风机供给（图5-4）。

图5-4 立体育雏

## 107. 适宜的育雏密度是多少？

育雏密度指单位面积（米$^2$）内所容纳的雏鸡数。平面育雏开始时可饲养雏鸡20～30只/米$^2$，以后慢慢调整到6周龄时20只/米$^2$；立体育雏开始时饲养雏鸡40～60只/米$^2$，以后慢慢调整到6周龄时30只/米$^2$。平面育雏鸡群不要过大，以500只为宜。

## 108. 怎样判断育雏的温度是否适宜？

用育雏伞平面育雏，温度计挂在平面育雏器的边缘，距垫料或网面5厘米。进雏第一周温度从33～35℃开始，每周降温2～3℃，直至与室温相同。根据天气和鸡群的情况"看鸡施温"，鸡群最舒适时达到最佳标准。如果鸡群靠近热源，拥挤在一起打堆，唧唧声不断，说明温度偏低；如果鸡群分散均匀，追逐嬉闹，叫声欢快，采食饮水正常，则说明温度适当。

## 109. 怎样解决育雏湿度不适的危害?

**(1) 湿度太低时** 空气中灰尘量大,小鸡羽毛生长不良,也有利于葡萄球菌、鸡白痢、沙门氏杆菌及具有脂蛋白囊膜病毒的存在。如果雏鸡不能及时饮水,可能发生脱水症,表现为:羽毛发脆且大量脱落,脚趾干瘪,雏鸡食欲不振,消化不良,体瘦弱,严重时导致患病,死亡率提高。低湿加湿方法:室内挂湿帘,火炉上放水盆或地面洒水。另外,可用消毒液对鸡舍和雏鸡实行喷雾消毒。

**(2) 湿度过高时** 雏鸡羽毛污秽,食欲不振,并因微生物的大量繁殖使小鸡容易患病。尤其在温度不适宜的情况下,高湿对雏鸡的影响更大。高温高湿,雏鸡因散热困难而感到闷气,食欲下降,生长缓慢,体质虚弱,抗病力下降;高温高湿易使饲料和垫料发霉,雏鸡易暴发曲霉菌病。高湿时,应加大通风量,如地面育雏应及时更换垫料,或者在地面和垫料中按每平方米加 0.1 千克的过磷酸钙,以吸收舍内和垫料的水分。一定要防止饮水器放置不平而漏水。低温高湿,雏鸡因散热过多而感到寒冷,雏鸡易患感冒和胃肠道疾病,应注意通风,并及时升温。

## 110. 怎样控制育雏的光照时间和强度?

光照对雏鸡的生长发育非常重要,光照的时间长短、强度大小以及颜色影响着雏鸡的生长和成年后的生产性能。所以控制好育雏期的光照时间与强度大小至关重要。

**(1) 光照时间** 应随着雏鸡日龄的增长稍微减少或者不变。如果光照时间太长或者不断增加,会使鸡提前性成熟,过早开产。在实际生产中,前 3 天可采用每天 23 小时的光照时间,使雏鸡能够快速适应环境,识别水槽和食槽的位置。从第 4 天到开产期,对密闭式鸡舍则采用每天 8~10 小时光照时间,开放式鸡舍采用自然光照。

**(2) 光照强度** 第一周为 10~20 勒克斯,一周以后以 5~10 勒克斯为宜。实际生产中,以 15 米² 的鸡舍为例,第一周用一盏

40 瓦的灯悬挂于 2 米高的位置，第二周换用 25 瓦的灯泡。

### 111. 雏鸡饲喂的原则是什么？

（1）避免"第一周喂肉鸡料"　用肉小鸡料喂蛋鸡雏，对蛋鸡的损害是不可弥补的，由于以前蛋雏鸡使用的颗粒料采购不方便，而肉小鸡料的采购在市场中可以说相当便利，这使得一些养殖户做出了错误的选择。喂过肉小鸡料的蛋雏鸡必然发生性早熟、骨骼发育不好等问题。这是因为肉鸡料的营养及药物的成分和浓度不适合蛋雏鸡所致。

（2）避免"初饮管理不当"　正确的做法是：在蛋雏鸡进入育雏舍之前 2 小时将饮水器装 1/3 的水，放入笼内，使雏鸡到达时饮水温度达到 25℃左右。水中加上维生素、电解质和 3% 的葡萄糖，饮水 3 天。蛋雏鸡饮水 1～2 小时以后开食，每天换水 3 次，添料 6 次，早 6 点、午 2 点，加营养药水，晚 10 点加凉开水以减轻肾脏负担。

### 112. 雏鸡的管理要点有哪些？

（1）消毒　进雏前对育雏舍及其设备进行彻底的清洗与消毒，防止病原体的传染。通常采用高锰酸钾熏蒸法对雏舍消毒。

（2）光照强度　为保证雏鸡的生长发育，应制定合理的光照制度。光照太强易发生斗殴和啄癖，太弱影响采食和饮水，起不到刺激作用。一般采用渐减光照法。

（3）舍内温度　初生雏鸡对温度极为敏感，过高或过低都会导致发病率和死亡率增加，必须人为控制，让雏鸡在最适的环境温度内正常的生长发育。控制舍温还要遵循"前期稍高，后期稍低；白天稍低，夜间稍高；晴天稍低，阴天稍高"的原则。

（4）湿度　舍内湿度前期应在 60%～65%，后期在 55%～60%。湿度太低，雏鸡容易脱水，而且由于长时间湿度过低会使舍内环境干燥，灰尘、雏鸡的细小绒毛等会进入雏鸡的呼吸道引起呼吸系统疾病；湿度过大，会引起垫料潮湿，从而滋生细菌引起腹泻、胃肠病及寄生虫病等。因此，湿度要控制在适宜的范围内。

(5) **密度** 一般根据不同的周期来安排饲养密度，高温高湿时要降低密度，网上平养可适当加大密度，地面平养适当降低密度，冬季密度大，夏季密度小。

(6) **通风换气** 要保持室内空气畅通，雏鸡在呼吸、代谢、排泄过程中产生的二氧化碳、氨气、硫化氢等废气或有害气体，长期积聚在室内会影响雏鸡的生长发育，导致多种疾病的发生。春季一般在早晨室外温度暖和的时候打开门窗，但不要太大，防止室内温度过低引起鸡只感冒。夏季应该及时通风换气，可安装排气扇。

(7) **开食与饮水** 雏鸡最好在出壳后 24 小时内开食，饮水后 1~2 小时即可开食，开食前可先用 5% 葡萄糖水和温开水进行饮水，促进日后雏鸡腹中剩余的蛋黄吸收，并根据情况有目的地在饮水中适量添加抗菌类药物或高锰酸钾等。开食料要新鲜，营养丰富易消化，开食的颗粒大小要适中，易于啄食，常用的有碎米、小米和碎玉米等，可干喂，也可湿喂，3~4 天后可喂配合饲料。雏鸡接入舍后，应尽早加入含维生素的饮水，且水温不低于 25℃，最初 3 天应在水中加入 5% 葡萄糖，或加入 5%~8% 食用白糖，可降低死亡率。如雏鸡应激过大，可在最初的 3~4 天饮水中加入 0.1% 水溶性电解质。一周前饮开水，一周后可饮自来水。同时应该先将水在鸡舍内放一段时间，防止室温与水温相差太大刺激雏鸡的胃肠而引起腹泻。

(8) **饲喂次数** 3~4 小时饲喂一次，每次不要投料太多，以雏鸡吃干净为标准。

(9) **断喙、剪冠和断趾**

①断喙：为防止发生啄癖和减少饲料的浪费，一般在 7~10 日龄进行雏鸡的断喙。断喙前应观察鸡只的健康情况，如有不佳，则不能断喙；免疫期和环境温度高时不能断喙。断喙时应注意操作规范和断喙位置，在上喙的 1/2、下喙 1/3 处切下（图 5-5、图 5-6），

切后应将喙在烙片上停留 2 秒左右，以利于止血，在断喙的前后 2 天不要喂磺胺类药物（延长流血）。

图 5-5　鸡的断喙示意图　　　　图 5-6　机械断喙

②剪冠：常见的鸡冠按其形状可分为单冠、豆冠、玫瑰冠和草莓冠，在这四种冠中以单冠蛋鸡的冠较大。种用公雏鸡最好在 1 日龄时剪冠，也可在雏鸡出壳后在孵化场即行剪冠。最好用眼科剪刀，也可用弯剪或指甲剪，操作时剪刀翘面向上，从前向后紧贴头顶皮肤，在冠基部齐头剪去即可。

③断趾：种鸡配种时，母鸡的背部会被公鸡的爪和距划伤，严重时造成母鸡死亡。所以留种公雏在 1 日龄或 6～9 日龄进行切趾、烙距，用断趾器或烙铁将公雏左右脚的内侧脚趾和后面的脚趾最末趾关节处断趾，并烧灼距部组织，使其不再生长。在断趾过程中要注意操作规范，不然公鸡成年后趾又长出来。没有断趾器的可暂用 150 瓦电烙铁代替，必要时也可用剪刀剪趾，然后在断趾处涂抹碘酒。

（10）**减少应激**　由于雏鸡胆小怕惊，应尽量减少对周围环境的改变，给雏鸡营造一个温暖、舒适、清洁、安静的生活环境。在接种、转群前后的饲料或饮水中添加电解多维素、维生素 C 来减缓应激，从断喙前 3 天起每千克饲料中加 2 毫克维生素 K，其他维生素的含量也同时增加 2～3 倍，缓解应激和防止出血过多。

## 113. 怎样开展育雏期的卫生消毒工作？

雏鸡的抗病力低，采用全进全出的饲养方式，严格执行隔离饲养，坚持日常消毒，适时做好免疫工作，及时预防性用药。应做到以下几点：

①育雏用具定期消毒，特别是饮水设备每天清洗消毒2~4次。

②定时检查饲料及饮水，饲料应无腐无霉，饮水应符合卫生标准。

③严格执行鸡舍各项卫生防疫制度，饲养人员应淋浴更衣进场，吃住在防疫小区，严格执行鸡舍各项卫生防疫制度。

④保证舍内环境卫生，通风换气，防止垫料发霉等。

⑤制定并实施科学的免疫程序，做好从疫苗买进到免疫后效果测定的各个环节的监督工作。

⑥预防性投药，针对性地定时拌料、饮水或注射适宜药物，特别是白痢、呼吸道和球虫三种预防性投药。

## 114. 雏鸡早期发病及死亡原因有哪些？

①育雏前鸡舍及设备、用具处理不当，造成雏鸡早期疾病感染。

②未及时给予水或限制饮水，舍内湿度不当，造成雏鸡发育迟缓、体质差，脱水衰竭死亡。

③育雏温度起伏过大。

④接种疫苗或断喙等的应激。

⑤育雏期间防止鸡白痢、大肠杆菌病、球虫病等疾病时，用药不当造成药物中毒。

⑥舍内饲养密度过大，育雏舍通风不良，造成雏鸡挤压死亡和发生啄癖，空气污浊，容易诱发呼吸道疾病。

⑦营养不全，缺乏维生素或某种营养物质。

⑧雏鸡白痢和脐炎。

## 115. 判断雏鸡健康的指标有哪些？

孵化正常适时出壳的情况下，健雏出壳时间比较一致，通常在孵化第 20 天到 20 天 6 小时开始出雏，20 天 12 小时达到高峰，满 21 天出雏结束。体重符合该品种标准，雏鸡出壳体重因品种、类型不同，一般肉用仔鸡出壳重约 40 克，蛋鸡为 36～38 克。绒毛整齐清洁，富有光泽；腹部平坦、柔软；脐部没有出血痕迹，愈合良好，紧而干燥上有绒毛覆盖；雏鸡活泼好动，眼大有神，脚结实；鸣声响亮而脆；触摸有膘，饱满，挣扎有力。

## 116. 怎样做好育雏记录?

生产中为了计算育雏成本，检查育雏效果，育雏时要作详细的记录（表 5-3、表 5-4）。记录内容包括：雏鸡数、日期、死亡数、成活数、每周体重、每天喂饲料次数和时间、喂料量、不同阶段的温度、湿度、光照、消毒时间、免疫接种记录等。

### 表 5-3 蛋鸡育雏生产记录表

舍号：　　　　品种：　　　　孵出日期：　年　月　日　入舍鸡数：　　　只

| 日期 月/日 | 日龄 | 育成雏数（只） | | 鸡只减少（只） | | | 成活率（%） | 日耗料量 | | 耗料标准（克/只） | 体重（克） | |
| --- | --- | --- | --- | --- | --- | --- | --- | --- | --- | --- | --- | --- |
| | | 健 | 弱 | 病 | 淘 | 啄 | | 总（千克） | 只（克） | | 标准 | 实际 |
| | | | | | | | | | | | | |
| | | | | | | | | | | | | |

### 表 5-4 蛋鸡免疫记录

舍号：　　　　品种：　　　　孵出日期：　年　月　日　入舍鸡数：　　　只

| 月/日 | 疫苗种类 | 使用方法 | 剂量 | 批号 | 生产单位 |
| --- | --- | --- | --- | --- | --- |
| | | | | | |
| | | | | | |

# 第二节  育成鸡的饲养管理

### 117. 育成鸡有哪些生理特点?

育成鸡通常是指 7～18 周龄的鸡。育成鸡的培育目标是体重均匀（均匀度大于 80%）；发育良好，体质健壮，适时达到性成熟。

育成鸡具有以下生理特点：

①生长发育快，各系统功能基本健全。

②羽毛丰满，拥有较好的体温调节能力。

③消化机能完善，消化系统发达，营养水平需求高。

④免疫系统发育成熟，抗病能力增强，对环境的适应能力提高。

⑤骨骼和肌肉发育的重要时期，脂肪渐渐沉积。

### 118. 育成鸡的营养需要有何特点?

育成鸡的消化机能完善，采食量增大，骨骼与肌肉处于生长旺盛时期，这时的营养水平与雏鸡不同，尤其是蛋白质、能量水平要逐渐降低，不然会导致脂肪大量积聚，鸡体过肥，影响成年后的产蛋量。育成鸡通常要求健康活泼，体重标准，均匀度在 75% 以上，防止过肥和早熟。因此在饲喂过程中必须重视配合日粮中粗蛋白的含量，代谢能和脂肪的含量也不宜过高，粗纤维含量不低于 5%，可以适当加大麸皮或谷类饲料的量，注意赖氨酸、维生素和矿物质的补充。

### 119. 育成鸡的饲养方式有哪些?

**(1) 地面平养**　地面平养需要设备简单，单位面积内的饲养量少，房舍利用不经济。地面可铺垫料，也可不用。食具和饮具要放整齐，保证鸡只在 3 米以内可以方便地采食和饮水。

**（2）网上平养**　在离鸡舍地面 50～150 厘米的高度用钢材或木材搭建棚架。棚架上铺设钢丝网或木板网、竹竿网或塑料网等，食具和饮具同地面摆放。网上平养的好处是鸡在网上生活，不与鸡粪直接接触，减少疾病的发生，从而提高鸡只的育成率。

**（3）笼养**　笼养是多层网上平养，只是网被分割成很多小单位。育成笼的每个小笼通常养 12～20 只育成鸡，大笼养 120～140 只育成鸡。笼养的鸡群发育整齐，但由于笼内面积有限，鸡只活动较少，脂肪易沉积。笼养按鸡笼摆放的方式分为全阶梯、半阶梯和层叠式三种。

## 120. 育成鸡实行限制饲喂的方法有哪几种?

为控制育成鸡性成熟期，使其适时开产应同期开产，应控制体重，使其达到标准体重的要求。限制饲喂可节约饲料，降低成本，限饲采食量比自由采食时降低 10%～15%。

限制饲喂的方法主要有：

**（1）每日限饲**　每天饲喂 1 次，每天限定的饲料量一次投喂。

**（2）隔日饲喂**　限定的 2 天饲料合并在 1 天饲喂，第 2 天不喂料只喂水。这种方法可使软弱的鸡只吃饱，鸡群发育整齐。

**（3）每周饥饿 2 天**　通常周三、周日两天只供水，不喂料，将限定的一周饲料量在其余的 5 天内饲喂。

## 121. 育成鸡限制饲喂注意事项有哪些?

①根据不同养殖场的情况确定是否采取限制饲养以及采用什么限制方法，当饲养条件较差或者育成鸡体重较低时，应加强饲养，而不是限制饲喂。

②病鸡以及弱鸡在限制饲喂前应挑出，否则会死亡。

③在限饲期间，保证足够的食槽，使每只鸡都有食槽可用，每次喂料时保证 80% 的鸡采食，20% 的鸡饮水。

④在限饲期间，如有断喙、接种疫苗、高温等应激情况发生

时，应停止限喂。若由管理因素引起的应激，则应激发生后给予自由采食。

⑤保证限制饲料的营养水平平衡。

⑥在限饲期间要定时称重，每隔1～2周随机抽取鸡群1%～5%的鸡称重，计算平均体重，然后与标准体重作比较，用以调整喂料量。

## 122. 什么是蛋鸡群的均匀度？

均匀度是指群体中体重在标准体重上、下10%范围内的鸡只所占的百分比，反映了育成鸡的质量和鸡群内个体间体重的整齐程度，也反映了雏鸡与育成鸡的管理水平。提高鸡群的均匀度才能使鸡群的生长发育一致，预示着以后鸡群开产整齐、产蛋峰值高，且长时间维持产蛋高峰期。

蛋鸡育成早期控制体重是非常重要的，从4周龄开始至少每两周称一次体重，随机抽取鸡群的5%～10%空腹称重。以一群鸡80%以上的个体平均体重在±10%的范围内波动，则认为该群体生长发育正常；若低于80%，说明鸡群均匀度较差，在管理上尚有需改进之处，应认真寻找原因加以解决。

群体均匀度＝（平均体重上下10%范围内的鸡只数/测定鸡只数）×100%

## 123. 怎样提高蛋鸡群的均匀度？

（1）合理的饲养密度　不管是笼养还是平养，必须遵守鸡舍的容纳标准，切忌过于拥挤。不同阶段鸡群有相应的标准（表5-5）。

表5-5　不同阶段鸡群的饲养密度标准（只/米²）

| | 1～4周龄 | 5～6周龄 | 7～18周龄 | 19周龄以后 | |
| --- | --- | --- | --- | --- | --- |
| | | | | 公鸡 | 母鸡 |
| 饲养面积 | 40～50 | 30～35 | 20～22 | 4～6 | 16～19 |

资料来源：刘志．浅谈如何提高鸡群均匀度[J].中国畜牧杂志，2012,(22):71-72.

（2）适时挑鸡分群

①进雏当天：进雏时，应将外部特征表现为体型小、瘦弱、手感轻盈、精神状态发蔫、肚子硬而大、黑肚脐，精神状态不佳的弱雏挑选出来，放于温度较高且易于管理的位置，适当减小鸡群的密度。如果不能饮水吃料、特别虚弱的雏鸡，可以用葡萄糖补液进行人工滴嘴，帮助弱雏尽早恢复健康。

②大群挑鸡：进雏后3～6日进行大群挑鸡，逐笼挑选出弱雏。具体操作是：用手轻轻握住雏鸡，感觉骨架粗壮、有肉、挣扎有力、眼睛明亮、叫声清脆、精神状态良好的为健雏，应留在笼内；若感觉瘦小、体软、挣扎无力、精神状态不佳的雏鸡要挑出，将其放在温度较高的笼内饲养，严格控制饲养密度，防止挤压、踩踏导致死亡。

③适时分群：笼内的密度随着鸡群日龄的增加而增大，需要及时进行分群管理。通常鸡舍设置3层笼位，进雏时只将中层笼装鸡，到13～14日龄，进行法氏囊饮水免疫后，逐只称重，体型较大、发育较好放入下层；体型中等、发育一般的鸡只放入中层；体型较小、发育较差和精神状态不佳的挑出进行单独饲喂，适当采用人工饮水，喂拌料可加入一些营养药和抗生素。在29日龄时将鸡群分为3层，鸡痘免疫可与分群同时进行，尽量避免单独大规模的挑鸡分层。分层要根据鸡群体型状态来定，通过抓鸡时的手感，弱鸡挑出单独饲喂。每次分层前要投喂抗应激药物，降低鸡群的应激。

④转群前后调整鸡群：在14～15周龄时，把后备鸡从空间小的雏鸡栋转入空间大的蛋鸡栋。在转群时要注意观察鸡只的体型、体重、精神状况，将残鸡、弱鸡、伤鸡挑出，单独饲喂。称重与转群工作可以同时进行，达到整群和评估的目的。如本栋鸡群均匀度低于75%，可以在转群后第1天开始大群称重普测分群，将体重大的鸡只放于底层，中等的放于中层，较轻的放于上层，适当减小密度，并添加营养药。在转群之前及时投喂抗应激药物，降低转群应激。

⑤育成期合理调整鸡群：在大型集约化养殖场中，鸡群的体质会出现明显的差异，所以在育雏育成期间一定要常观察、调整，随时挑出

个体弱小的鸡只进行集中饲喂，使其尽快达到标准体重。在平时饲养管理中，每天按时清查笼内鸡只数量，确保均匀一致。淘汰无饲养价值的弱鸡，最好在育雏前期进行，可以最大限度地降低饲养成本。

### （3）鸡群补饲与限饲

①小鸡补饲：补饲方式有以下几种：一是喂料时增加 1～2 次空车运行或增加匀料次数，以条件反射来刺激鸡只的食欲，增加鸡只的采食量；二是增加饲料的营养浓度；三是潮拌料或向料槽内加少量水；四是在育成后期饲料中添加 0.5%～1% 的植物油；五是增加采食时间。

②限饲：鸡群体重过大过肥时要采取限制饲喂措施，通常采用限量不限质和限质不限量两种方法进行限制饲喂。适当的限喂可节约饲料 10% 左右，提高产蛋率 5% 左右。

## 124. 怎样抽测育成期体重？

育成期称重可以了解鸡群的生长发育情况，也可以为育成鸡限制饲喂提供确定喂料量。

在生产中，轻型蛋鸡通常从6周龄开始每隔1～2周称重一次，中型蛋鸡从4周龄后每隔 1～2 周称重一次。随机抽测体重的比例由鸡群的大小决定。一般万只鸡群按 1% 抽样，小群按 5% 抽样，总量不能少于 50 只。平养鸡抽样时通常先驱赶舍内的鸡，让鸡只均匀分布，然后在舍内的任一个地方随意用铁丝网围出大约需要的鸡只数，剔除残鸡，逐个称重剩下的鸡。笼养鸡抽样时从不同层次的鸡笼抽样、称重，每层笼的取样数相同，每次称重都应安排在相同的时间点。

## 125. 怎样做好育成鸡的防疫工作？

### （1）免疫管理

育成期蛋鸡在 14～18 周接种较多，因为这阶段时间较长，免疫空白期较长，根据鸡群的健康状况、天气变化、舍内环境卫生、外界应激、抗体检测当地的疫病流行情况随时调整防疫计划，选择质量过关的疫苗和适当的接种方法，多为注射免疫方法，事先进行人员培训，免疫时尽量减少鸡群的应激。免疫后注意观察鸡群情况，并在 7~14 天检测抗体滴度，确保保护率达标。在育成期特别关注新城疫免疫保证 H1 抗体水平不低于 6，禽流感 H5 不低于 6，H9 不低于 7，各种抗体的离散度均在 4 以内。

**(2) 日常消毒**　舍内保持每天消毒一次，舍外消毒每天两次；严格按照配比浓度配制，3 种以上消毒药轮换使用。

**(3) 鸡群巡视及治疗**　每天认真观察鸡群，重点观察采食、粪便、呼吸等情况。喂料前嗉囊要空虚，晚上熄灯前嗉囊要充盈；粪便颜色正常，无绿色、红色、白色便，粪便软硬程度适宜，无异味；晚上（熄灯后 2 小时）鸡群安静后，无异常呼吸道声音。发现病弱鸡应及时隔离，并尽快查明原因，决定是否进行全群治疗，避免疾病在鸡群中蔓延。

**(4) 药物防治**

①预防性投药：当鸡群存在应激因素时，根据实际情况选择相应的药物预防性投药。如环境应激，包括季节变换、环境突然变化以及温度、湿度、通风、光照改变、有害气体超标等；管理应激，包括限饲、免疫、转群、换料、缺水、断电等；生理应激，育成期 7 周前后和 12 周、18 周前后等。

②条件性疾病治疗：如大肠杆菌病、呼吸道疾病、肠炎等，在做药敏试验的基础上，及时针对性投放敏感药物，使其在最短时间内恢复健康。

③控制疾病的继发感染：如鸡群发生病毒性疾病、寄生虫病、中毒性疾病等，易造成抵抗力下降，容易继发条件性疾病，主要是大肠杆菌病和支原体，通过预防性药物，可有效降低损失。

## 126. 怎样控制蛋鸡的开产时间？

为防止蛋鸡开产过早，对 9 月 1 日到次年 4 月 14 日出壳的雏鸡，应采用人工控制光照时间，改变育成期自然光照规律，从而避免光照时间逐渐延长所造成的性早熟。具体办法有以下有两种：

（1）**育雏育成期恒定光照，产蛋期渐增光照法** 根据当地日出日落时间，从孵出之日算起，查出鸡群到 20 周龄以前的最长日照时数作为恒定光照时间。除 4～7 日龄内采用每天 24 小时连续光照外，8～140 日龄均保持上述恒定光照时间，日照时间不足时，采用人工补充。从 21 周龄开始，每周递增 0.5 小时，一直增到每天 16 小时为止。该法简单易行，但控制性成熟效果不佳。

（2）**育雏育成期渐减光照，产蛋期渐增光照法** 4～7 日龄内每天连续 24 小时光照。8～140 日龄的光照方案是：查出该鸡群 20 周龄时的日照时间，然后加上 7 小时作为 8 日龄至 2 周龄的光照时间，自然光照不足时人工补充光照；从 3 周龄开始，每周减少 23 分钟，至 20 周龄时共减去 7 小时，正好减到自然光照时数；21 周龄开始，每周递增 0.5 小时，一直增到每天 16 小时为止。该法在生产中施行不太方便，但控制性成熟效果较好。

特别需要指出的是，有些现代高产配套杂交品系蛋鸡已具备了提早开产能力，适当提前光照刺激，使新母鸡开产时间适当提前，有利于降低饲养成本。当然控制性成熟和开产期，光照管理并不是唯一的方法，通常采用的限制饲养同样也可以达到目的。但生产实践表明，按限饲要求，单纯通过控制鸡的体重来控制性成熟的方法并不能完全奏效。因此，最好根据蛋鸡的标准体重把限制饲养与光照管理结合起来，做到适时开产。

## 127. 开放式鸡舍育成鸡的光照控制原则和方法是什么？

自然光照规律，夏至以后逐渐减少，冬至以后逐渐延长，在育成阶段，在无窗鸡舍内饲养时，光照时数只许减少，不许增加。开放式鸡舍另有两种光照方法：

（1）**渐减法** 根据当地气象部门查出本批雏鸡 20 周龄时（种鸡 22 周龄）的白天光照时间，再加常数 7。例如，本批雏鸡长到 20 周龄时，正是 8 月 20 日，由当地气象部门查出，8 月 20 日光照 11 小时，再加常数 7 即 18 小时，作为出壳 3 天的雏鸡应采用的光照时间。随着日龄增加，光照一周比一周减少，每周递减 20 分钟，减到 20 周时，就按产蛋鸡应给予的光照时间。

(2) **恒定法** 查出本批雏鸡长到 20 周龄时当地白天光照时间，如白天光照 15 小时，从出壳第 3 天就保持这样的光照时间到 21 周龄，以后则按产蛋的光照制度管理。

## 128. 育成鸡对温度和密度管理的要求是什么？

育成鸡最佳的环境温度为 19～22℃，若受条件限制，育成舍内维持在 15～25℃范围内也可。但一年四季的气候不同，鸡舍的建筑结构不同，舍内的供温与降温设施能确保夏季最高温度低于 30℃，冬季的最低温度不低于 10℃，对育成鸡也是满足要求的。

适当的密度，是培育健壮结实育成鸡的一项关键措施。如果育成鸡的饲养密度过大，即使其他饲养管理工作都好，也难以培育出理想的种鸡和蛋鸡。适宜的平养饲养密度见表 5-6。

表 5-6 平养饲养密度

| 蛋鸡类型 | 周龄 | 地面平养（只/米²） | 网上平养（只/米²） |
|---|---|---|---|
| 轻型鸡 | 0～7 | 13 | 17 |
| | 8～20 | 6.3 | 8 |
| 中型鸡 | 0～7 | 11 | 15 |
| | 8～20 | 5.6 | 7 |

## 129. 育成鸡的饲养管理要点有哪些？

(1) **饲养方式** 育成期饲养方式的选择应确保与育雏期衔接，如果育雏期选择平养，那么育成期也应选择平养，可有效减少转群带来的应激。平养从 1 日龄至 18 周龄或 20 周龄结束，此后逐渐转到产蛋鸡舍。育成期的公鸡和母鸡应分开饲养。

(2) **饲养密度** 饲养密度的确定与饲养方式及选择的育雏种类关系密切。

**(3) 饲养环境的控制**

①温湿度的控制：育成期间舍内温度可随着日龄的增加逐渐降低。温度过高或过低对鸡只生长都不利。

②通风控制：及时通风，保证舍内空气流通，可预防各种病害的发生。尤其是在育成期间，采食量增大，新陈代谢旺盛，舍内有毒气体增加，容易引起呼吸道病毒感染。

③光照控制：适宜的光照是鸡只生殖系统健康发育的前提条件，光照时间过长或者过早都会不同程度上影响鸡只的性成熟。

**(4) 营养需要** 一般采用限制饲喂，但是否采用限制饲喂应由鸡种和鸡群体重的实际情况而定。育成鸡的营养供给至少达到表5-7的标准。

表 5-7　建议育成鸡达到的营养水平

| 营养 | 白壳蛋型（周龄） | | | 褐壳蛋型（周龄） | | |
|---|---|---|---|---|---|---|
| | 0～8 | 9～17 | 18～20 | 0～8 | 9～17 | 18～20 |
| 代谢能（兆焦/千克） | 11.93 | 11.72 | 11.51 | 11.97 | 11.51 | 11.51 |
| 粗蛋白（%） | 19.0 | 15.5 | 16.5 | 19.0 | 16.0 | 17.0 |
| 蛋氨酸（%） | 0.38 | 0.33 | 0.33 | 0.43 | 0.36 | 0.41 |
| 赖氨酸（%） | 1.0 | 0.74 | 0.75 | 0.95 | 0.73 | 0.92 |
| 钙（%） | 1.0 | 0.8 | 2.0 | 1.0 | 1.0 | 2.5 |
| 可用磷（%） | 0.45 | 0.37 | 0.37 | 0.48 | 0.40 | 0.40 |
| 食盐（%） | 0.37 | 0.37 | 0.37 | 0.37 | 0.30 | 0.35 |

**(5) 适宜开产体重和开产日龄** 适宜开产体重与产蛋量和种蛋的合格率、受精率、孵化率都有直接关系。蛋用种鸡适宜开产体重，虽各鸡种均有其标准，但基本接近以下范畴：轻型鸡1360克，中型鸡1800克。关于适宜开产周龄，轻型鸡和中型鸡相同，见蛋、5％产蛋率和50％产蛋率用龄分别为20～21周龄、22～23周和24～25周。

**(6) 日常管理和疫病控制** 根据各养殖阶段经验，育成期管理好坏直接影响到种鸡产蛋性能和其种用价值。因此，必须要加强日常管理，做好各种疫病的控制措施。日常管理做到以下几点：

①每天认真观察鸡群，定期称重，根据情况调整配方。

②调整鸡群，做到强弱分开，提高育雏质量。

③注意通风，尤其是炎热的夏天和寒冷的冬天。夏天注意防暑，冬天注意预防呼吸道疾病。

④严格执行每天 8～9 小时的光照，保证鸡群适时达到性成熟。

⑤育成鸡一定要认真按照免疫程序进行疫苗的注射，尤其是马立克氏病和新城疫的免疫。

⑥定期做好带鸡消毒和所用器具的消毒；注意病死鸡的隔离，死鸡要深埋或焚烧。

**（7）种鸡的挑选和转群**

①种鸡挑选：育成期间不适合留作种用的鸡只，必须要严格剔除，确保整个鸡群的种用价值。通常情况下，需要分别在 6～8 周龄和 18～20 周龄挑选 2 次。留作种用的鸡只，确保体重适宜、羽毛紧凑、体质健硕、活泼好动、食欲旺盛。优选种鸡过程中，还需考虑到品系标准，确保良好遗传特性的发挥。公母鸡选留应该确保一定的比例，控制在 1∶10～1∶15 为宜。

②育成鸡转群：育成阶段结束之前，做好详细的转群计划，有目的地消毒产蛋鸡舍相关器具，做好转群前准备。为了避免各种应激的发生，建议于转群前的 1～2 天在饲料或者饮水中加入适量的维生素或抗应激类药物。另外，转群抓鸡，必须要轻拿轻放，避免外伤发生。

# 第三节　　商品蛋鸡产蛋期的饲养管理

## 130. 蛋鸡产蛋期饲养管理的主要目标是什么？

综合运用现代科技成果和手段，最大限度地消除、减少各种应激对蛋鸡的有害影响，提供最有利于健康和产蛋的环境，使产蛋鸡能够充分发挥出产蛋的遗传潜力，适时开产，及时进入产蛋高峰期，并维持较长的产蛋高峰期，同时，还要努力提高饲料报酬，尽量减少蛋的破损和鸡只死亡。

## 131. 怎样划分商品蛋鸡的饲养阶段？

根据产蛋鸡的周龄和产蛋水平将产蛋期划分为两个或三个阶段，不同阶段喂给不同营养水平的日粮。产蛋期划分为两个阶段即称两段法，划分为三个阶段即称为三段法。

**(1) 两段法** 以 50 周龄（有的以 42 周龄）为界，前一段时期中，鸡体尚在发育，又是产蛋旺盛期，宜将日粮蛋白质水平控制在 16%～17%；后阶段鸡体已发育完全，产蛋率也逐渐下降，蛋白质水平可减少到 14%～15%。

**(2) 三段法** 将开产至产蛋 20 周划分为第一阶段，产蛋 20～40 周为第二阶段，40 周以后为第三阶段。日粮中的蛋白质水平逐渐降低，分别为 18%、16.5%～17%、15%～16%。

## 132. 育成鸡转群前应做好哪些准备工作？

**(1) 转群的时间** 以 18 周龄前后合适，早点可提高到 17 周龄，晚点在 20 周龄，最迟不得超过 22 周龄。总之，蛋鸡在开产前必须及时转群，使鸡有足够的时间熟悉和适应新的环境，减少环境变化的应激给开产带来不利影响。

**(2) 转群前应做的准备**

①认真检修鸡舍，冲洗干净后严格消毒；了解育成鸡的健康状况、发育水平，剔除病弱残鸡；断喙效果不好的，要重新修喙；平养鸡舍要准备好栖架和产蛋窝；按照免疫程序准备好相关疫苗，以便转群时能及时接种；准备好运鸡工具并消毒，安排好转群人员。

②先放好饲料和饮水，保证鸡到舍后就能吃料、饮水，这样鸡群会安静些；抓鸡时要轻抓轻放，要抓腿，不要抓翅，以防折断翅

膀；装笼运输时，要少装勤运，防止压死；育成期笼养的鸡群，应注意转入蛋鸡舍相同层次的鸡笼，以免因层次改变造成不良影响。

## 133. 产蛋鸡饲料更换的方法有哪些?

分段饲养时，各段饲料变更需有 1~2 周的过渡时间。即在过渡时间里饲喂前段料与后段料的混合料，如有的采用"五五"过渡，即使用 50% 的前段饲料、50% 的后段饲料，混合饲喂 1 周后，改为后段饲料。如遇鸡群体质状况较差，可采用"三七"过渡法，即用 70% 的前段料、30% 的后段料，混合饲喂 1 周，再用"五五"过渡 1 周，而后改为后段饲料。

## 134. 减少饲料浪费的途径有哪些?

蛋鸡养殖中，可以通过多种方式来减少饲料的浪费。

(1) **选好饲料** 根据生产的不同阶段配制不同营养水平的日粮，选用计算机筛选出最低成本的配方，制成后的饲料既要适口性好、营养全面，又要价格低廉。颗粒饲料和破碎料的成本高于粉料，对于不同日龄的鸡群，应选择不同形状的饲料。

(2) **适当加料** 加料量不当是一些鸡场饲料浪费的主要原因。据统计，一次性加满料槽，饲料浪费高达 40%~50%；加至料槽的 2/3，浪费 12%；加至料槽的 1/2，浪费 4%~5%；加至料槽的 1/3 则浪费 1%~2%。实际生产中最好分成 2~3 次加料，使每次加料量不超过 1/3。

(3) **掌握好饲喂量** 不同日龄的鸡群，采用不同的饲喂量。在育雏的 1~3 周实行自由采食，4 周至育成期结束采用限量饲喂，既可减少饲料的浪费，还可防止蛋鸡过肥，过肥影响以后的产蛋率。开产之后，投料量以推荐量为基础，根据鸡群的产蛋率和鸡群情况、天气状况等因素来决定。

(4) **保持适宜的环境温度** 鸡舍环境温度的高低，直接影响鸡的采食、饮水和体内养分的消耗。冬季当舍温降低时，鸡只比正常状态下多耗料 10%，冬季最低温度不得低于 12℃。一般蛋鸡舍温度在 15～25℃时，饲料的利用率最高。

(5) **补喂沙砾** 补喂适量的沙砾可避免肌胃逐渐缩小，有利于饲料的消化和吸收，比不添沙砾提高消化率 3%～10%。补喂方法：每 50 千克饲料可加沙砾 450 克，或单独投喂，1 000 只鸡每周用沙砾 9～11 千克。

(6) **适时断喙** 断喙除可防止啄癖的发生之外，还可以减少饲料浪费 3%。断喙一般在 6～9 日龄进行，早期断喙有利于减少应激，同时可节省更多的饲料。

(7) **适当选择喂料设备** 喂料设备绝大多数选用的是凹形料槽，底宽 4～5 厘米，口宽 6～7 厘米，深 4～5 厘米，其高度以上沿高出鸡背 2 厘米为宜，以免鸡拨弄饲料而外溢。若是人工投料，饲养员应小心，避免人为将饲料倒出槽外。机械自动送料，则应注意经常维修，以免出现故障而使饲料大量漏于笼架下面。

(8) **合理选用饮水装置** 采用乳头式饮水装置，不仅比水槽装置节约大量饮水，而且还能有效防止鸡用嘴将饲料带到水中，造成饲料浪费和水源的污染。平时应勤查饮水系统，发现漏水及时修理，以免水流入料槽将料浸湿后引起饲料腐败、变质。

(9) **及时淘汰病残鸡** 在育成期，对于不能站立、眼睛有病、歪嘴等残鸡要及时进行淘汰处理；在产蛋期，对于体质不好、生理畸形、卵巢退化、疾病感染、生产力下降的鸡也应淘汰。病残鸡产蛋率极低或根本不产蛋，但同样消耗饲料，甚至传播疾病，淘汰这些鸡有利于减少饲料浪费。

(10) **正确保管饲料** 采购或生产的饲料或原料要贮存在避光、通风、阴凉、干燥的地方，相对湿度小于 60%，接近地面的那一层需用木架支垫 15～20 厘米高，不透气的屋舍应安装电风扇辅助通风，以防饲料氧化、发霉、发热以及维生素失效。另外，一次性购入全价饲料或原料不要太多，贮存不宜太久。

(11) **做好灭鼠工作** 饲料仓库是老鼠活动最频繁的地方，它们不仅偷食饲料，传播疾病，还咬坏饲料袋或其他设备，给鸡场带来极大的损失。防鼠和灭鼠是很重要的工作，门窗要加上铁片或铁网，仓库周围的杂草要及时铲除，利用药物、捕鼠器灭鼠等，用药物灭鼠应选用低毒高效的药物。

## 135. 开产前后蛋鸡饲养管理要点有哪些？

开产前数周是母鸡从生长期进入产蛋期的过渡阶段，此阶段不仅要进行转群、饲料更换和增加光照等一系列活动，给鸡造成极大应激，而且这段时间母鸡生理变化剧烈、敏感、适应能力弱、抗病能力较差，如果饲养管理不当，极易影响产蛋性能，开产前的饲养管理应注意如下几个方面。

(1) **温度** 鸡群最适宜的产蛋温度为 13～26℃，冬天不是特别寒冷的时候，可不用增加炉子，但应注意饲料中能量原料的添加。夏天应增加能量饲料，增加饮水中微量元素及促进饲料转化的物质，如硫酸钠。在高温条件下，蛋鸡采食量降低，饮水量增加，营养物质摄入不足，导致生产性能下降，饮水中加入 0.05％的硫酸钠对提高蛋鸡饲料利用率及产蛋率有显著效果，同时还应做好防暑降温工作。

(2) **光照** 母鸡得到的营养全部从饲料中获取，所以饲料全价是保证母鸡产蛋量的重要因素。另外温度、湿度、通风、光照都应该特别注意。母鸡进入高峰期前后光照就应该从青年鸡的不超过 12 小时逐渐增加，达到高峰期的 16～16.5 小时。光照刺激是母鸡产蛋的决定因素，如光照时间短且暗，产蛋达不到高峰。增加光照时间应逐渐进行，若突然增加，会导致鸡群应激反应大、脱肛、输卵管炎的发生增加。

## 136. 预防蛋鸡输卵管炎的措施有哪些？

①开产前期提前转换产蛋高峰期饲料，并适当增加蛋鸡营养，如含有蛋氨酸、维生素 $AD_3$、钙磷元素等的精华多维，提高体内

各种营养物质。

②开产前后和高峰期到来前几天，分别连续投喂一周左右"卵管康"，其中药成分与维生素能促进卵泡发育，减少输卵管炎的发生，提高产蛋量，增加蛋重，减少畸形蛋、砂皮蛋、软壳蛋等产生。

③高峰期到来时，加强消毒，特别是饮水消毒，对减少病毒感染能起到很大作用。

## 137. 产蛋前期的饲养管理要点有哪些?

蛋鸡进入 15 周龄时，是从体成熟到性成熟，从生长期到产蛋期的阶段，这一阶段蛋鸡的生长发育好坏决定了其一生的生产性能优劣。饲养管理中应注意以下几个方面。

(1) **减少应激** 这一段时间内，鸡体质很脆弱，极易发病，而且表现神经质，对任何新事物都很敏感，因此要加强管理。鸡群开产后到产蛋高峰这段时间内，部分鸡的生殖系统仍在发育，一旦受到应激就会产生危害，而且这种危害可能是永久性的，所以要特别注意产蛋高峰前期的管理，全力减少应激，不可避免的应激可用药物预防或促进鸡群尽快恢复。转群、查群、防疫时可用维生素 C 或多种维生素饮水，热应激时用氯化钾（0.15%～2%）拌料喂给，一般应激发生后都可用多种维生素通过饮水以促进恢复。

(2) **调整营养水平**

①适时更换蛋鸡料：从 18～23 周龄喂粗蛋白预产期饲料，一般能量要求为 11.91～12.12 兆焦/千克，蛋白质为 17%～18%，钙为 2%，增加体内钙的储备，满足蛋壳形成的需要。

②添加石粉：产蛋达 5% 以后，每周每 100 只鸡补石粉 1.35 千克，防止高产鸡缺钙。

③在特殊情况下日粮的调配：炎热的季节里，采食量减少 10%～15%，为了不使营养因减料而不足，应增加饲料营养浓度，提高配合饲料中蛋白质、微量元素、维生素、矿物质和能量水平

10%～15%，弥补采食量减少的损失；饲料中添加 0.15%～2%氯化钾调节血液 pH。

在寒冬的季节里，提高能量水平，给鸡提供充足的热量，寒流来临前 1～2 天上调饲料喂量 10～20 克/只，同时气温每下降 3℃，喂料量相应上调 5 克/只左右或饮水中加 1%～2%葡萄糖。

育成鸡的限饲不可过早，由于鸡在 12 周龄以前骨架还未发育完全，所以育成鸡在 85 日龄后，应根据鸡群生长状况慎重考虑限饲，一般采食量的限制，即喂给鸡群自由采食量的 80%左右。

（3）**补充维生素 C**　在炎热或其他应激情况下，补充 0.2%维生素 C 粉拌于饲料中，可减缓应激；产蛋率上升时（每天上升 4%），使用多种维生素饮水剂饮服，产蛋率在 5%～40%之间时，要保证每周补充 1 天，产蛋率在 45%～85%之间要每周补充 2 天。

（4）**严格消毒**　育成鸡可带鸡消毒，减少鸡舍和环境中病原体的含量，减少感染机会。消毒液可以用 0.2%的过氧乙酸、0.2%的次氯酸钠、百毒杀等。值得注意的是，在使用活疫苗的当天不能实施带鸡消毒。

## 138. 产蛋中期的饲养管理要点有哪些？

产蛋中期，即产蛋高峰过后的一段时期，产蛋率在 70%～80%（40～60 周龄）。这一时期日粮中蛋白质、钙等营养含量应随鸡群产蛋率而变化。

（1）**限量饲喂**　为了降低饲料消耗、防止鸡体过肥，在产蛋高峰过后的 4～6 周，当鸡群产蛋率低于产蛋高峰期的 4%～6%时，应进行限量饲喂。方法是：按每只鸡日减料 2～3 克的标准试喂 3～4 天，如果饲料减少后产蛋率仍然按每周 0.5%～0.6%的正常速度下降，则维持 3～5 周，然后再尝试类似的减料方法；如果饲料减少后产蛋率的下降幅度超过每周 0.5%～0.6%的正常下降速度，则应将投料量恢复到上一周的水平。

（2）**调整日粮营养**　蛋鸡日粮中的粗蛋白质水平应随产蛋率的

下降而相应降低，即由产蛋高峰期的 17.5％ 逐渐降至 15.0％（产蛋率大于 80％ 时为 17.5％、在 70％～80％ 时为 16.5％、在 50％～69％ 时为 15％）并保持不变，直到鸡群被淘汰。同时，在能量一定的情况下，日粮中的粗蛋白质水平还要随季节的变化进行调整，冬季随鸡只采食量的增加应适当降低，夏季随采食量的减少应适当提高。此外，为有效地预防蛋鸡肥胖或患脂肪肝综合征，应在日粮中添加 0.10％～0.15％ 的胆碱。适当增加饲料中钙和维生素 $D_3$ 的含量。产蛋高峰过后，蛋壳品质往往很差，破蛋率增加。在每日下午 3 时，在饲料中额外添加贝壳砂或粗粒石灰石，加强夜间形成蛋壳的强度，有效地改变蛋壳品质。添加维生素 $D_3$ 还能促进钙磷的吸收。

（3）**保持适宜环境**　采取优化鸡舍结构、调整饲养密度、使用新设备等措施，切实做好鸡舍冬季的防寒保暖和夏季的防暑降温工作，使鸡舍温度稳定在 13～23℃ 之间，并保持 55％～65％ 的相对湿度和新鲜清洁的空气。用 15～25 瓦的普通灯泡悬挂于距离鸡舍 2 米处（灯泡间距离为 3 米、灯泡到墙壁的距离为 1.5 米），光照强度达到 1.7～3.5 瓦/米² 的要求，光照时间达到 16 小时/天（淘汰前 4 周逐渐增加到 17 小时/天），严禁随意降低光照强度、缩短光照时间。

（4）**减轻鸡群应激**　随着鸡龄的增加，蛋鸡对应激因素愈来愈敏感。因此，要努力做到饲养人员、工作程序、饲料饮水三固定，避免陌生人或其他动物闯入鸡舍，避免饲料霉变，减轻停电、捕捉、称重等应激因素。当应激发生时，要在每千克日粮中添加 60 毫克的琥珀酸盐或 15～20 毫克的维吉尼亚霉素等抗应激药物加以防治。

（5）**做好日常管理**　每天清除粪便、刷洗水槽各 1 次，供给充足、新鲜的清洁饮水。每周至少进行 2 次带鸡消毒。每隔 7～8 周用新城疫疫苗进行饮水免疫。每隔 4～5 周在日粮中加入预防性药物，避免使用磺胺类、呋喃类和金霉素等能引起产蛋率下降的药物。经常观察鸡群的采食、饮水、呼吸、精神和产蛋等情况，发现问题及时解决，记好工作日志。

## 139. 产蛋后期的饲养管理要点有哪些?

（1）**做好卫生防疫**　认真打扫舍内的环境卫生，定期对舍内环境及鸡只进行消毒，进入产蛋后期，要保证舍内的环境及饮用水的清洁卫生，对饮水系统做到每周用过氧乙酸溶液或高锰酸钾溶液消毒1次。避免因为卫生不达标而引发疾病，从而影响后期蛋鸡的产蛋性能。

（2）**适宜的环境**　环境的适宜与稳定是产蛋后期饲养管理的关键点。产蛋鸡的适宜温度在 $15\sim25℃$，保持 $55\%\sim65\%$ 的相对湿度和新鲜清洁的空气。经常擦拭灯泡，确保光照强度维持在 $10\sim20$ 勒克斯，严禁降低光照强度、缩短光照时间和随意改变开关灯时间。

（3）**适当降低日粮营养浓度**　防止鸡只过肥造成产蛋性能快速下降，加大杂粮类原料的使用比例。若鸡群产蛋率高于 $80\%$，应继续使用高峰期专用产蛋期系列饲料；若产蛋率低于 $80\%$，使用产蛋后期料。实施少喂勤添勤匀料的原则，料线不超过料槽 $1/3$，保证每天早、中、晚匀料3次。

（4）**日常的饲养管理**

①人员管理：要保持鸡舍人员的相对稳定，提高对鸡群管理的重视程度。

②严格执行日常管理操作规范。

③监测鸡群体重：每周监测鸡群体重，观测肥鸡、瘦鸡的比例，调整饲喂计划，及时淘汰寡产鸡。

④蛋壳质量控制：及时检修鸡笼设备，减少鸡蛋的破损；防止惊群引起的产软壳蛋、薄壳蛋现象。

⑤减少应激：随着鸡龄的增加，蛋鸡对应激因素愈来愈敏感。要尽量避免陌生人或其他动物闯入鸡舍，避免停电、停水、称重等

应激因素的出现。

⑥观察鸡群：经常观察鸡群的采食、饮水、呼吸、精神和产蛋等情况，发现问题及时解决，并做好生产记录，总结经验、查找不足。

## 140. 怎样控制产蛋期的光照时间？

产蛋期的光照时间只能增加而不可缩短，且不能少于 12 小时，最长不超过 16 小时。有研究者对产蛋鸡蛋壳钙化过程的研究表明，过长时间的光照会增加蛋的破损率。近年来，对蛋鸡光照管理的建议方案中，已把商品鸡的最长光照时间从过去的 17～18 小时缩短到 14～16 小时。产蛋期增加光照的速率以每周增加 30 分钟为好，直到达到 14～16 小时为止。

## 141. 蛋鸡补充光照的注意事项有哪些？

光照是影响蛋鸡产蛋的重要因素，人工补充光照需注意以下事项。

（1）**光照要稳定**　给蛋鸡补充光照一般从 19 周龄开始，光照时间要由短到长，以每周增加半小时为宜。当每天的光照时间达到 14～16 小时时，应保持稳定光照，不能时长时短，最好的办法是每天早晚各补充一次光。

（2）**强度要适宜**　对于正常的产蛋鸡，所需要的光照强度一般为 2.7 瓦/米$^2$。多层笼养鸡舍为使底层有足够的照度，设计时照度应提高一些，一般为 3.3～3.5 瓦/米$^2$。

（3）**照度要均匀**　鸡舍内安装灯泡以 40～60 瓦为宜，一般灯高 2 米，灯距 3 米。鸡舍内若安装两排以上灯泡，应交叉排列，靠墙的灯泡同墙的距离应为灯泡间距的一半，还应注意随时更换破损灯泡，每周将灯泡擦拭一次，以使鸡舍内保持适宜的亮度。宜用红色光，光色不同，波长各异。试验证明，在其他条件相同时，养在红光下的母鸡比其他颜色光线下的母鸡产蛋率高。

## 142. 春季产蛋期应注意哪些问题？

（1）**饲料和营养**　饲养上要注意供给鸡生长和生产所需的全价、质优的饲料，营养物质要满足生长和生产所需要，尤其是维生素的供给要充足，蛋白质比例适当，适当增加含淀粉和糖类较多的高能饲料，以满足鸡的生理和生产需要。清洁饮水。

（2）**保温与通风**　蛋鸡产蛋期适宜温度一般在 $15\sim25℃$，低于 $5℃$ 时，产蛋量明显下降，低于 $16℃$ 饲料消耗便明显增加。产蛋鸡每日采食量、饮水量较多，排粪也多，空气易污染，加之鸡群密度过大或通风口少，造成鸡舍内通风不良，二氧化碳气体蓄积。或由于粪便和垫料发酵，舍内潮湿而氨气较多，舍内空气浑浊，会影响鸡的食欲和健康，降低产蛋率，并可能诱发呼吸道疾病，因此要加强通风换气。

（3）**定期消毒**　春季气温较低，细菌的活动频率下降，但稍遇合适条件即可大量繁殖，危害鸡群。春季鸡体的抵抗力普遍减弱，若忽视消毒，极易导致疾病暴发和流行，会造成巨大的经济损失。春季，养鸡场采用饮水消毒的办法，即在水中按比例加入消毒剂，每星期饮用 1 次即可。鸡舍的地面可撒些石灰粉，每星期 $1\sim2$ 次即可。

（4）**补充光照**　初春夜长昼短，蛋鸡由于光照不足会引起产蛋率下降，可采用人工补充光照的方法。在一般情况下，每天光照的总时间在 $14\sim17$ 小时。补充人工光照的强度以每平方米鸡舍面积 $2\sim4$ 瓦为宜。

（5）**添加预防药物**　春季是鸡病多发季节，要做到早防早治。由于新母鸡产蛋高峰来得快、持续时间长，应在不同阶段添加预防药物，防止发生输卵管炎、腹泻、呼吸道等疾病。药物有环丙沙星、阿莫西林、杆菌利健、泰乐菌素、罗红霉素、支呼安等。

（6）**搞好舍内卫生**　对于地面平养的产蛋舍要勤换垫草，笼养舍每天要及时清除粪便，增加捡蛋次数，定期对鸡舍进行消毒，保持舍内干燥清洁的环境，利于蛋鸡高产性能的发挥。

## 143. 怎样做好产蛋鸡冬季的管理？

冬季气温较低，鸡群免疫力下降，尤其是产蛋鸡群，一方面要确保相应的营养标准，以保证产蛋和自身的维持需要；另一方面要保持体温，抵抗外界的寒冷。同时冬季是传染病多发季节，如果不能精细饲养管理，及时查缺补漏，做好防疫，随时有可能导致疾病的暴发和流行。

(1) 通风　冬季气温低，给养鸡生产带来许多不利影响，产蛋鸡舍内温度以保持在 13～18℃ 为宜，同时严防"贼风"，通常 10℃以下的低温对产蛋鸡的影响十分明显。在实际生产中要做到以下几点：

①鸡舍前后门悬挂棉门帘。

②天气转冷后，在鸡舍外侧将湿帘用彩条布和塑料布缝合遮挡，以免冷空气来临对鸡群造成冷应激。

③对于集约化的鸡舍，冬季时需用专用的风机罩罩住外部，以堵塞漏洞。

④粪沟是很多管理者最容易忽视的地方，尤其是鸡舍的横向粪沟出粪口，若不及时堵严，易形成"倒灌风"影响通风效果，建议在出粪口安装插板，并及时堵严插板缝隙。

(2) 饲料　增加高能量饲料比例，适当降低蛋白质，喂料量需增加，寒流来前 1～2 天给每只鸡增加 10～20 克喂饲料量，持续3～5 天，即可使鸡只多获得 112.86～142.12 千焦热能，寒流过后即恢复原来饲料量，以免过肥。实践证明，气温每下降 3℃，应给鸡加料 5 克左右，同时要注意各种氨基酸质量和数量。

(3) 光照　冬季日照变短，鸡舍应采取人工补充光照，补光时数要根据鸡群的周龄和性发育情况。据试验，0～1 周龄采用 23 小时光照，强度 20 勒克斯，2～19 周龄采用 8～9 小时，20 周龄开始每周半小时，直到达到 14～16 小时（供各地参考）。

（4）**卫生消毒**　冬季由于气温较低，鸡舍封闭较严，一方面通风量较少，鸡舍粉尘大；另一方面，舍内二氧化碳等废气和鸡粪发酵产生氨气等有害气体不能及时排出，易诱发细菌性疾病如大肠杆菌病、鼻炎等。所以，冬季饲养管理务必做好舍内环境控制。

## 144. 怎样解决夏天蛋鸡不吃食的问题？

（1）**适量拌入青绿多汁饲料**　青绿多汁饲料适口性好，富含多种维生素，能增加蛋鸡采食量，益于健康和防暑。据报道，在蛋鸡日粮中每天每只鸡添加50～60克的胡萝卜丝，可有效提高产蛋率。

（2）**补充电解质**　如饲料中添加1%的氯化铵和0.5%的碳酸氢钠，或在饮水中添加0.02%的氯化铵和0.2%的氯化钾，一方面能维持血液酸碱平衡；另一方面又可维持机体渗透压，增加饮水量和排泄量，缓解热应激的危害。

（3）**降低鸡舍饲养密度**　饲养密度过大，不但会增高鸡舍的局部温度，也会影响蛋鸡的散热。在原有的基础上，根据鸡舍的条件，密度减小到原来的70%～80%。能够有效提高蛋鸡的产蛋量。

（4）**降低鸡舍环境温度**　降低温度的措施有以下几种：通风降温，通过自然通风或安装通风设施增加鸡舍与外界的空气对流，从而降低鸡舍温度；绿化降温，在鸡舍向阳面种植植物，达到降低热辐射，绿化环境的效果；洒水降温，每日中午在鸡舍内喷水，通过水蒸发吸热来降低舍内温度。有条件的鸡场要安装风扇或风机等排风设备，以轴流式风机纵向通风最佳。良好的通风条件可降低舍温3～8℃，在养鸡生产实践中具有重要意义。

（5）**调整饲喂时间**　在夏季高温时，鸡群喂料要少喂勤添，不要剩料，尽量要在每天比较凉爽时饲喂，如安排在4：00—5：00、10：00—11：00和18：00—19：00进行。另外，也可在早晚开灯后和熄灯前各加喂1次。

（6）**供应充足、新鲜、清凉的饮水**　水占鸡体成分的70%左右，参与体内许多生物化学反应，同时对调节体温具有重要作用。

夏季给蛋鸡提供充足、卫生、清凉的饮水是保证鸡群健康和维持正常生产性能的关键因素。有条件的地方可给蛋鸡饮用新鲜、清洁的深井水。另外，为防止蛋鸡夏季水样腹泻，可在饲料中添加加酶的益生素，对鸡群产蛋也有较好的作用。

### 145. 怎样做好产蛋鸡秋季的管理?

**(1) 调整日粮能量和蛋白质水平**

①能量：经过漫长的产蛋期和炎热的夏季，鸡体已经很疲劳，需要一个恢复的时期，为了使鸡群有充沛的体力，能持久的高产，进入秋季之后要根据鸡群的情况给予适当的营养。饲料中能量水平以 11.3～11.7 兆焦/千克为宜。能量水平太高则鸡采食量降低，导致蛋白质摄入不足；能量水平太低则导致能量摄入不足，生产性能下降。可通过在饲料中添加优质油脂来提高其能量水平。

②蛋白质：进入秋季中后期，气温逐渐下降，鸡的产蛋率也有所提高，要适当提高日粮粗蛋白质水平。一般产蛋率提高 10% 时，饲料中粗蛋白质含量应相应上升 10% 左右。蛋鸡饲粮中蛋白质水平不宜超过 18%，可在饲料中适当添加优质蛋白，如鱼粉、豆粕等。蛋鸡日粮中蛋白质饲料的添加量应根据产蛋率而定，体重 2.0～2.5 千克的蛋鸡产蛋率为 100% 时，每天需蛋白质 25 克，产蛋率每下降 10%，每天的蛋白质需要量下降 2.0～2.5 克。蛋鸡停产时，每只鸡日粮中含蛋白质饲料 7.0～8.5 克即可。

**(2) 提高矿物质含量** 蛋鸡产软壳蛋、沙壳蛋比例增加时应考虑饲料是否缺钙或钙磷比例是否平衡。饲料中钙的含量以 3.0%～3.5% 为宜。同时要确保饲料有效磷含量为 0.4%，若无机磷含量较低，应向饲料中添加植酸酶来利用植酸磷。由于硫和钙是生成羽毛必不可少的成分，故在饲料中要加入 1%～2% 的石粉，以补充硫和钙。

**(3) 清洁饮水** 保证鸡群全天都能饮到清洁、无污染的水（水温以 10℃ 为宜），做到"常换水，不断水"。平时可在饮水中加入漂白粉或者含氯泡腾片控制微生物的繁殖，鸡只饮用水中以含3～5毫克/升的有效氯为宜。

**（4）合理光照** 秋季日照时间逐渐变短，应进行人工补光以促进产蛋。开放式鸡舍自然光照不足16小时的部分可用人工光照补足。产蛋鸡可以在早上4:30开灯，晚上8:30关灯或者早上5:00开灯，晚上9:00关灯，并使光照时间稳定在16小时，最多不超过17小时。密闭式鸡舍光照时间可在原来每天8小时的基础上，每周增加0.5～1.0小时，直至每天16小时光照为止。

**（5）通风保温**

①温度：秋季昼夜温差较大，减少温差最好的方法是安装温控仪，保证鸡舍温度的稳定。避免鸡群因温差应激而引发呼吸道疾病。

②湿度：产蛋鸡适宜的相对湿度为50%～60%，过高或过低都会降低鸡的产蛋率。早秋季节气温高，鸡舍内比较潮湿，须加强通风换气。白天可打开门窗或开启风机。加大通风量，排除室内湿气，晚上适当通风，以达到保湿和通风平衡，有利于维持鸡体保温和降低鸡舍内有害气体含量。

**（6）环境消毒** 定期对鸡舍内外环境进行消毒。带鸡消毒一般选择在气温较高的中午和下午进行，消毒时要保证雾滴均匀洒落在笼具、鸡舍墙壁、地面和鸡群上。消毒药应交替使用，防止产生耐药性。

**（7）卫生防疫** 生产区的卫生防疫工作以尽可能减少和杀灭鸡舍周围病原为目标。为减少流动环节的交叉感染，非生产人员及车辆不准进入生产区，必须进入生产区的车辆应进行高压喷雾消毒，人员必须更换已消过毒的工作服、鞋、帽等并经过消毒池后方可进入，生产区内不允许有闲杂人员出入。饲养员不要随便出入生产区，生产区内的工作人员必须管好自己所辖区域的卫生和消毒工作。正常情况下，外界环境每周消毒1次；生产区净道为送料、人行专道，应每周消毒1次；污道为运送病死鸡、清粪专道，应每周消毒 2 次；对鸡场的各种饲养用具和设施等也应进行清洁和消毒。设备和物品的使用及运转过程要防止交叉污染。有条件的鸡场秋季要进行鸡传染性支气管炎、鸡痘和鸡新城疫等疫病的预防性免疫。

(8) **适时观察鸡群**　每天要认真观察鸡群，查看并记录采食和饮水是否正常，并及时查找原因。随着产蛋率的升高，应准备足够的产蛋箱，防止窝外产蛋。日常视察鸡群过程中，应将体格弱小、28 周龄还未见蛋、鸡冠萎缩、冠小而发白、肛门发黄、耻骨间距很小的个体及时调群单独饲养或淘汰，这样能保证鸡群有较高的整齐度。

## 146. 出现畸形蛋该怎样处理?

正常鸡蛋表面光滑，壳色鲜艳、光亮，蛋壳坚固、完整。打开蛋壳后蛋黄饱满，蛋白浓厚，无异物。但是，在实际生产过程中，我们常常遇到一些鸡群生产非正常蛋的现象，如沙壳蛋、软壳蛋、双黄蛋、裂纹蛋、皱纹蛋和异物蛋等畸形蛋。出现畸形蛋反映鸡群的健康状况出现问题，卫生品质也明显降低。

(1) **加强饲养管理**　确保饲料质量可靠，不发霉变质，保证蛋鸡饮水清洁卫生；蛋鸡治疗时选择安全药物，有些药物（如金霉素）在血液中与血钙结合，形成不易溶解的钙盐，随机体的新陈代谢过程排出体外，从而影响了钙盐在体内的正常吸收利用，进一步阻碍了蛋壳的形成，引起鸡体生产畸形蛋。减轻或避免环境的突然变化、饲料的突然更换、产蛋期的疫苗免疫及突然断电、受意外惊吓等外来因素的刺激。

(2) **注意营养平衡**　为确保蛋鸡正常的生长、生理、生产所需得到满足，注意根据品种、群体、季节、营养所需对配料进行合理调整，满足机体所需的 40 余种营养物质，其中主要是指维生素、14 种矿物质以及 13 种氨基酸等。在满足蛋鸡所需的营养物质的基础上，创造安静、舒适的饲养环境，确保产蛋期持续进行 16 小时的光照，环境温度控制在 18～21℃，尽可能避免发生应激反应，使机体正常分泌卵黄生成素以及其他激素，确保卵子能够按时发育成熟，保持输卵管道通畅，最终保证产蛋正常。

（3）**严格疾病预防**　为确保鸡群健康，使其产蛋潜能尽量发挥，养鸡场（户）要确保按照免疫程序进行疾病预防，彻底消除隐患。一般来说，要结合当地实际疫病流行情况来进行防疫，如可在 1～21 日龄进行鸡白痢免疫，1 日龄进行马立克氏病免疫，14 日龄、24 日龄、40 日龄进行鸡法氏囊病免疫，7 日龄、30 日龄、2 月龄、4 月龄进行鸡新城疫免疫等。同时，定期进行消毒，加强查源灭源，防止发生任何疫病，促使生产潜能在最大程度上得到发挥。

## 147. 蛋鸡强制换羽的生产意义是什么？

由于自然换羽时间长，管理困难，因此人们便采用人工强制换羽技术，即通过限制饲料和饮水，减少光照时间或喂给促进换羽的药物等方法强制母鸡换羽。

由于种种原因，养禽业出现春节后鸡苗和育成鸡供不应求，价格不断上涨，鲜蛋滞销 2～3 个月的矛盾，一系列问题给养禽者带来不少困难。为缓解鸡苗紧缺、资金不足及春节后鲜蛋滞销的困境，需要采取强制换羽。强制换羽在生产中具有如下意义：

（1）**节省饲料**　利用母鸡强制换羽，可以节省培育新鸡的费用，培育一批新鸡到产蛋率达到 50％约需 150 天，而强制换羽则大约需 2 个月就能达到 50％的产蛋率，加上强制换羽期间的 10 天以上断料，在饲料等方面的节约相当可观。

（2）**改善蛋壳质量，减少蛋的破损**　强制换羽后，鸡的蛋壳质量有所改进，可降低破损率。

（3）**充分利用种鸡**　第一年产蛋量高的鸡，经强制换羽第二年产蛋量也高。因此强制换羽能更有效地利用种鸡，特别是种用价值高的鸡。

## 148. 产蛋鸡强制换羽的方法有哪些?

**(1) 生物化学法**　包括高锌饲粮（10 000 毫克/千克）、高碘饲粮（5 000 毫克/千克）、低钙饲粮（0.056%～0.30%）、无盐饲粮等，这些方法均可诱发换羽。

**(2) 畜牧学法**　这是一种传统的换羽方法，该法操作简单、易行，羽毛脱换彻底，第 2 产蛋期性能良好，是生产中普遍使用的一种方法。也称为饥饿法或三停法，即停喂料、停饮水、停补光。一般做法如下:

①停喂饲料 7～14 天：这是饥饿法的主要措施，也是饥饿法强制换羽成败的关键所在，具体停料几天为宜，应根据实际情况而定。

②停饮水 1～4 天：与停料同日开始，停水更要谨慎（因为停水可能会增加死亡率），非老龄鸡或在炎热季节也可不停。

③停补光：开始与停料同步。有窗鸡舍停止补充光照，密闭鸡舍限制光照为每日 10 小时或 8 小时。约在 25～30 天后开始补光，逐步延长至 16～17 小时。

**(3) 生物学法**　每吨鸡饲料添加黄体酮 8 克，母鸡第 2 天停产，起初鸡反应迟缓，不爱动，3～4 天后上述症状消失，到第 5 天，羽毛几乎全部脱落，并开始长出新羽，大约 56 天后恢复产蛋。

## 149. 强制换羽期的饲养管理要求有哪些?

**(1) 准备期**　第一个产蛋期末，强制换羽具体措施实施的前 7 天，在此期间应做好以下工作。

①制订方案：根据鸡群性能、季节及第一产蛋期的生产性能制定具体实施方案，鸡群需健康状况良好且产蛋性能高。方案一经制定，非特殊情况，不可随意更改。

②挑选鸡只：精挑细选健康好动，体质健壮，冠髯大而红，无病变的鸡进行强制换羽。病、弱，残鸡和过瘦的鸡不宜开展强制

换羽。

③接种疫苗：换羽前 10 天进行新城疫 HI 抗体抽测。换羽前 11 周进行鸡新城疫 I 系疫苗接种。

④转群：换羽前把鸡由蛋鸡笼转入育成鸡舍平养笼饲养，密度 10 只/米², 同时随机抽取鸡群的 1%作为对全群的监测样本，称取体重，掌握实施期的失重率和恢复期的体重恢复情况。

⑤准备饲料药品：做好强制换羽期间的饲料、药品的准备，尤其是钙、维生素的准备。

**(2) 实施期** 指强制换羽具体措施实施第 1 天至鸡群体重下降 25%～30%的时间，或死亡率达到 3%时为止。

①鸡群观察：在强制换羽期间要密切观察鸡群，必要时，根据实际情况调整换羽方案甚至中止方案。

②畜牧法换羽：利用畜牧学方法进行换羽，停水 1～3 天，停水是最强烈的应激，会引起蛋壳质量的急剧下降，在酷夏停水可能会增加死亡率。绝食与停水同时开始，停料 9～13 天通常以总死亡率不超过 3%为限，使鸡的体重下降 25%～30%。控制光照，连续控制约 30 天，密闭式鸡舍把光照减至 8 小时/天，开放式鸡舍如日照在 10 小时/天内，则停止补光。

③称重：在利用畜牧学方法进行换羽时应定期称重，监测失重率，以决定实施期的最佳结束时间，开始时 1 周 1 次，以后每 2 天 1 次，在预定的结束日前几天应每天称重 1 次。

④补钙：实施期开始的 5～7 天内仍有部分鸡继续产蛋，可按每千只鸡一次性补给骨粉 20 千克，改善蛋壳质量。

⑤清洁卫生：平养时要勤打扫鸡舍，保持清洁卫生。

⑥记录：认真记录鸡群死亡数，当鸡群死亡率达到 3%时，尽快转入恢复期。

**(3) 恢复期** 指鸡的体重失重达 25%～30%之后，恢复喂料，体重逐渐增加，脱掉旧羽换为新羽，产蛋率重新达到 5%时为止。

①喂料：喂料量采用渐增方式，至期末时应过渡为自由采食，

料中要补充复合维生素和骨粉。

②光照：光照时常采用渐增方式，一般于强制换羽1个月后，每周增加光照1～2小时，密闭式鸡舍每周增加光照2小时，直到16小时后恒定。

## 150. 怎样评价强制换羽的成败？

(1) 死亡率　强制换羽期间的鸡群死亡率高低是评价强制换羽成败的主要考量因素。强制换羽方案中的绝食、停水和减少光照等措施，对鸡是很大的应激，鸡群死亡率是检验应激量是否适度的指标。一般在强制换羽实施期死亡率不超过3%，至恢复期结束，死亡率控制在5%范围内较为适宜。

(2) 体重失重率　母鸡体重下降间接反映输卵管中脂肪消耗状况。只有体重失重率达25%～30%，才能使输卵管中沉积的脂肪基本耗尽，这对改善第二产蛋期蛋壳质量至关重要。

(3) 换羽速度　主翼羽脱换速度在产蛋率恢复至50%时，随机抽查30～50只鸡，若10根主翼羽已有半数（5根）以上脱换，说明强制换羽是成功的。一般在强制换羽最初7～10天，主要脱换身躯小羽，10～20天开始脱换主翼羽，约70%以上的主翼羽在50天内脱换，脱羽后10多天开始长新羽。

(4) 恢复　一般恢复喂料后10天体重恢复至原来的80%～85%，至20天体重恢复到85%～90%，50～60天体重恢复至95%～100%较为适宜；从强制换羽实施期至产蛋率恢复至50%的时间为50～60天较适宜。

## 151. 商品蛋鸡饲养多长时间合适？

产蛋鸡的产蛋量随着周龄的增长呈低—高—低变化趋势，大约在30周龄（210天）达产蛋高峰期，以后随着周龄的增长逐渐下降。一般蛋鸡第二个产蛋年的产蛋量比第一个产蛋年下降15%～20%，而第三个产蛋年要再下降30%。按科学的养鸡方法，商品蛋鸡一般养 500 天，采取全进全出方式饲养，即从进雏鸡开始，一直养至第一个产蛋周期结束，到全部淘汰掉为止，大约 500 天左右。美国蛋鸡根据市场行情、核算生产成本，一般在 60～64 周龄进行强制换羽。

## 152. 蛋鸡产蛋曲线有什么特点?

蛋鸡产蛋有一定的规律性，鸡群开产后，最初 5～6 周内产蛋率迅速增加，以后则平稳地下降至产蛋末期。将每周母鸡日产蛋率的数字标在图纸上，将多点连接起来，即可得到蛋鸡产蛋曲线（图 5-7）。其特点是:

(1) **开产后产蛋率上升快**　一般呈陡然上升态势，这一时期产蛋率成倍增长，即 5％、10％、20％、40％，到达 40％后则每周增加 20％，达 60％、80％，在产蛋 6～7 周达到 90％以上。通常在 27～32 周龄达到产蛋高峰，高峰期产蛋量 93％～94％，可持续 3～4 周。

(2) **下降平稳**　产蛋高峰过后，产蛋曲线下降十分平稳，呈直线平稳下降，通常每周下降 0.5％～1％。标准曲线每周下降的幅度是相等的，一般每周下降不超过 1％（0.5％左右），直到 72 周龄产蛋率下降至 65％～70％。

(3) **不可补偿性**　产蛋过程中，若遇到饲养管理不善，或其他刺激时，会使产蛋率低于标准并不能完全补偿。

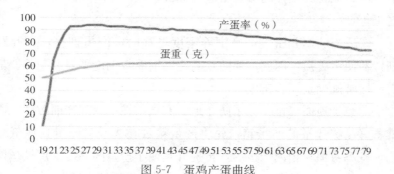

图 5-7　蛋鸡产蛋曲线

### 153. 怎样减少鸡蛋破损率?

**(1) 加强品种的选择** 选养蛋鸡时要考虑蛋壳质量好的蛋鸡品种；要适时淘汰老龄鸡。

**(2) 充分满足产蛋鸡的营养需要** 随着鸡群产蛋率的增加,饲料中钙、磷等矿物质的含量也要相应增加,产蛋鸡饲料中钙的含量达 3%～5%;通常大多数母鸡的蛋在下午进入蛋壳腺,所以下午是补钙的最佳时间;应掌握合适的钙、磷比例,蛋壳中含磷量虽然较少,但决定着蛋壳的弹性和韧性,如果钙、磷比例失调,将影响鸡体对钙、磷的充分吸收和利用,钙磷比例应保持在(4∶1)～(6∶1)之间,此外可以在产蛋鸡饲料中添加 0.01%～0.015% 的维生素 $D_3$ 粉,这样可促进产蛋鸡对钙的吸收。夏季气温高时鸡采食量显著下降,可适当提高日粮中蛋白质、维生素与矿物质的浓度,以弥补因采食量下降而导致的营养缺乏,在日粮中适量添加维生素 C,预防热应激,同时添加一定比例的碳酸氢钠,既可提高产蛋率,又可降低鸡蛋破损率。

**(3) 加强科学管理**

①适当增加捡蛋次数,捡蛋、搬蛋箱时要轻拿、轻移、轻放,装蛋最好用蛋托或在木箱下垫清洁干燥的垫料。

②减少应激刺激:日常管理应采取饲养人员、工作程序、饲料三固定,避免各种应激刺激。产蛋期间尽量避免或减少疫苗接种次数,尽量减少突发性的噪音引起的惊群,以避免鸡只产软壳蛋、砂壳蛋等。

③适当的饲养密度:当饲养密度过高时,产蛋拥挤,相互踩踏,易使蛋破损,因此,要防止高密度饲养,无论平养和笼养,都需要按常规确定饲养密度。

④减少地面产蛋:为了防止地面产蛋,在蛋鸡开产前数周,需准备好足够数量的产蛋箱,先将产蛋箱放在光线较暗处,放低一些,待鸡习惯在箱内产蛋后,再提升到便于捡蛋的高度。用铁丝网或薄板挡住鸡舍的角落,防止鸡在角落内作窝产蛋。

（4）**加强疾病防治**　加强卫生防疫工作，应切实做好对鸡新城疫、传染性支气管炎、传染性喉气管炎和减蛋综合征等疫病的预防工作。定期对鸡舍内外环境进行消毒，在气温不稳定时，要在饲料中添加 0.05%～0.1%的土霉素粉，以增强鸡群抗病能力。

## 154. 产蛋率突然下降的原因有哪些？如何解决？

### （1）引起产蛋率下降的相关因素

①饲料：产蛋鸡群对营养需要比较严格，且反应敏感。饲料发生问题，常导致产蛋突然下降。饲料霉变或者被污染，适口性降低，采食量减少，且易导致鸡肠胃疾病而使其产蛋率突然下降。饲料中的各种成分配合比例不当，如钙磷比例失调或饲料原料质量差，有效营养成分不足和缺乏；添加剂质量差或含量不足也是重要因素。突然变更饲料原料和类型，致使鸡体消化机能发生障碍。饲料是影响鸡体产蛋率的重要的因素。近年来，一些蛋鸡由于误用劣质鱼粉、霉变玉米、伪劣饲料添加剂，导致产蛋率突然下降的事件经常发生。

②环境：突然停止光照，缩短光照时间，减少光照强度等都可使产蛋突然下降。温度突然升高或降低，如夏季持续出现闷热天气，舍内形成高温、高湿环境，或突然遭受热浪或寒流袭击，会使鸡群采食量下降，产蛋量也随之下降。通风严重不足，舍内空气混浊，氨气浓度大，也引发产蛋量下降。

③管理：饲养管理程序不规范。如果每次喂料量不固定，饮水不能满足供应，饲料变质仍然继续使用，随意变更作业程序等均可导致产蛋率突然下降。设备损坏，如管道堵塞，检修不及时而造成供水障碍，电风扇等通风设备不通畅或发生故障不及时维修等；异常的声响，陌生人、畜的出现，接种或驱虫治疗等对鸡群的应激，会使产蛋量突然下降，还会增加畸形蛋、软壳蛋和破损蛋的数量。突然更换饲料时，或突然改变饲料中的某些成分，如饲料中鱼粉含盐量过高、含钙量偏高等，引起适口性差而使鸡采食量下降，或引起消化机能障碍而使产蛋率突然下降，这在农村养鸡场较常见。

④疾病：病毒性传染病有传染性支气管炎、新城疫、传染性喉气管炎、产蛋下降综合征、传染性脑脊髓炎、淋巴白血病和鸡痘等。例如，受强毒型新城疫侵袭时，鸡群产蛋率可由70%～90%突然下降为20%～40%；鸡群患温和性鸡新城疫使产蛋率突然下降20%～40%。引起产蛋鸡群产蛋率突然下降的细菌性传染病主要有大肠杆菌病、败血霉形体病、传染性鼻炎和禽霍乱等。

⑤其他：主要有蛋鸡休产日同期化或药物施用过量等。在鸡群产蛋处于相对平稳的状态下，如果某天休产的鸡突然增多，就会出现产蛋率突然下降的现象，一般在一定时间内就会恢复到原来的产蛋水平。用药过量鸡中毒产生影响的事情也常有发生。

（2）解决对策

①严格检验饲料质量：购买饲料或饲料原料时要认准商标，严格检验质量。有条件的养鸡场应建立饲料质量监测制度，严禁使用劣质饲料或原料、添加剂等。发现饲料有霉变或其他质量问题应立即更换，严禁饲喂。合理配制饲粮，严格掌握各种饲料成分的比例。更换饲料类型时要用3～5天逐渐过渡，以使鸡体逐渐适应新的饲料类型而不致影响鸡的正常消化、生理功能。

②创造良好的环境条件：要重视水对维持正常产蛋的重要性，任何情况都不能影响水的供给。严格执行光照制度。要按照不同周龄对光照时间的要求控制光照时间，光照强度要适当。有条件的鸡场应自备备用光源。注意通风，防止出现温度剧烈变化。夏季鸡舍应通风良好，以防温度过高，在鸡舍周围栽树遮阳。冬季要防止严寒或贼风侵袭，做好通风换气的同时，应防寒保暖。

③建立严格饲养管理制度：规范饲养管理程序，不要随意变更；水槽、料槽、风扇等勤检修，保证设备完好；禁止非饲养管理人员进入鸡舍，在产蛋期尽量不做疫苗或治疗注射等，除非不得已可采用饲料拌药或饮水投药；不要随意变更饲料类型；鸡舍周围环境要安静，禁止机动车辆通行。凡能导致鸡群受惊的因素都应尽量排除。

④积极预防、治疗疾病：按时接种各种疫苗，传染病以预防为

主。定期带鸡消毒，保持环境卫生清洁、鸡舍地面干燥，尤应防止高温、高湿。每月定期投喂不影响产蛋的抗菌消炎药等保健药品，发现病鸡及时隔离检查。

# 参　考　文　献

贺晓霞.2016.蛋鸡规模化健康养殖彩色图册［M］.长沙：湖南科学技术出版社.

尤明珍，杨荣明.2006.蛋鸡无公害饲养200问［M］.北京：中国农业大学出版社.

周友明，高木珍.2014.规模化蛋鸡场生产与经营管理手册［M］.北京：中国农业大学出版社.

韩守岭.2003.蛋鸡生产技术问答［M］.北京：中国农业大学出版社.

赵守红.四法挑选优秀雏鸡.农村百事通，2015，10.

白继瑜.雏鸡的饲养管理要点［J］.农业技术与装备，2010，(19)：19-20.

孙建新.蛋用雏鸡的饲养管理体会［J］.中国畜牧兽医文摘，2013，(11)：70.

李飞鲍.浅谈蛋用雏鸡饲养管理的几点体会［J］.中国畜牧兽医文摘，2016，(04)：88.

李继珍，侯娟，程森，刘召乾.浅谈蛋用雏鸡的管理控制要点［J］.家禽科学，2008，(04)：23-24.

曾丽金.雏鸡育雏的技术要点［J］.福建农业，2003，(01)：25.

夏炎.雏鸡断喙、剪冠、断趾及其注意事项［J］.养殖技术顾问，2012，(08)：38.

赵北京.提高肉种鸡育雏率的综合措施［J］.山东畜牧兽医，2016，(11)：20-21.

马扶春.雏鸡早期死亡的原因及对策［J］.家禽科学，2011，(06)：36.

张立民.蛋用育成鸡的饲养管理［J］.养殖技术顾问，2014，(12)：42.

刘志.浅谈如何提高鸡群均匀度［J］.中国畜牧杂志，2012，(22)：71-72.

王洪伟，周艳萍，杨锁柱.蛋鸡育成期的饲养管理要点［J］.家禽科学.

孔玉生.蛋鸡育成期的饲养管理要点［J］.中国畜牧兽医文摘，2014，(10)：109.

# 第六章 蛋鸡场的环境控制

## 第一节 鸡舍环境的影响因素

### 155. 影响鸡舍环境的主要因素有哪些?

鸡舍环境通常指实际环境,如畜禽舍、设备、舍内小气候和饲养管理条件等。鸡舍环境影响到鸡群生长、发育、产蛋和健康,尤其是规模化蛋鸡场在高密度的饲养条件下,影响更大。

随着人们对食品安全的关注,崇尚绿色、自然、无公害食品,生产安全、优质、新鲜的畜产品已成大势所趋。改善环境、控制疾病、提高家禽生产性能,获取更多的利润是饲养者最为关注的问题。加强鸡舍环境控制,是保障消费者健康消费的需要,也是增加出口的需要,因此,研究鸡舍环境对养鸡成效的影响具有重要意义。影响鸡舍环境的主要因素:

(1) **温度** 鸡舍内温度是影响鸡生长、发育和生产的首要因素。温度对鸡生产性能影响最大。家禽对温度的要求较高,在家禽生长期和产蛋期,适宜的温度是鸡只发挥正常生产性能的保证,温度过高或过低都会使生产力下降,饲料转化率降低,生产成本增高,甚至破坏机体平衡,使机体的健康和生命受到影响。若温度较高,则鸡只的采食量下降,饲料转化率下降,肉鸡增重减慢,蛋鸡蛋重减轻,蛋壳质量下降,产蛋率下降,死淘率上升甚至大批鸡只因热应激而死亡;低温则会使鸡的基础维持需要增多,生长缓慢,料肉比和料蛋比增高。

（2）**湿度** 湿度在家禽生产中经常被忽视，鸡群最适湿度为50%～70%。低湿的环境易使鸡只体内水分大量散失，饮水量增加，采食量减少；高湿使鸡只体内热量容易散失（低温）或散不出去（高温），前者使机体抵抗力下降，后者往往造成热应激或中暑，严重者造成死亡或疾病的发生。

（3）**光照** 光照对鸡只的疾病影响很小，更多的是影响鸡只的生产性能。

（4）**有害气体** 鸡舍空气内的有害气体主要包括氨（$NH_3$）、二氧化碳（$CO_2$）、带有恶臭气味的硫化氢（$H_2S$）及空气中的粉尘。

①氨：一种无色而具有强烈刺激性臭味的气体，主要是由饲料、粪便及垫料等在温热、高湿的环境下发生腐烂产生的，越接近地面其含量越高。

②硫化氢：一种无色、易挥发、带有强烈腐败的臭蛋味气体，主要来自厌气菌分解破蛋、饲料与粪便中含硫有机物所产生。

③二氧化碳：无色，略带酸味，主要来源是鸡群呼吸。

（5）**综合环境因素** 鸡舍建筑时场址的选择、鸡舍的布局、基础建设供水系统、供暖系统、供电系统、供料系统、防疫系统、环境控制系统等对鸡群健康的影响有时是单一因素起作用，但更多的情况下是多种环境因素相互作用导致鸡群发病。

## 156. 什么是环境应激?

应激是指作用机体的一切异乎寻常的环境刺激所引起的生理上或心理上的紧张状态。它伴随有一系列的神经和内分泌的变化，特别是交感神经兴奋，肾上腺髓质和皮质激素分泌增加。环境的任何应激作用于动物机体时，可以产生两种效应：特殊的环境刺激引起特殊的反应；各种环境刺激引起共同的、不具有特异性的反应。环境中凡是能引起机体呈现"紧张状态"的环境刺激称为应激因子。

常见的应激因子有：环境骤变，温度过高过低，噪声或光照过强，运输，打斗，惊吓，外伤，预防注射，突然更换饲料等。应激对鸡健康和生产性能均会产生影响。

## 157. 蛋鸡适宜的环境温度是多少？

鸡舍内温度控制重点在育雏期的供温、夏季炎热气候下的降温和冬季保温与排风之间的平衡。鸡是恒温动物，所需要的适宜温度随鸡龄的不同而变化。鸡舍温度要求：幼雏（0～4周）26～35℃（第一周33～35℃）；成鸡15～25℃。

在雏鸡阶段，育雏温度要达到35℃，随后出现一个递减的趋势，育雏结束，室温饲养即可（表6-1）；对于产蛋鸡，最适宜的温度在20℃左右。

在夏季高温时，调整鸡只的日粮结构；加强鸡舍温度的调节，如改进鸡舍的遮阳、通风和隔热设计；可安装电风扇、水帘等降温设备；鸡舍周围种植绿色蔬菜；增加饮水量等。

而在冬季低温时，可用水、汽和电等集中供暖，如热风炉、水暖炉或电暖器等供暖设备。根据鸡的生理特点，最佳的环境温度是15～25℃。

**表6-1　蛋鸡育雏阶段适宜温度（℃）**

| 日龄 | 0～3 | 4～7 | 8～14 | 15～21 | 22～28 | 29～35 | 36～42 |
|------|------|------|-------|--------|--------|--------|--------|
| 伞下温度 | 35～33 | 33～31 | 31～29 | 29～27 | 27～24 | 24～21 | 21～18 |
| 室温 | 28 | 27 | 26 | 24 | 22 | 20 | 18 |

## 158. 鸡舍怎样才算温度合适又通风良好？

我们通过简单的判断可以基本掌握合理的尺度：通过观察鸡群，发现鸡群自然散开，活动、采食、叫声都很平和，说明温度适合鸡群需要；如果鸡群打堆，说明温度偏低；鸡群张口呼吸，远离热源，说明温度偏高。至于通风是否适度，以人进入育雏舍感到舒服为准，如果人进入育雏舍感到很不舒服，灰尘很多，气味很重，说明舍内通风不良，应尽快通风换气，实际生产中最关键的是要有通风意识。夏天高温季节，主要任务是防暑降温，可采用风扇、喷雾、水帘负压通风、鸡舍安装隔热板，鸡舍四周种树等措施。

### 159. 鸡的主要散热方式有哪些？

鸡体产生的热量不断向外放散，散热主要通过皮肤进行，其次是通过呼吸道和排泄器官等进行。鸡体散热的主要途径和方式主要有如下四种：辐射散热，传导散热，对流散热，蒸发散热（极少）。

（1）**辐射散热** 皮肤以红外线辐射方式散失大量的热，周围物体的温度愈低，吸收能力愈强。干燥空气吸收辐射热的能力很低，潮湿空气却能大量吸收。当气温与鸡的皮温相等时，辐射散热停止。高于鸡体温的热物体，反而使鸡接受辐射热，使鸡体的有效辐射变为负值。

（2）**传导散热** 传导散热量与鸡体和接触物体的温差、接触面积和导热性成正比。鸡接触低温物体时可传导散热，而接触高温物体时则通过传导得热，但对蒸发散热始终是有益的。一般情况下，传导散热主要通过地面进行。因此，夏季降低地面温度有利于传导散热。

（3）**对流散热** 气温低于鸡体体表温度时，通过空气运动而带走体表热量的过程，称为对流散热。对流散热与气流速度、有效对流面积、体表与空气间的温差成正比。当鸡的体温温度高于环境温度时，对流可使机体散热；若环境温度高于皮肤温度，对流反而使机体得热。一般说来，由鸡体表面散失的热10%～25%是以对流方式进行的，夏季加大气流速度，有利于对流散热。

（4）**蒸发散热** 热通过皮肤和呼吸道表面水分蒸发而散失的过

程。蒸发散热量与蒸发表面和环境之间的水汽压之差、风速、皮温、有效蒸发面积成正比。当皮温为 34℃时，每蒸发 1 克水分散失 243 千焦耳的热量。只要机体有水分蒸发必然伴随着散热，故蒸发散热始终为正值。外界气温高时，鸡呼吸浅而快，以增加蒸发散热，同时，水分通过皮肤的渗透增加；气温高、湿度小、风速大，鸡体蒸发散热多。因此，夏季要尽量降低舍内湿度，加强通风，以利于鸡体蒸发散热。

## 160. 评价热环境因素的综合指标有哪些？

热环境是指由太阳辐射、气温、周围物体表面温度、相对湿度与气流速度等物理因素组成的作用于动物，影响动物的冷热感和健康的环境，温度、湿度、风速，对家畜的影响都不是单独产生的，而是诸因素的综合影响。在气温、气湿、气流三个主要的气象要素中，对畜禽有机体影响最大，起着主导作用的因素是气温。而气湿和气流主要是加强或削弱其作用的性质和程度。谈及温热环境的影响要以温度为前提。各因素之间，或是相辅相成，或是相互制约。常用的评价指标有有效温度、等温指数（ETI）、温湿指数（HTI）和风冷指数四个指数，但家禽上一般用有效温度评价较多。

**(1) 有效温度（ET）** 亦称"实感温度"或"体感温度"，是综合反映气温、气湿和气流对畜禽体热调节影响的指标。它是在人工控制的环境条件下，以人的主观感觉为基础制定的。气候生理学家以空气干球温度和湿球温度对动物热调节（直肠温度变化）的相对重要性，分别贯以不同系数相加所得的温度亦称为"有效温度"。鸡的有效温度计算公式：

$$ET = 0.75T_d + 0.25T_w$$

式中：$T_d$——干球温度（℉）；

　　　$T_w$——湿球温度（℉）。

**(2) 等温指数（ETI）** 等温指数（equivalent temperature index）

是用气温、气湿和风速相结合来评定不同状态奶牛热应激程度的一个指标（ETI 值低于 23，奶牛较为舒适），家禽上用的相对较少。以 20℃气温、相对湿度 40% 和 0.5m/s 风速作基础舒适环境，在气候室中以大量实验数据求得计算 ETI 值的回归公式为：

$$ETI = 27.88 - 0.456t + 0.010754t^2 - 0.4905h + 0.00088h^2 + 1.1507v - 0.126447v^2 + 0.019876t \cdot h - 0.046313t \cdot v$$

式中：$t$——气温；

$h$——相对湿度；

$v$——风速。

**（3）温湿指数（HTI）** 温湿指数（temperature-humidity index）是气温和气湿结合以估计炎热程度的一种指标。最初是美国气象局为确定在炎热气候下，人感到不舒适的温度、湿度组合而制定的，也叫"不适指数"。在计算过程中干球温度和湿球温度同等对待，而皮肤蒸发散热路径，物种间差异较大，很难用于不同畜禽上。计算公式为：

$$THI = 0.72 (T_d + T_w) + 40.6$$

式中：$T_d$——干球温度（℉）；

$T_w$——湿球温度（℉）。

THI 数字越大，表示热应激愈严重。

**（4）风冷指数** 风冷指数（wind chill index）是气温和风速相结合以估计寒冷程度的一种指标。反映天气条件对人类的冷却力，主要估计裸体皮肤的对流散热量。因此不适应有羽毛的禽类。风冷却力的计算公式如下：

$$H = [(100v)^{1/2} + 10.45 - v](33 - T_a) \times 4.18$$

式中：$H$——风冷却力；

$v$——风速；

$T_a$——气温。

## 第二节　　环境因素对蛋鸡生产的影响

### 161. 温度对蛋鸡生产有什么影响？

温度是鸡环境条件中最重要的因素。鸡无汗腺，温度太高时，鸡会产生热衰竭而死亡。温度对物质代谢的影响主要表现在采食量、饮水量、水分排出量的变化。随温度的升高，采食量减少、饮水量增加，产粪量减少而呼吸产出的水分增加，造成总的排水量大幅度增加。排出过多的水分会增加鸡舍的湿度，鸡感觉更热。

温度对家禽产蛋、蛋重、蛋壳品质、种蛋受精率和饲料转化率等生产性能都有较大的影响，保持鸡舍适宜的环境温度，是保证产蛋率和饲料效率的必要条件。蛋鸡产蛋的适宜温度为15～25℃，在正常的饲养管理条件下，鸡舍内温度为5～28℃，可以保持鸡的正常产蛋。高温引起产蛋率下降，蛋变小，蛋的品质降低，蛋壳变薄、变脆、表面粗糙，种蛋的受精率降低。研究表明在高温状态下饮用低温度饮水可以提高鸡的生产性能，改善蛋品质。

成年家禽可以耐受低温，但是采食量增加，饲料利用率降低，产蛋率下降，然而蛋较大，蛋壳质量不变。雏禽在最初几周因体温调节机制发育不健全，羽毛还未完全长出，对低温的耐受性很差，10℃的温度就可致死。

### 162. 相对湿度对蛋鸡生产有什么影响？

湿度对鸡的影响只有在高温或低温下才明显。适宜的湿度为60％～65％，但是只要环境温度适宜，即在40％～70％范围内也能适应。高温时，如果湿度较大，会阻碍蒸发散热，造成高温应激，低温高湿环境下，鸡失热较多，采食量加大，饲料消耗增加，严重时会降低生产性能。低湿容易引起雏鸡的脱水反应，羽毛生长不良。

## 163. 气流对蛋鸡生产有什么影响？

气流对家禽生长、产蛋的影响取决于气温。在低温中增大风速，对家禽的生长不利，但高温时则相反。气流影响家禽的热调节，从而影响其生产力。风对蛋鸡生产性能影响很大，在低温时尤其显著。低温而潮湿的气流，能促使机体大量散热，使其受冻，特别是作用于机体局部的低温高速气流，俗称"贼风"对机体的危害更大，常引起畜禽冻伤、关节炎症及感冒，甚至肺炎等疾病。适宜的风速有利于机体的健康，如空气流动可促进机体散热，这在夏季使机体感到舒适。风还可促进大气层的对流，保持空气化学组成平衡的作用。另外，风还有对有害气体和灰尘的稀释和清除作用，这都会间接影响畜禽的健康。

## 164. 光照对蛋鸡生产有什么影响？

对家禽来说，光照环境极为重要，它是影响家禽生产的最重要的环境因素之一，是控制家禽许多生理和行为过程的一种强有力的外在因素，所以利用环境调控技术提高我国蛋鸡的生产水平具有很大的潜力。光照可以帮助家禽建立节律性，使得许多基础功能如身体温度、促进消化的新陈代谢等更加同步；更重要的是光照可以刺激并控制家禽生长、成熟、繁殖等激素的分泌。另外光照环境对蛋鸡的视力有很大影响，包括视觉敏锐度和颜色鉴别力，不同的光照参数（波长、强度、时间）对家禽的视力都有不同的影响。如鸡对光的反应十分敏感，在不同的生长阶段，鸡所需要的光照度、光照时间以及光照周期都会有所不同。光照是一个非常重要而且复杂的生态因子，直接或间接影响到鸡的生长发育、摄食、繁殖等，所以光照在蛋鸡生产中有着多方面的生态作用。到目前为止，国内外对光照时间长短、光强度、光色、不同间歇光照方式等对鸡的生产性能的影响研究较多，各种研究表明不同光照参数都会直接或间接影响鸡的生产性能和蛋品质。

## 165. 噪声对蛋鸡生产有什么影响？

有研究表明靠近机场、铁路轨道或嘈杂的液压或气动设备和机械周围的鸡场，鸡会出现产蛋量下降，生长发育受阻，血压升高，应激和疲劳。一项研究表明，模拟噪音换气扇以及屠宰场操作机器发出的大的噪声会导致血浆皮质类固醇激素、胆固醇和总蛋白增加。85 分贝以上的声音会导致采食量下降 15%～25%。

# 第三节　蛋鸡舍的环境控制

## 166. 怎样高效使用蛋鸡舍环境控制器？

现代化的环境控制系统功能十分强大。其中，环境控制器的核心理念，就是对禽舍内温度、湿度、通风等方面实现实时全自动控制以及对自动喂料，饮水的精确计量和光照的智能化控制，目的是为禽舍提供足够多的新鲜空气，排出过多的废气和有毒气体（二氧化碳、氨气等），保证禽舍内适宜的温度和湿度，来满足禽类生长的需求，最大限度的发挥禽类的生产潜能。

### （1）日常参数管理

①时钟和日龄的核对：经常核对环境控制器的时钟和日龄，保证准确无误，按时正确输入死淘数等禽舍参数。温湿度、通风量、水量料量、光照时间这些控制量是随着时钟、日龄、存栏量的变化而变化的，保证这些参数的准确非常重要，否则，无法提供适合当时的禽类生长环境需求。

②温湿度的控制：温度的控制是一条从高到低的曲线，控温点的设定是设置某一时段的起点温度和终点温度，而在这个时间段内

的控温点是随着时间的变化而从起点温度向终点温度逐渐变化的。例如，第一天的控温点是 25℃，第二天的控温点是 22.6℃，那么在这 24 小时内每小时温度变化量为（25－22.6）/24＝0.1℃/小时，早上 7 时的控温点就是 25－7×0.1＝24.3℃。湿度控制与温度不同，在一个时段内的湿度设定值是不变的，到了下一个时段才会发生变化。

③通风的大小和方式：通风量的大小和方式关系到节能效果，进而影响到企业的经济效益。通风量的大小取决于参与通风的风机数量，通风级别越高，参与通风的风机数量越多。通风有换气和降温两种工作方式，这两种工作方式参与通风的风机数量是不一样的，一般换气启动的风机数量要少于降温时启动的风机数量。通风系统工作在降温方式时，"风机＋湿帘"可以有效降低舍内温度，但是当外界湿度高于 70%时，采用湿帘降温的效果逐渐降低，这时应该关闭湿帘，增加启动风机数量，增大通风量，减少禽群的热应激。

④外围设备的控制：环境控制器可以控制很多外围设备，在外围设备管理菜单里要把需要控制的外围设备设置有效而且设定好控制继电器才能正常工作，在外围设备管理菜单里不需要控制的外围设备不能设置有效，否则环境控制器无法正常工作。根据设定好的外围设备打开相应的报警功能，出现报警现象时要及时处理。

**（2）硬件设施维护**

①保证禽舍良好的密封性：要发挥禽舍环境控制器最佳效果，保证禽舍良好的密封性是不可少的。禽舍密闭不严，导致禽舍内外静压误差增大，影响禽舍的通风效果。

②防雷和过流过压保护：环境控制器必须有防雷和过流过压保护，防止雷击或因供电不正常而造成控制电路损坏。控制器内部要保持干净，定期除湿除尘。温度传感器要定期检查，若温差超过 1℃应及时校正，校对时将所有温度传感器探头放在一起，用标准温度计校对准确；湿度传感器的误差要超过 3%，也需要用干湿温度计校对准确。环境控制器及其外围各种强电控制柜和电机必须可

靠接地，长时间不用时，每个月要开机运转一次，确认设备能够正常运转。

③配备自动和手动控制功能：每台功能先进的环境控制系统都配有自动和手动控制功能。请定期检查环境控制系统的手动功能，确保在自动控制发生故障时，手动控制能正常工作，不影响日常生产，同时为修复自动控制系统赢得时间。

④定期维护过滤器：自动饮水系统的反冲式过滤器能去除自来水中机械杂物，保证饮水清洁，防止乳头饮水器堵塞。关闭上游阀门，可以反冲洗滤网；关闭下游阀门，可以冲洗管道。在过滤器底部有排污口，用来排除杂物。要定期维护，滤网有损坏时及时更换。

⑤及时清理灰尘和杂物：及时清理电机上面的灰尘及杂物。消毒冲洗禽舍时应保护好电机，以防进水。电机维修安装后应确保电机转向正确。

⑥系统拆卸和绞龙维修：喂料系统需要拆卸或绞龙需要维修，严格按以下步骤操作：首先要断开整个系统的电源，再从基座中拔出固定装置和轴承组件以及大约45厘米长的绞龙，同时要用夹子或锁钳夹住绞龙防止弹回料管，最后再移去固定装置和轴承组件，小心移去锁钳。整个过程要小心操作严防被弹出的绞龙所伤。料管维护时要及时调整安装板的高度，保持料管平直，尤其是料斗和电机附近的料管一定要始终保持平直。调整时分别调驱动电机和料斗上与铁链相联的"s"钩，以确保料斗与驱动电机连接的料管平直。

## 167. 物联网技术在蛋鸡舍环境控制方面有何应用？

基于物联网的家禽生产过程管理系统是基于家禽生产过程各个阶段建立的，使家禽生产各个环节信息数字化、标准化、透明化。家禽舍内环境参数信息主要包括温度、湿度、氨浓度、二氧化碳浓度、硫化氢浓度、光照强度、光照时长、风速等，对其进行实时监测，首先要将这些环境指标传感器设计到系统中，采用物联网技术自动采集数据，并自动上传到技术服务中心的服务器上，服务器上可以集成阈值报警系统，同时进行人工分析处理数据信息，实现对家禽舍生产过程各个阶段信息的完整管理。

## 168. 怎样确定蛋鸡场的通风换气方案?

蛋鸡场要根据鸡舍内温度的高低以及舍内废气的含量，来保持适当的通风换气量及气流速度，使鸡体散热，保持鸡舍温度均匀；排出舍内有害气体如氨、硫化氢、二氧化碳等，防止鸡舍内有害气体浓度的升高，维持鸡舍内空气的新鲜。

(1) **根据鸡舍内温度的高低**　流入舍内的空气流速要慢，冬季鸡体周围的气流速度以 0.1～0.2 米/秒为宜，最高不超过 0.25 米/秒；夏季为了降温，气流速度可以加大到 1～2 米/秒（表6-2）。为了避免气流直接吹向鸡体，风机应安装在下部两侧纵墙上，等距离排列抽风排气。新鲜空气从屋顶或山墙上的进气口进入，均匀地流向舍内两侧。通风换气量的确定，一般采用通风换气参数计算求得。选用风机数量时，可根据鸡舍的横截面积、要求的通风速度即风机的额定通风量计算。

(2) **根据鸡舍内废气的浓度**　蛋鸡舍内的有害气体有氨、硫化氢、二氧化碳等。鸡对其中的氨格外敏感，危害最大。鸡舍内空气中的氨含量达 20 毫克/米$^3$ 即可使鸡引起角膜结膜炎，并使鸡的新城疫发病率大大升高；50 毫克/米$^3$ 能使鸡的呼吸频率下降，产蛋减少。据测定，鸡舍空气中氨含量达 46 毫克/米$^3$ 时，产蛋鸡的高峰产蛋量将会下降 15% 左右。防止蛋鸡舍内有害气体主要措施是：清除鸡粪、通风换气。

表6-2　通风换气参数（米/秒）

| 季节 | 鸡的种类 | | |
|------|------|------|------|
| | 成鸡 | 大雏 | 中雏 |
| 春 | 0.27 | 0.22 | 0.11 |
| 夏秋 | 0.18 | 0.14 | 0.07 |
| 冬 | 0.08 | 0.06 | 0.03 |

### 169. 蛋鸡舍夏季通风模式有哪些?

**(1) 自然通风** 开放式鸡舍一般采用自然通风,空气通过通风带和窗户进行流通。在高温季节仅靠自然通风降温效果不理想。

**(2) 机械通风** 分为正压通风、负压通风。目前大多采用纵向通风,风机全部安装在鸡舍一端的山墙(一般在污道一边)或山墙附近的两侧墙壁上,进风口在另一侧山墙或靠山墙的两侧墙壁上,鸡舍其他部位无门窗或门窗关闭,空气沿鸡舍的纵轴方向流动(图6-1)。

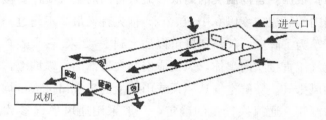

图 6-1 纵向通风的空气流动

①纵向正压通风:风机将空气强制输入鸡舍,而出风口作相应调节,以便出风量稍小于进风量而使鸡舍内产生微小的正压(图6-2)。空气通常是通过纵向安置于鸡舍全长的管子而分布于鸡舍内的,全重叠多层养鸡通常要使用正压通风。

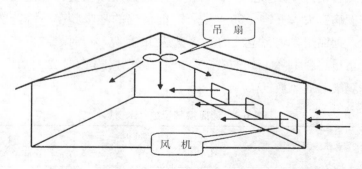

图 6-2 纵向正压通风

②纵向负压通风:利用排风机将舍内污浊空气强行排出舍外,在舍内造成负压,新鲜空气从进风口自行进入鸡舍(图6-3)。负

压通风投资少，管理比较简单，进入鸡舍的气流速度较慢，鸡体感觉比较舒适，成为广泛应用于封闭鸡舍的通风方式。

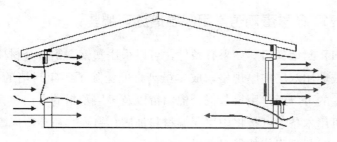

图 6-3 纵向负压通风

## 170. 蛋鸡舍进气口的设计原则有哪些?

（1）**侧墙上均匀布置进气口** 进气口为自行调节角度的进气窗，也可为条缝进气口。优点是舍内气流分布均匀，适于老鸡舍的"横改纵"，但调节进气口角度较复杂。

（2）**排气风机集中布置在鸡舍中部** 鸡舍长度较长，超过 10 米时采用此模型。

（3）**鸡舍中央增置塑料风管** 舍外空气通过鸡舍中央塑料风管上的送风孔均匀送入鸡舍。同样可将预热空气关入舍内，以改善鸡舍冬季环境状况，特别适于雏鸡舍和肉鸡舍及严寒地区。

（4）**进气口集中布置在料端的山墙上** 易调节进气量，常见于新建鸡舍，对鸡舍密闭性能要求较高。

（5）**进气口集中布置湿帘降温系统** 通过蒸发降温使入舍空气温度降低，适于我国南方高温炎热地区。

（6）**进气口集中布置湿帘降温系统，鸡舍中央增置塑料风管** 可对入舍空气进行预热和降温处理，适于冬季寒冷夏季炎热地区。

（7）**进气口面积和位置** 进气口阻力越小，风机排风量越大，则舍内气流速度越高，若不考虑光照控温，进气口面积应接近于鸡舍横断面积，至少应大于风机风扇面积的 2 倍。对于不设湿帘降温或不使用湿帘降温期间的鸡舍，可打开风机相对一端山堵上的门作为一部分进气口。

## 171. 冬季蛋鸡舍常用保温措施有哪些?

(1) **封堵窗口** 如果有条件，可以采用塑钢、铝合金材质的门窗，玻璃用双层加厚规格，成本虽高，但免除了年年封堵的繁琐。条件差的可以通过用聚苯板、棉门帘以及多层塑料的方法将窗户封严，再用木条或纸板将内层保温材料加固、钉死，避免冷风直接出入鸡舍，起到很好的保温效果。

(2) **增加墙体厚度** 有些养殖户鸡舍的墙体轻薄，为了减少热量的损失，维持室内的温度，可以采用墙内或外贴加一层聚苯板，板的厚度可以根据墙体的厚度灵活掌握，如果做得好，这项措施可节省能源四分之一。

(3) **舍内吊顶** 对于舍内高度过高或顶棚保暖效果不好的，可在舍内吊一顶棚（塑料或聚苯板），或在房顶铺设一层保温棉毡或秸秆（稻草、麦秸等），以提高保温效果，减少热量散失。

(4) **安装温控器** 利用温控器控制鸡舍的温度和通风量，实现最小通风量管理。这样既能使鸡舍的温度满足鸡的正常生长发育的需要，又能节约煤炭，同时还减少冷风对鸡体的应激。

(5) **安装导风管** 在鸡舍两侧纵墙每隔 4 米安装一个直径为 16~18 厘米，长度为 3.5~4 米的导风管，沿顶棚安装，采用塑料、聚氯乙烯（PVC）、玻璃钢等轻质材料，可有利于最小通风量的控制，同时又避免冷风直接吹到鸡的身上，降低了鸡的应激反应。这样既维持了室内温度，又能保证空气的质量，降低了呼吸道疾病的发生。如果采取此项措施，关闭进风口，既可节省能源，又可以提高饲养效益。

(6) **搭建保温棚** 目前一些养殖户通过在鸡舍外墙前后两面搭建塑料薄膜保温棚的方法借助太阳能，这样既吸收了太阳的热量，又减少了鸡舍热量的散失，还可节能三分之一左右，同时又避免冷风直接吹进鸡舍造成冷应激，这项新措施得到了广大养殖户的认可。

## 172. 冬季蛋鸡舍常用供暖设施有哪些？

（1）**保温伞** 是一种局部供暖设备，常用于育雏。结构简单，操作方便。

（2）**红外线灯** 红外线灯具有产热性能好的特性，市售产品的功率一般为 250 瓦，悬挂在离地面 35～45 厘米处，并可根据室内温度调节高度。该方法缺点是灯泡易坏。

（3）**暖风炉供暖** 在所有的供暖方式中，以暖风炉热效率最高，升温快，能最大限度地满足鸡舍温度的需要，易于节省工本。因为冬季舍内排出的废气与补充的新鲜空气温差 30～45℃，废气与新鲜空气还有湿度差，废气余热（包括显热和及少量的潜热）有一定的利用价值。因此，为解决通风换气与保温这一对矛盾，可采用舍内废气中的余热暖风炉，能够减少能源浪费，提高养殖效益。

（4）**推广吊烟筒** 如果采用火炉供暖，要尽量延长烟筒在舍内的循环长度，使煤燃烧产生的热量尽可能散发在鸡舍内，减少热能的浪费，以出烟口手摸不到热为准，一般烟筒长度在 20 米左右。

（5）**设地上或地下烟道** 如果鸡舍内设置地下或地上烟道供温，应注意添加燃料，同时注意防止烟道漏气。地上烟道比地下烟道热利用率高，地下烟道比地上烟道节省空间。

（6）**采用热风管或水暖** 舍内笼养鸡，可在鸡舍外生火炉，通过热风带或暖气管对鸡舍集中供暖，同时注意通风和防火工作。火口要设在舍外，也可将煤炉放置在舍内供温，但鸡舍内要注意留有一定数量的通风口。

## 173. 蛋鸡场的降温措施有哪些？

（1）**机械降温**

①纵向通风法降温：采用纵向通风，可以大大地增强对流散热

的效果，加快混浊空气排出及室外新鲜空气的快速流入。当风速为0.5～1.0米/秒时，可使环境温度下降2～3℃。

②湿帘—风机降温：利用蒸发降温和纵向负压通风相结合的原理制成，一般在封闭式鸡舍或卷帘式鸡舍内安装使用，湿帘和水循环系统安装在鸡舍一端山墙和侧墙上，风机安装在另一端山墙和侧墙上。当风机启动向外抽风时，鸡舍内形成负压，迫使室外空气经过湿帘进入舍内。而当空气经过湿帘时，由于湿帘上水的蒸发吸热作用，使空气的气温降低，这样鸡舍内的热空气不断由风机抽出，经过湿帘过滤后的冷空气不断吸入，从而可将舍温降低5℃以上。

③喷雾降温：到高温天气，可以在鸡舍内及其周围喷洒清水形成雾粒，利用蒸汽散热来降低鸡舍内温度。

④喷淋降温：喷头将水直接喷在畜禽的体表，通过水在皮肤表面的蒸发带走体热，使畜禽感到凉爽。

⑤滴水降温：用于妊娠猪舍和产房，在蛋鸡生产方面较少使用。冷却水通过管道系统，在畜体上方留有滴水孔对准其头颈部和背部下滴，达到蒸发可降温的目的。

**(2) 饲养管理**

①调整饲养密度：降低饲养密度，减少舍内总产热量，同时将产蛋母鸡胸腹部、大腿内侧、翅膀下面的羽毛剪去，其他部分不剪，用以保护鸡体。

②保障饮水：设置足够多的水槽，每天供给充足凉爽的清洁用水。

③调节饲喂和光照时间：在清晨、傍晚凉爽时间加料，最好使用颗粒料。采取人工光照与自然光照相结合，于凌晨1时左右开灯，天亮时鸡开始产蛋，中午关灯，以避开中午前后最热时产蛋，减少热应激。

④保证养分足量和平衡：调整饲料配方，保证蛋鸡每天有足够的养分摄入。日粮中纤维素应减少，能量浓度不宜过高，蛋白质、矿物质、维生素含量应相对的适当提高。为了保证许多养分特别是

维生素的质量和有效性，为产蛋鸡提供新鲜的优质饲料，在高温高湿季节，一次不要生产或订购大量饲料，添加剂要每天配制。

⑤加强药物预防：在日粮或饮水中加入适量的弱酸盐类，如碳酸氢钠、氯化铵或氯化钾，以及有机酸类如柠檬酸、延胡索酸和维生素 C，均可起到防暑降温效果，并能提高产蛋量。

**（3）鸡舍布局**　合理安排鸡舍布局以减少热辐射。

①搭设遮阳篷：在鸡舍的向阳面和鸡舍进风口一侧搭设遮阳篷，太阳光经遮阳篷遮挡，凉爽空气进入鸡舍，鸡舍内温度可降低2～3℃。遮阳篷所用材料一般是化学纤维组成的寒冷纱，既能遮挡阳光，透气性能还好。

②墙体刷白减热：白色吸光吸热性能较弱，定期给鸡舍墙壁、屋顶喷刷白色涂料，既可杀菌，又有降温作用。

# 第四节　蛋鸡场卫生

## 174. 规模化养殖场为什么要禁止参观？

蛋鸡存栏大于或等于 20 000 羽，肉鸡出栏大于或等于 50 000 羽的养鸡场称为规模化鸡养殖场。由于鸡场具有较大的存栏或出栏量，疫病传染非常迅猛，一旦发生疫病感染，会造成巨大的经济损失，所以规模化养殖场必须制定完善的养殖场卫生管理制度，谢绝参观，这样可以最大限度降低外来疫病的入侵。必须进入时，要经过消毒室消毒并换上场内洗净消毒的工作服、胶鞋和帽子，洗手消毒后方可进入。

## 175. 为什么养鸡要讲卫生？

鸡病主要通过水平传播。这种传播包括接触病鸡、污染的垫草、有病原体的空气尘埃、与病鸡接触过的饲料和饮水及带病原体的野鸟、昆虫等传播。通过水平传播的疾病很多，如新城疫、马立克氏病、鸡霍乱、住白虫等。同一鸡舍，相邻鸡舍，相邻鸡场传染病的相互传播，就是通过这种方式传播的，也是最常见、最多的一种传播方式。

鸡场的消毒工作非常重要，鸡场消毒，就是通过消毒的方式消除或扑灭病原微生物，切断某些水平传播的环节，达到防病的目的。现代化养鸡场实行高度集约化的养鸡，力求在最小的空间内养最多的鸡，以降低成本。饲养密度大、周转快是现代化养鸡的一大特点，也正由于此，给疾病的传染带来了十分有利的条件，传染病一旦发生，传播会十分迅速。由于鸡生长迅速，育成期短而周转快，这就使鸡场中不同年龄的群体间传播疾病更为容易，运输中也易将外来疾病传入鸡场。所以，鸡场的消毒要求非常严格而周密，稍有疏忽，就会造成疾病的发生。没有严格消毒及防疫的鸡场，是很难站得住脚的。有些大型鸡场由于采取了严格的消毒及防疫措施，已取得很大的经济效益。消毒工作做得好坏，是控制鸡场成败的一个至关重要的因素。常遇到消毒工作抓得好的鸡场，传染病就不发生或很少发生，甚至不用疫苗免疫，传染病也不发生。相反，不重视消毒的鸡场或消毒不彻底的鸡场，尽管所有的疫苗都进行了免疫，但传染病仍然频频发生。

## 176. 怎样搞好鸡场的卫生防疫？

养鸡要搞好卫生防疫，具体工作包括以下几点：

（1）**制定科学管理制度**　坚持"全进全出"制度，以免不同月龄的大小鸡相互感染疾病。鸡饮用水应符合 NY 5027—2001《无公害食品　畜禽饮用水水质》标准，并经常清洗消毒饮水设备。保证粪尿处理设施正常运行，粪便经堆积发酵后用作桑园肥料。鸡粪堆积发酵半个月才可用作肥料。死鸡和防疫使用过的疫苗瓶，不得到处乱抛，病死鸡按 GB 16548—2006《病害动物和病害动物产品生物安全处理规程》规定进行无害化处理。有灭鼠、灭蚊、灭蝇等工作计划和措施。要定点掩埋。对鸡进行筛选，淘汰有病、残疾、残次和体弱鸡只。

（2）**严格执行卫生消毒制度**　制定严格完整的消毒制度和消毒程序，配备相应的消毒设施。鸡出售后立即清扫鸡栏，铲除鸡粪后，用石灰水或消毒剂喷洒。育雏舍和全部设备用具、平养所需垫料，用甲醛 2 份和高锰酸钾 1 份熏蒸消毒。消毒剂要选择对人和鸡安全、没有残留毒性、对设备没有破坏、不会在鸡体内产生有害积累的。建立完整的消毒记录。

（3）**制定合理免疫程序**　按有关规定进行免疫接种，免疫程序及免疫记录完整。制订疫病监测方案，接受有关动物防疫监督机构的疫病监测及监督检查，如：禽流感、鸡新城疫、鸡马立克氏病、鸡传染性法氏囊病等。若发现疫情应立即向当地动物防疫监督机构报告，接受兽医防疫机构指导，采取果断措施控制、扑灭疫情。

（4）**兽药使用要求**　按照 NY 5035《无公害食品　肉鸡饲养兽药使用准则》有关规定合理使用兽药。严禁使用未经兽药药政部门批准的产品。严禁使用禁用药物，如玉米赤酶醇、氯霉素、呋喃唑酮、安眠酮等；严格剔除高残留兽药。做好兽药进购及使用登记工作。

（5）**饲料及饲料添加剂使用要求**　使用的饲料原料和饲料产品须来源于无疫病地区、无霉烂变质、未受农药或某些病原体感染。严禁在饲料中使用影响生殖的激素、具有激素作用的物质、催眠镇静剂、肾上腺素类药等。饲养场加药饲料和不加药饲料要有明显的标志，并做好饲料更换记录，出栏前严格按兽药期规定换喂不加药饲料。

## 177. 蛋鸡养殖场的消毒工作包括哪些？

消毒时须注意，有机物的存在是会影响消毒效果的，如粪便、鸡毛等，故消毒前必须清扫干净，才能保证消毒的效果。消毒是消灭外界病原体、切断传播途径，是防治传染病的最有力的方法。根据消毒的对象和消毒设施的不同，鸡场常进行以下几项消毒。

（1）**鸡场外界环境的消毒**　鸡场应将生产区与生活行政区严格分开，避免生产区内人员频繁来往。最常见的环境消毒方式是经车辆消毒池和工作人员通过的脚踏消毒池消毒，这是防止病原传入鸡舍的第一道防线。鸡场的消毒池应有专门兽医负责，监督消毒及药液的更换。

车辆消毒池消毒：可用 $1\%\sim2\%$ 烧碱水。消毒池要有足够的长度，一般是一个汽车轮子的周长，使进入的车辆都能通过。运鸡的车厢，每天使用后应清洗，再用 $2\%\sim3\%$ 来苏儿喷雾消毒。

脚踏消毒池消毒：工作人员进出生产区时脚踏行走的消毒池，可用烧碱或季铵盐类做消毒液。同时该消毒池上方应安装紫外线灯，以紫外线来杀灭可能悬浮在空气中的病原体。

试验表明，在有粪便的复合酚消毒池中，6天后消毒液的细菌总数已达 880 万个/毫升，碘伏消毒槽内 4 天后细菌总数达 1 800 万个/毫升，阳离子清洁剂槽内仅有 100 个/毫升。因此，消毒池消毒要注意：避免阳光直射，阳光可以破坏药物；减少有机物污染，粪便、污泥可以降低药物的毒力；选择最有效的药物，定期更换药液。

（2）**工作人员的消毒**　鸡场工作人员是病原体的重要携带者，因此进入生产区的人，一定要进行严格的消毒处理。鸡场院内各鸡舍的工作人员严禁串鸡舍，以防各舍间病原体携带传染。必要时，人员所穿工作服、帽、鞋等要留在原鸡舍，到指定鸡舍时再换本舍的。工作服和帽应定期清洗及更换，清洗后的工作服可用阳光消毒或福尔马林熏蒸消毒。工作服不准穿出生产区。手的消毒：工作人员用肥皂洗净手后，浸于 1：1 000 的新洁尔灭液内 3～5 分钟，清水冲洗后抹干。脚的消毒：工作人员应穿上生产区的水鞋或其他专用鞋，通过脚踏消毒池进入生产区。生产区内各鸡舍门口要设消毒池，进出鸡舍也要消毒。

（3）**空舍的消毒**　整栋鸡舍实行"全进全出"的制度，对鸡舍实行较为严格的消毒，是消灭传染病的有力措施。对空舍进行良好的消毒可以使每批鸡获得较安全的条件，提高育成率。消毒程序如下：

①清扫：鸡全部出舍后，将鸡粪、垫料、顶棚上的尘埃与蜘蛛网等清扫出鸡舍。

②冲洗：对鸡舍，特别是鸡舍的地面、墙壁、鸡笼等用高压水枪冲洗。待舍内地面水干以后，最好用火焰消毒器灼烧，效果更佳。

③消毒药物的喷洒：地面墙壁矮处要用热烧碱水或石灰乳泼洒，对鸡笼及屋顶，要用抗毒威、百毒杀等无腐蚀性的消毒药用高压水枪或农用喷雾器进行喷雾消毒。

④熏蒸消毒：将所有的门窗关闭封严，计算出使用甲醛和高锰酸钾的用量，视鸡舍的污染程度适量增减。密闭熏蒸24～48小时之后通风，冬季熏蒸前要提高舍温和湿度。

经过以上程序消毒的鸡舍，细菌的杀灭率可达到95%～97%，完全合格。有条件的鸡场，此时应将鸡舍闲置2～3周再用。

**（4）饮水消毒**　定期在饮水中添加消毒剂，可有效杀灭或清除病原体，减少疾病的发生，鸡饮水消毒时注意以下几点：

①选用效力强、毒性小、无残留的消毒剂，主要有漂白粉、次氯酸钠、高锰酸钾、过氧乙酸等。

②必须定期清洗饮水器。

③饮水中只能放一种消毒药，不能多种同时混合使用。

④不能长期使用一种消毒剂，应几种消毒剂交替使用。

⑤有的消毒药应现配现饮，久置容易失效，如高锰酸钾。

⑥雏期最好在第三周以后开始饮水消毒，过早饮水消毒不利于雏鸡肠道菌群平衡的建立，而且影响早期防疫。

⑦免疫接种前后3天、接种当天（共7天），不可进行饮水消毒，以免影响免疫效果。

**（5）带鸡消毒**　带鸡消毒就是对鸡舍内的一切物品及鸡体、空间用一定浓度的消毒药液进行喷洒消毒。它是当代集约化养鸡综合防疫的重要组成部分，是控制鸡舍内环境污染和疫病传播的有效手段之一。尤其对那些隔离条件差，不同批次的鸡在同一鸡场饲养及各种疫病经常发生的老鸡场更为有效。

## 178. 鸡场常用的消毒药有哪些？怎样使用？

**(1) 烧碱（氢氧化钠）** 对细菌、病毒、寄生虫卵杀灭作用强，常用1%～2%热溶液消毒鸡舍、地面、环境及物品。消毒效果好，但有较强腐蚀性，饲具消毒后须用清水洗净。

**(2) 生石灰（氧化钙）** 价廉易得的消毒药，对细菌、病毒有杀灭作用。加水即成熟石灰，熟石灰可撒布阴湿地面消毒。如配成20%石灰乳（1千克生石灰加5升水），现配现用，防止失效，常用于墙壁、地面粪池、污水沟等处消毒。

**(3) 漂白粉** 5%的漂白粉液用于鸡舍地面、排泄物消毒，现配现用，不能用于金属用具消毒。

**(4) 次氯酸钠** 用于舍内器具、食槽、水槽消毒，也用于饮水消毒及带鸡喷雾消毒，剂量按说明使用。

**(5) 二氧化氯（消毒王）** 无机含氯的第四代灭菌消毒剂，广谱高效安全，对细菌、芽孢、真菌、病毒有杀灭作用，可带鸡消毒、饮水消毒等。同类型的消毒剂还有优氯净、漂白粉、强氯精等，作用相同。

**(6) 百毒杀** 为季铵盐类消毒剂，有速效和长效的双重效果，对细菌杀灭效果较好，对真菌、病毒有一定的杀灭效果，可带鸡消毒、饮水、环境消毒等。

**(7) 过氧乙酸** 有强大的氧化作用，为广谱消毒剂，对细菌、病毒，芽孢均有强大的杀灭作用，但对动物和人眼睛及呼吸道有刺激性，多用于环境和空栏消毒，现配现用。

**(8) 菌毒敌** 复合酚消毒剂，可杀灭细菌、真菌、病毒，对寄生虫卵也有杀灭作用。但臭味重，污染环境。

（9）**福尔马林** 为广谱消毒剂，对细菌、病毒、真菌、芽孢均有强大的杀灭作用，常与高锰酸钾混合，熏蒸消毒鸡舍、孵化器、种蛋等，0.5%～1%溶液做环境喷洒消毒。

（10）**酒精、碘酒** 酒精可杀灭细菌繁殖体和病毒，但不能杀灭芽孢。消毒最佳浓度为70%，主要用于皮肤和器械消毒。碘酒为强大的广谱消毒剂，3%～5%碘酒用于注射部位、手术前的皮肤消毒。

## 179. 怎样进行带鸡消毒？

带鸡消毒就是对鸡舍内的一切物品及鸡体、空间用一定浓度的消毒药液进行喷洒消毒。带鸡消毒分以下几个步骤进行：

（1）**清扫污物** 尽可能彻底地扫除鸡笼、地面、墙壁、物品上的鸡粪、羽毛、粉尘、污秽垫料和屋顶蜘蛛网等。用清水冲洗并不能杀灭病原微生物，其目的是将污物冲出鸡舍，提高消毒效果。冲洗的污水应由下水道或暗水道排流到远处，不能排到鸡舍周围。

（2）**选择药物** 消毒药必须广谱、高效、强力，对金属、塑料制品的腐蚀性小，对人和鸡的吸入毒性、刺激性、皮肤吸收性小，不会侵入残留在肉和蛋中。可用于鸡消毒的消毒剂有强力消毒灵、过氧乙酸、新洁尔灭、次氯酸钠、菌毒敌、百毒杀、金碘、惠福星、复合酚等。

（3）**科学配液** 配制消毒药液用自来水较好。消毒液的浓度要均匀，对不易溶于水的药应充分搅拌使其溶解。消毒药液温度由20℃提高到30℃时效力可增加2倍，所以配制消毒药液时要用热水稀释。但水温也不能太热，一般应控制在40℃以下。配制好的消毒药液稳定性变差，不宜久存，应现配现用，一次用完。

（4）**喷雾操作** 带鸡消毒可使雾化效果较好的自动喷雾装置或农用小型背包式喷雾器，雾粒大小控制在80～120微米，喷头距鸡体50厘米左右为宜。喷雾时喷头向上，先内后外逐步喷雾，每天带鸡消毒一次，最好每天早、晚各带鸡消毒一次。密闭式鸡舍亦可用大瓶加过氧乙酸、惠福星等易挥发的消毒药挂放在进风口处，药物随着空气进入鸡舍，达到鸡舍空气消毒效果。

**(5) 消毒效率** 带鸡喷雾消毒，每周 2～3 次，同时搞好舍内灭蝇、灭蚊、灭虫工作。

## 180. 怎样给育雏舍消毒?

因为雏鸡体质娇弱，容易因为环境、饲养等问题而引起疾病，所以加强育雏舍的消毒可给雏鸡提供一个干净、卫生的环境。

**(1) 清扫** 首先要对育雏舍进行彻底的清扫，将鸡粪、污物、蜘蛛网等铲除，清扫干净。屋顶、墙壁、地面用水反复冲洗，待干燥后，喷洒消毒药和杀虫剂。

**(2) 烟道墙面消毒** 用 3% 克辽林对烟道消毒后，再用 10% 的生石灰乳刷白，有条件可用酒精喷灯对墙缝及角落进行火焰消毒。

**(3) 熏蒸** 密封性能较好的育雏舍，在进鸡前 3～5 天用福尔马林溶液进行熏蒸消毒。熏蒸前窗户、门缝要密封好，堵住通风口。洗刷干净的育雏用具、饮水器、料槽（桶）等全部放进育雏舍一起熏蒸消毒。

每批鸡出售后，立即清除鸡粪、垫料等污物，并堆在鸡场下风向处发酵。用水洗刷鸡舍，墙壁、用具上的残存粪块，然后以动力喷雾器用水冲洗干净，如有残留物会大大降低消毒药物的效果，同时清理排污水沟。然后用两种不同的消毒药物分期进行喷洒消毒。每次喷洒药物待干燥后再做下次消毒处理，否则，影响药物效力。最后把所有用具及备用物品全都封闭在鸡舍或饲料间内用福尔马林、高锰酸钾作熏蒸消毒。

熏蒸的方法是：保持舍内温度 15～25℃，湿度 70%～90%。按每立方米空间用 30 毫升的福尔马林、15 克高锰酸钾的比例，先将高锰酸钾放入非金属性容器（如瓦钵、搪瓷容器）内，然后倒入福尔马林溶液，迅速离开，将门窗关闭好。操作时，要戴口罩和穿防护衣服。熏蒸 24～48 小时后打开门窗，排除剩余的甲醛气体。

### 181. 怎样给转群后鸡舍及其用具消毒?

在养殖场鸡群转出或淘汰后，鸡舍会受到不同程度的污染。在下一批鸡苗进入前，需要对空鸡舍进行有效管理，以减少、杀灭舍内潜在的细菌、病毒和寄生虫，隔断上下批次间病原微生物传播，为转入鸡群及周边鸡群提供安全的环境，提高育雏率和育成率。在保证空舍时间（最少 20 天）基础上，重点要做好鸡舍清理、冲洗、消毒等关键环节管理。

**(1) 清扫**　鸡全部出舍后，将舍内粪便、垫料、顶棚上的尘土等全部清扫出舍。用水清除附着在墙壁、地面、笼子上的有机质，特别是底网，要用高压水枪冲洗，并用刷子擦洗干净。

**(2) 喷洒消毒药液**　待舍内地面水干后，可用 3%～5% 来苏儿、臭药水或 2%～3% 的热烧碱水等进行喷洒，注意将舍内每个角落及物体背面都要喷洒到。药液用量以每平方米地面 1.5～1.8 升为宜。有条件的地方，经上述消毒后，可将鸡舍闲置 2～3 周后，再接鸡入舍。

鸡舍内用具的消毒应根据其质地、用途、污染程度等采取不同的方法。一般情况下，先用机械清除法洗去表面污物，再用 70℃以上的热水冲洗干净，然后置于阳光下暴晒。如受到病原体污染，除机械清洗外，还需要消毒液消毒。体积较小的可直接浸泡于消毒液中，较大的用具可将消毒液喷洒于表面。消毒液可选用 0.1% 新洁尔灭溶液、0.2%～0.5% 过氧乙酸溶液、2%～3% 来苏儿溶液、2% 氢氧化钠溶液以及一些含有效氯的消毒剂，也可采用福尔马林溶液熏蒸法进行消毒。

### 182. 怎样清除鸡舍的有害气体?

生活水平的提高对食品的质量要求更高，鸡的环境也影响到产品的质量及周边人群的生活环境，合理处理鸡场的有害气体迫在眉睫。饲养管理者应该掌握必要的清除有害气体的技巧。清除有害气体源，抑制有害气体产生。

**(1) 控制有害气体源** 合理设计清粪排水系统，及时清理粪尿，最大限度地缩短粪尿在鸡舍内的积蓄时间，是降低舍内有害气体浓度的基本方法。优化日粮结构，按照鸡营养需求配制全价日粮，避免日粮中营养物质缺乏或过剩，特别要注意日粮中蛋白水平不宜过高，否则会造成蛋白质消化不全而排出过多的氮。

**(2) 清除有害气体的方法**

①生物化学除臭，吸附有害气体：使用有益微生物制剂如 EM 制剂等，拌料饲喂、溶于水饮用或喷洒鸡舍，除臭效果显著。用过氧化氢、高锰酸钾、硫酸铜、乙酸等药物，通过杀菌消毒，达到抑制和降低鸡舍内有害气体产生的目的。利用氟石、丝兰提取物、木炭、活性炭、生石灰等具有吸附作用的物质吸附空气中的有害气体。

②中草药除臭：很多中草药具有除臭作用，常用的有艾叶、苍术、板蓝根、大蒜、秸秆等。将上述中草药按等份适量放在鸡舍内熏烧，既可抑制细菌，又能除臭。

③排除有害气体：用甲醛熏蒸消毒应严格掌握剂量和时间，熏蒸结束后及时换气，待刺激性气味排尽后再转入鸡群。

④通风：目前控制鸡舍内有害气体的有效方法主要是通风。搞好鸡舍通风，可以防止有害气体的积聚，保持空气清新，在可能范围内调节舍温，排出鸡体散发和排泄的水分，防止各种疾病的发生。通风还能调解舍内湿度，排除水汽和潮气，增加鸡群的舒适感。

## 183. 怎样有效降低蛋鸡舍有害气体的排放量？

**(1) 合理安装鸡舍窗户** 鸡舍合理安装窗户便于新鲜空气进入和排出有害物质。

鸡舍可设地窗、天窗，确保鸡舍空气畅通。地窗长 50 厘米、宽 30 厘米，间距为 2 米；天窗长 1.0 米、宽 0.5 米，天窗设顶帽，间距为 5 米。

南方地区窗户间距 1.0～1.5 米，窗户长 1.2 米、高 1.6 米；北方地区窗户间距 1.5～2.0 米，窗户长 1.0～1.2 米、高 1.2～1.5 米。鸡舍两侧都设窗户，窗户下沿离地面高 1 米。

（2）**加强通风换气**　蛋鸡适宜的温度为 13～26℃，相对湿度为 50%～75%，灵活处理保温与通风的矛盾。早秋季节天气较闷热，雨水比较多，鸡舍比较潮湿，易发生呼吸道病，为此必须加强通风换气。白天打开门窗，加大通风量，晚上适当通风，降低温度和湿度，有利于鸡体散热和降低鸡粪中的水含量，减少鸡舍内鸡粪酵解的条件，防止产生过多的有害气体；到了秋末冬初，要及早检修好鸡舍，安好门窗，做好取暖避寒的准备；在寒冷季节，可在每天 10：00—15：00 外界气温较高时，打开窗户，开放时间宜长不宜短，以保证鸡舍空气清新。当保温与通风发生矛盾时，宁可适当牺牲保温也要通风。要让鸡群逐渐适应寒冷气候，在生产中应根据实际情况灵活掌握。

（3）**定期检修饮水设施**　要定期检修饮水设施，避免溢水、漏水。干燥成形的鸡粪气味较小，容易收集处理。

（4）**按时清扫鸡舍**　鸡舍的恶臭和有害气体主要是鸡粪和废弃物（如洒落的饲料等）发酵分解产生，1 只蛋鸡 1 天排粪 100 克左右，粪便中有 5%～55% 的营养物质未被消化吸收，这些物质在适宜的湿度条件下，被微生物分解，放出大量氨气、硫化氢、甲烷和有机酸等有臭味的有害气体。如果粪便清理不及时或处理方法不得当，其浓度就会成倍增加，因此应及时有效地处理鸡粪和废弃物。

（5）**选用复合酶和微生态制剂**　此类新型饲料添加剂可提高日粮的消化率，抑制有害菌的繁殖，减少有害气体的产生。

（6）**采用理想蛋白质模式**　按可消化氨基酸需要配合日粮，降低日粮蛋白质水平，减少氮的排泄。

（7）**运用物理方法消除鸡舍有害物质**　在排粪区撒草木灰、麦糠粉、稻壳粉或树叶粉，可使鸡粪快速干燥成形，并能吸附粪便中大部分有害气体。还可使用沸石粉、膨润土、活性炭、生石灰、木炭和煤渣，能净化空气、吸收水分、调节湿度。其中沸石粉按粪便总量的 2%～5%撒在新鲜鸡粪的表面或鸡舍地面，生产中应用较广泛；生石灰一般在鸡舍内湿度较大时使用，潮湿后应立即清除；木炭可装入网袋悬挂于蛋鸡舍内。

**（8）使用化学结合法降低蛋鸡舍有害气体浓度** 过磷酸钙、过氧乙酸、过氧化氢、高锰酸钾、硫酸铜和乙酸等化学物质，可通过杀菌消毒抑制有害细菌的活动，达到降低蛋鸡舍有害气体产生的目的。生产实践中，主要使用过磷酸钙或过氧乙酸，过磷酸钙可与鸡粪中的氨气发生反应，生成无味固体磷酸铵盐，地面铺洒一般按 0.5 千克/米$^2$，每周 1 次操作；过氧乙酸除具有很好的消毒作用外，还能与氨气发生反应形成醋酸铵，可将其稀释成 0.3%浓度，按 30 毫升/米$^2$，每周喷雾 1～2 次。

## 184. 为什么要高度重视鸡场灭鼠工作?

鼠类是家禽养殖过程中常见的不可避免的危害之一，鼠类偷食饲料，造成饲料的浪费；破坏建筑物，特别是水电、水线和料线等，致使整个运输系统瘫痪；甚至咬伤、咬死家禽，给养殖业造成经济损失。除此之外，还对人和动物的健康造成很大威胁，作为人和动物多种共患病的传播媒介和传染源，鼠类在活动过程中可传播许多传染病，因此灭鼠对兽医防疫和公共卫生都具有重要的现实意义。

## 185. 蛋鸡场实施全进全出的意义是什么?

"全进全出制"是现代养鸡业中采用比较广泛的一种鸡群更代制度。即在同一鸡舍内，只饲养同一日龄的雏鸡，在同一天（或大致相同的时间）转群、出售或屠宰。这种使鸡的进出更新在同一时间（或大致同时）进行的体制称为"全进全出制"。全进全出制为养鸡业的集约化生产和科学管理提供了条件。

首先，舍内鸡群为同一日龄或者同一批次，其营养需要、生理状况处于相同水平，饲养管理和防疫措施均统一化，管理方便。

其次，家禽的免疫力相比其他畜禽来说较低，卫生防疫工作在家禽养殖过程中尤为重要，同一日龄或者同一批次的单独分群饲养，可以减少疾病的交叉传播，起到一定的防疫作用。

另外，在每次进雏之前可留有一定的空舍时间，便于清扫和消毒，确保下批雏鸡的防疫安全。最后，实行全进全出要求饲养者根据自己的鸡舍、设备、人员等具体情况，制定好全年生产、周转与消毒计划，要充分考虑雏鸡来源、产品销路，要有相应的管理水平与饲养设备，才能取得预期的经济效益。

## 186. 鸡舍中的灰尘对鸡群健康有什么影响？

鸡舍空气中的灰尘对鸡的生长发育有着不同程度的侵害，其危害性主要表现在以下几个方面：

①灰尘落在鸡体表面，可与皮脂腺分泌物黏结在皮肤上，引起皮肤发痒以至发炎。

②大量的灰尘降落在结膜上，会引起灰尘性结膜炎。

③舍内空气中漂浮着来源于垫料、粪便、羽毛、饲料等物质的尘埃，由于这些尘埃附着一些微生物，可被鸡吸入造成疾病的传播。

④如果空气中的湿度较大，灰尘就会吸收空气中的水汽，同时吸收一些氨和硫化氢，这些灰尘会沉积在呼吸道的黏膜上，引起局部毒害。

## 187. 怎样进行病死鸡无害化处理？

鸡在饲养过程中，因疾病、管理及气候等方面的原因常不可避免地导致病死鸡的出现。做好死鸡的处理工作，不仅可以控制环境污染，也是防止疾病进一步传播的重要措施。病死鸡的处理方法常有以下几种。

（1）**焚烧** 将病死鸡放入焚烧炉中进行火化的一种简单的处理方式。这种方式能彻底地消灭病原微生物、虫卵、蝇蛆，控制了传染病，避免了环境污染和社会公害，但是死鸡的营养价值没有得到有效利用。

（2）**深埋** 深埋是将死鸡埋到地下 1～2 米的坑中，消毒处理后盖上厚土。这种方法省工、省力，不需要设备，成本较低。为防止造成土壤和地下水污染，作深埋时，应当建立用水泥板或砖块砌成的专用深坑，不要将死鸡直接埋入土壤中。

（3）**饲料化处理** 死鸡本身的营养成分丰富，蛋白含量高。如果能在彻底杀灭病原体的前提下，对死鸡做饲料化处理，则可获得优质的蛋白饲料。

（4）**堆肥发酵处理** 将死鸡通过堆肥发酵处理，可以消灭病菌和寄生虫，而且对地下水和周围环境没有污染，处理后转化成的腐殖质对改良土壤又十分有利，是一种公认的有机肥。

（5）**化制** 采用化制方法对病死畜禽集中进行无害化处理。

## 188. 怎样处理和利用孵化废弃物？

孵化的废弃物有无精蛋、死胚、毛蛋、蛋壳等。孵化废弃物在热天很容易招惹苍蝇，有些蝇类甚至在其上繁殖，因此，应尽快处理。未受精蛋常用于加工食品；死胚、毛蛋、死雏等可制成干粉，蛋白含量达 22%～32%，可代替肉骨粉与豆饼，相比进口的肉骨粉更加安全可靠；蛋壳可以制成蛋壳粉，蛋壳粉为含有少量蛋白质的钙质饲料。利用这些废弃物必须进行高温灭菌。

## 189. 蛋鸡场的粪污处理方案有哪些？

（1）**能源化——蛋鸡粪沼气发电处理模式** 此法以粪污进入沼气池厌氧发酵实现粪污的无害化处理为核心，沼渣、沼液回施农田，沼气用于日常生产生活，如做饭、取暖、洗浴等，通过"畜—沼—果""畜—沼—鱼""畜—沼—菜"等多种循环农业模式，实现粪污的"零排放"和资源的循环利用。沼气发电技术已普遍应用于鸡粪等畜禽粪便处理，沼气产生的电能提供了清洁能源，也代表了生态畜牧业发展的趋势。

**（2）饲料化——蛋鸡粪再生饲料处理模式**  再生饲料是蛋鸡粪利用的重要手段。自 20 世纪 50 年代开始，美国就对蛋鸡粪再生饲料的利用开展了研究。1953 年用蛋鸡粪作为羊的补充饲料，改变了以前一直被公认的蛋鸡粪仅是有机高效肥的概念。而后日本、英国、法国、俄罗斯、加拿大等国也开展了蛋鸡粪饲料化的研究，并应用于生产。美国加利福尼亚州的一些试验报告指出：蛋鸡粪与秸秆和糖蜜混合后制成颗粒饲料喂牛效果好，蛋鸡粪的营养价值与苜蓿粉相同，蛋鸡粪中的粗蛋白氮源大部分是非蛋白氮，这部分氮对反刍类家畜利用较好。蛋鸡粪还可以用来喂鸡、鱼和猪等等。蛋鸡粪作为再生饲料的处理模式在美国经过近 60 年的发展，已经成为处理蛋鸡粪的主要方式和手段，并形成了工厂化的生产和经营，在推广过程中效果明显，发展前景非常好。

**（3）肥料化——蛋鸡粪做成肥料处理模式**  蛋鸡粪的肥料化处理主要有三种方式：

①湿粪返田：主要是在适宜季节将蛋鸡粪返田，但由于农作物需要的蛋鸡粪具有季节性，导致湿粪直接返田的处理量只能占到蛋鸡粪总量的 20% 左右。

②干粪返田：干粪的制作由 20 世纪 50 年代的晾晒，逐渐被机械烘干所替代。通常根据蛋鸡养殖场的日常管理措施的不同，蛋鸡粪常堆放在养殖区下方的堆粪区内 9 个月左右，并通过机械翻堆与循环风扇对蛋鸡粪进行干燥处理。这种方式投资比较大，堆积时间比较长，容易产生二次污染。

③有机肥生产：20 世纪 70 年代逐渐兴起的一种蛋鸡粪处理方式。

a. 采用发酵床养殖：该生产工艺通过"畜禽—粪污—发酵床发酵—垫料肥—回施农田"实现了粪污的无害化处理和粪污资源的

循环利用。现在得到了广泛的推广应用，取得了良好的效果。

b. 采用畜禽固体粪便的生物处理方法：通过使用高网养鸭、高网养鸡等养殖方式收集粪便，或采用干清粪工艺或干湿分离的方法从污水中分离出来的粪便，多采用高温和有氧厌氧发酵的方法实现无害化处理之后直接进行有机肥生产，或增加生物（如养蚯蚓、养蘑菇、养黄粉虫、养蝇蛆等）养殖环节。生物养殖之后的代谢物及基质，再进行有机肥生产。

## 190. 怎样无害化处理废水？

鸡场污水量大，不能任其排放，一般需先进行物理处理（机械处理），再进行生物处理后排放或循环使用。物理处理就是使用沉淀、分离等方法，将污水中的固形物分离出来。固形物能成堆，便于贮存，可做堆肥处理。液体中有机物含量较低时，可用于灌溉农田或排入鱼塘；有机物含量仍很高时，再进行生物处理。生物处理就是将污水输入氧化池、生物塘等，利用污水中微生物的作用，通过需氧或厌氧发酵来分解其中的有机物，使水质达到排放要求。生物处理还可通过菜地过滤、蚯蚓及甲虫吞食粪便等方法进行处理。

## 参 考 文 献

林伟.2009.蛋鸡高效健康养殖关键技术［M］.北京：化学工业出版社.

刘保国.2010.现代实用养鸡技术大全［M］.北京：化学工业出版社.

魏刚才，等.2009.提高蛋鸡产蛋量关键技术［M］.北京：化学工业出版社.

魏刚才，陈仕均.2011.蛋鸡高效生产关键技术配套［M］.北京：化学工业出版社.

肖冠华.2015.养蛋鸡高手谈经验［M］.北京：化学工业出版社.

李鹏，王家乡.2014.现代化蛋鸡养殖及疫病防控技术［M］.北京：中国农业出版社.

轩玉峰，李松峰.2014.蛋鸡生产与保健技术［M］.郑州：河南科学技术出版社.

# 第七章 蛋鸡场的疫病防控

## 第一节　蛋鸡场的疾病防控

### 191. 近年来我国禽病的现状与流行特点是什么?

(1) **家禽传染病种类增多、死亡率高**　据不完全统计,目前对我国养禽业构成威胁和造成危害的疾病已达 80 多种,其中传染病最多,约占禽病总数的 75% 以上。同时,发病禽的种类也逐渐增多,除常见的鸡、鸭、鹅家禽外,其他如鸽、孔雀、鹌鹑、鸵鸟、七彩山鸡、珍珠鸡等及观赏鸟都有发病的报道。我国每年因各类禽病导致家禽的死亡率可高达 15%～20%,经济损失达数百亿元。

(2) **家禽新传染病不断出现**　危害较大的有高致病性禽流感、鸡新城疫、鸡传染性贫血、肾型传支和多病因所致的腺胃炎、鸡病毒性关节炎、禽网状内皮组织增生症、包涵体肝炎、减蛋综合征和隐孢子虫病等。

(3) **家禽传染病病原体变异**　近年来,在禽病的发生和流行过程中,由于禽传染病的很多病原体发生抗原漂移、抗原变异,导致临床症状和病理变化非典型化。

(4) **家禽传染病危害加大**　目前,细菌性疾病和寄生虫病明显增多,由此所造成的危害也在加重。由于滥用抗生素和饲料中长期添加低剂量的抗生素添加剂,导致细菌的耐药性越来越普遍、越来越严重。

（5）**家禽传染病混合感染增加**　在实际生产中，常见很多病例是由两种或两种以上的病原对同一机体协同致病，引起的并发病和继发感染的病例上升。例如新城疫与传染性支气管炎混合感染、新城疫与大肠杆菌病混合感染、支原体与大肠杆菌病混合感染、球虫病与魏氏梭菌病混合感染等。

（6）**家禽免疫抑制性传染病增多**　常见的老免疫抑制性疾病包括马立克氏病、传染性法氏囊病等。近年来新的免疫抑制性疾病有网状内皮增生症病毒（REV）、传染性贫血因子（CIA）、呼肠孤病毒（REOV）、白血病病毒（ALV）等。

隐性感染、持续性感染增多，鸭、鹅等历来是新城疫和禽流感的宿主，水禽普遍带毒不发病，但近几年禽流感、新城疫造成水禽的传染流行，并损失严重。

## 192. 常用疫苗的特点和保存方法是什么？

（1）**弱毒活疫苗**

①概念及特点：病原微生物毒力逐渐减弱或丧失，并保持良好的免疫原性，用这种活的、变异的病原微生物制成的疫苗称为活疫苗，也可以称为弱毒苗。弱毒活苗的优点是：免疫效果好；免疫力坚强；免疫期长；可以用来对种禽免疫接种而使雏禽获得被动免疫；成本低廉。

②分类：弱毒疫苗按生产过程不同，又分为湿苗及冻干苗两种。

③保存方法：弱毒苗一般需冷冻保存，使用时用专用的稀释液稀释。

（2）**灭活疫苗**

①概念及特点：选用免疫原性强的细菌、病毒等人工培养后，用物理或化学方法将其杀死（灭活），使其失去活性，使传染性丧失而保留免疫原性所制成的疫苗称为灭活苗，又称为死苗。特点是无毒、安全，但免疫剂量大，产生免疫效果的速度不如弱毒活疫苗。

②分类：根据在制备灭活苗过程中是否使用佐剂及其佐剂的类型可将灭活苗分为以下几种类型：

组织灭活苗：采用病原动物的组织捣碎后加入灭活剂，在37℃温箱中彻底灭活，经检验合格作为紧急接种。

油乳剂灭活苗：采用矿物油作为佐剂与抗原乳化而成。

氢氧化铝灭活苗：用氢氧化铝作为佐剂制成的灭活疫苗。

③保存方法：灭活苗一般需冷藏或室温保存，使用时升温至室温即可。

## 193. 家禽常用免疫接种方法有哪些？常用的免疫程序是什么？

（1）**滴鼻点眼** 疫苗液倒入专用滴瓶内，用滴嘴垂直向眼内或鼻孔内滴疫苗，稀释好的疫苗液须在30分钟内用完。主要适用于新城疫等须经黏膜免疫途径免疫的疫苗。

（2）**饮水免疫** 免疫前，需根据季节停水2~4小时，按照鸡的日龄计算免疫所需要的水量，将疫苗加入饮水器中，立即让鸡饮用，要求在1小时之内所有的鸡均能饮到足够量的疫苗水。

（3）**气雾免疫** 疫苗用灭菌蒸馏水稀释，稀释液每1 000只平养鸡用量为400毫升，多层笼养的鸡为250毫升，雏鸡免疫雾滴稍大，40~60微米，育成鸡、蛋鸡雾滴小些，10~20微米。用电动或气压喷雾器，在鸡头上部约0.3米的高度进行喷雾，喷雾时应关闭门窗和风机，喷完15~20分钟后再打开。

（4）**刺种免疫** 免疫人员用特制的疫苗刺种针蘸取疫苗，垂直刺入翅翼膜内侧无毛三角区。

（5）**皮下注射** 皮下注射常用于颈部皮下。一人用双手将鸡保定好，另一人用手提起颈部（下1/3）皮肤，将注射器针头循鸡颈部平行刺入鸡体，针头不宜过长或刺入太深。

（6）**肌内注射** 肌内注射以胸部肌肉注射为最好，注射部位选择在胸腔入口起距龙骨嵴2~3厘米水平处，用手将胸部羽毛拨开，针头呈15°将疫苗注入，同时用拇指按压注入部位，使疫苗扩散，防止漏出，且面积在2~3厘米$^2$内不外流。

表 7-1 列出了某蛋鸡养殖场的一般免疫程序，供参考。

**表 7-1　蛋鸡常用的免疫程序**

| 免疫日龄 | 疫苗种类 | 免疫剂量 | 免疫方式 |
| --- | --- | --- | --- |
| 7 | 新支肾小三联 | 1 羽份 | 滴鼻或点眼 |
|  | 新城疫油苗 | 0.3 毫升 | 颈背部皮下注射 |
| 10 | 鸡传染性法氏囊疫苗 | 1 羽份 | 滴口 |
| 12～15 | 重组禽流感病毒（H5＋H7）二价灭活疫苗（H5N1 Re-8 株＋H7N9 H7-Re1 株） | 0.3 毫升 | 胸肌注射 |
| 18 | 鸡传染性法氏囊疫苗 | 1 羽份 | 滴口 |
| 22 | 新支肾小三联 | 1.5 羽份 | 滴口或点眼 |
|  | 新城疫就＋传支二联油苗 | 0.5 毫升 | 颈部或胸肌注射 |
| 30 | 重组禽流感病毒（H5＋H7）二价灭活疫苗（H5N1 Re-8 株＋H7N9 H7-Re1 株）＋Re-5 株，H9N2 株 | 0.5 毫升 | 颈部或胸肌注射 |
| 35 | 喉炎疫苗 | 1 羽份 | 点眼 |
|  | 鸡痘疫苗 | 1 羽份 | 翅下三角区刺种 |
| 55 | 克隆 I 系 | 1 羽份 | 注射 |
| 75 | 喉炎疫苗 | 1 羽份 | 点眼 |
|  | 鸡痘疫苗 | 1 羽份 | 翅下三角区刺种 |
| 85 | IV＋H52 二联苗 | 2 羽份 | 点眼或滴鼻 |
| 110～120 | 新支减三联油苗 | 0.5 毫升 | 颈部或胸肌注射 |
|  | IV＋H52 二联苗 | 1 羽份 | 滴鼻或点眼 |
| 120～130 | 禽流感 H5N1Re-6＋Re-7、Re-8 株，H9N1 株 | 0.5 毫升 | 颈部或胸肌注射 |
| 130～140 | 克隆 I 系 | 3 羽份 | 腿肌注射 |
| 130～140 | 新城疫油苗 | 0.5 毫升 | 胸肌注射 |

## 194. 免疫过的鸡群为什么还会发生疫病？

不论养什么鸡，都会遇到鸡群免疫接种的问题，若对某些环节或具体做法不加重视，常会在免疫后还会暴发疾病，甚至接种会诱发鸡病或免疫效果不理想等情况。主要原因如下。

(1) 疫苗原因

①疫苗在运输、贮存过程中，因没有保持恒定而适宜的温度（冻干苗−15℃保存，油苗2~8℃保存），使其反复冻融，导致效价有不同程度的降低。

②制备的疫苗抗原含量不足，不能够刺激机体产生足够的抗体，从而使疫苗对鸡群的保护率降低。

③所使用疫苗的毒株毒力太强，疫苗毒感染机体，造成鸡群发病。

④当有野毒存在时，免疫所使用疫苗的毒株与流行毒株不相符合，机体不能产生特异性抗体，从而引起机体发病。

(2) 自身原因

①机体在应激状态（天气突变、温度不定、通风不良等）下，导致免疫应答能力下降，免疫水平低下。

②鸡群营养缺乏（如体重较轻，达不到标准体重），各免疫器官发育不完全，影响正常抗体的产生。

③鸡体处于某些传染病的潜伏期（如鸡新城疫、禽流感、传染性支气管炎、传染性喉气管炎和鸡传染性法氏囊病等）时，疫苗毒和鸡体内的病毒相结合，疾病发生会更快；当感染某些细菌性疾病和一些寄生虫病等对鸡体的免疫应答能力有抑制作用的疾病时，机体对疫苗的免疫应答能力降低，抗体水平低下，达不到预期的免疫效果。

④免疫麻痹：机体由于某种原因在某段时间内，对特异性抗原失去应答能力，此时接种疫苗，机体不会产生理想的抗体。

(3) 使用不当

①接种途径不当：一些养殖户为了省事，未严格按照各种疫苗的正确使用方法进行免疫。例如，注射免疫的疫苗采用饮水的方法免疫。

②接种时间不当：如有母源抗体的鸡只免疫过早，体内的母源抗体与疫苗抗原相中和，鸡体无法产生抗体而易引起发病。

③使用剂量不当：剂量过大容易引起鸡免疫抑制现象，剂量过

小将不能刺激鸡体产生相应的抗体，达不到对鸡体的保护作用。

④注意事项不当：疫苗接种前后错误地使用消毒药、抗病毒药物和一些抑制抗体上升的抗菌药物。

⑤免疫程序不合理：免疫程序的制定要根据季节的变化，区域流行疾病的变化和每种疾病的发生发展规律来制定。每一种传染病都有其相对应的免疫时间段，提前或推迟都不能很好地产生抗体。

## 195. 鸡群发生疫病的传播途径有哪些?

(1) **饮水传播**　掉到水槽里的传染性排泄物或寄生虫卵容易被鸡啄食而导致鸡群发病。

(2) **垫料传播**　在通常状况下，垫料为细菌和寄生虫卵提供了现成的藏匿场所，由于鸡有不断从地上啄食颗粒的习惯，所以它们啄起传染性物质的机会常在。

(3) **通过媒介昆虫传播**　媒介昆虫是指能将传染物从一只鸡传给另一只鸡的昆虫，如苍蝇、蚊子、壁虱和跳蚤。在临床上鸡痘通过媒介昆虫传播扩散的较多。

(4) **空气传播**　它能把感染源从一个鸡场传播到另一个鸡场，如新城疫病毒、传染性支气管炎病毒和传染性喉气管炎病毒等就能通过空气传播。

(5) **通过污染的孵化器传播**　污染的孵化器或育雏器，将传染病传播给新孵出的健康雏鸡，如鸡白痢病等。

(6) **接触传播**　感染鸡和易感鸡的同居为疾病的蔓延提供了现成的途径，不仅通过实际接触，而且还由于鸡接触受污染的水土而传播。对此情况，应立即隔离或淘汰症状明显的病鸡。

(7) **由带菌、带毒者传播**　带菌者是指那些感染症状不明显，但仍然带着某种疾病的致病因子的鸡，特别是那些经过感染并已康复但仍携带致病因子的鸡，要发现这种鸡是非常困难的事，如早期感染马立克氏病病毒的雏鸡。

(8) **通过机械传播**　包括偶然将致病因子从一个地方带到另一

个地方的所有媒介，即人、动物、昆虫、风沙、移动的车辆、饲料袋、装家禽的包装箱及被污染的设备等。

**(9) 通过感染雏鸡或成鸡的异地运输** 某些疾病如鸡白痢病、传染性支气管炎、传染性脑脊髓炎和支原体病等，可通过此途径传入没有此病的鸡场。

### 196. 鸡群发生传染病后应采取哪些控制措施?

①严密封锁发病鸡群，对病鸡进行隔离，将鸡舍、场地及一切用具严格消毒，并把疫情立即报告兽医站及有关部门，以便及时通知周围养鸡户（场）采取预防措施。

②当确诊为烈性传染病时，如在流行初期，应立即对未发病鸡进行疫苗接种。但是已经感染处在潜伏期的病鸡，接种疫苗后，不但不能免疫，反而可能加速发病死亡。到了流行中期，再接种疫苗，收效就不大了。当确诊为禽霍乱等细菌性传染病时，在流行初期除可用菌苗进行紧急接种外，还可进行药物防治。

③病鸡已痊愈或已完全处理，鸡舍、场地和用具经过严格消毒，两周后，无新病例出现，再做一次严格大消毒，才可解除封锁。

④所有重病的鸡要坚持淘汰，如果可以利用，必须在兽医部门同意的地点，在兽医监督下加工处理。鸡毛、血水和废弃的内脏要集中深埋，要利用的剩余部分必须作高温处理。

⑤死鸡的尸体、粪便和垫草集中烧毁或深埋。

### 197. 怎样通过鸡群外观识别疾病?

首先在鸡舍内一角或外侧直接观察，也可以进入鸡舍对整个鸡群进行检查。检查群体主要观察鸡群精神状态、运动状态、采食、饮水、粪便、呼吸以及生产性能等。

**(1) 精神状态检查** 正常状态下，鸡对外界刺激反应比较敏感，听觉敏锐，两眼圆睁有神。遇有一点刺激鸡头部高抬，来回观察周围动静；严重刺激会引起惊群、压堆、乱飞、乱跑、发出鸣叫。

在病理状态下，鸡群首先反应到精神状态变化，会出现精神兴奋，精神沉郁和嗜睡。

①精神兴奋：鸡群对外界轻微的刺激或没有刺激表现出强烈的反应，引起惊群、乱飞、鸣叫，临床多表现为药物中毒，维生素缺乏等。

②精神沉郁：鸡群对外界刺激反应轻微，甚至没有任何反应，表现出离群呆立、头颈卷缩、两眼半闭、行动呆滞等。临床上许多疾病均会引起精神沉郁，如雏鸡沙门氏菌感染、禽霍乱、鸡传染性法氏囊病、新城疫、禽流感、鸡传染性肾型传支、球虫病等。

③嗜睡：重度的萎靡、闭眼嗜睡、站立不动或卧地不起，给以强烈刺激才可能引起轻微反应甚至无反应，可见于许多疾病后期。

（2）**运动状态检查**　正常状态下，鸡行动敏捷活动自如，休息时往往两肢弯曲卧地，起卧自如，有一点刺激马上站立活动。病理状态下运动异常。

①跛行：是临床中最常见的一种运动异常，表现为腿软、瘫痪、喜卧地，运动时明显跛行，临床多见钙磷比例不当、维生素 $D_3$ 缺乏、痛风、病毒性关节炎、滑液囊支原体、中毒；小鸡跛行多见于新城疫、脑脊髓炎，维生素 E、亚硒酸钠缺乏；肉仔鸡跛行多见于大肠杆菌感染、葡萄球菌感染、绿脓杆菌感染；刚接回的雏鸡出现瘫痪，多见于小鸡腿部受寒或禽脑脊髓炎等。

②劈叉：青年鸡一腿伸向前，一腿伸向后，形成劈叉姿势或两翅下垂，多见神经型马立克氏病；小鸡出现劈叉多为肉仔鸡腿病。

③观星状：鸡的头部向后极度弯曲形成所谓的"观星状"姿势，兴奋时更为明显，多见于维生素 $B_1$ 缺乏。

④扭头：病鸡头部扭曲，在受惊吓后表现更为明显，临床多见新城疫后遗症。

⑤肘部外翻：鸡运动时肘部外翻，关节变短、变粗，临床多见于锰缺乏。

⑥企鹅状姿势：病鸡腹部较大，运动时左右摇摆幅度较大，像企鹅一样运动，临床上肉鸡多见于腹水综合征；蛋鸡多见于早期传染性支气管炎，或衣原体感染导致输卵管永久性不可逆损伤引起"大档鸡"，或大肠杆菌引起的严重输卵管炎（输卵管内有大量干酪物）。

⑦趾曲内侧：两脚趾弯曲、卷缩、曲于内侧，以肢关节着地，并展翅维持平衡，临床多见维生素 $B_2$ 缺乏。

⑧两腿后伸：产蛋鸡早上起来发现两腿向后伸直，出现瘫痪，不能直立，个别鸡舍外运动后恢复，多为笼养鸡产蛋疲劳症。

⑨犬坐姿势：鸡呼吸困难时往往表现呈犬坐姿势，头部高抬，张口呼吸，跗部着地。小鸡多见于曲霉菌感染、肺型白痢，成鸡多见于喉气管炎、白喉型鸡痘等。

（3）**采食状态检查** 正常状态下，鸡采食量相对比较大，特别是笼养产蛋鸡加料后 1~2 小时可将食物吃光。观察采食量可根据每天饲料记录，就能准确掌握摄食增减情况，也可以观察鸡嗉囊的大小，料槽内剩余料的多少和采食时鸡的采食状态等来判断鸡的采食情况。

病理状态下采食量增减直接反映鸡群的健康状态，采食量减少：表现加入料后，采食不积极，食几口后退缩到一侧，料槽余量过多；比正常采食量下降，临床中许多病均能使采食量下降，如沙门氏菌、霍乱、大肠杆菌病、败血型支原体、新城疫、流感等。

（4）**呼吸系统检查** 临床上家禽呼吸系统疾病占 70% 左右，许多传染病均引起呼吸道症状，因此呼吸系统检查意义重大。正常情况下，鸡每分钟呼吸次数为 22~30 次，计算鸡的呼吸次数主要通过观察泄殖腔下侧的腹部及肛门的收缩和外突来计算的。

呼吸系统检查主要通过视诊、听诊来完成，视诊主要观察呼吸频率、张嘴呼吸次数、是否甩血样黏条等。听诊主要听群体中呼吸道是否有杂音，在听诊时最好在夜间熄灯后慢慢进入鸡舍进行听诊。病理状态下有以下情况。

①张嘴伸颈呼吸：鸡群表现出呼吸困难，多由呼吸道狭窄引起，临床多见传染性喉气管炎后期、白喉型鸡痘、支气管炎后期；小鸡出现张嘴伸颈呼吸，多见肺型白痢或霉菌感染。热应激时鸡群也会出现张嘴呼吸，应注意区别。

②甩血样黏条：在走道、笼具、食槽等处发现有带黏液血条，临床多见传染性喉气管炎。

③甩鼻音：听诊时听到禽群有甩鼻音，临床多见传染性鼻炎、支原体等。

④怪叫音：当家禽喉头部气管内有异物时会发出怪音，临床多见传染性喉气管炎、白喉型鸡痘等。

**(5) 生长发育及生产性能检查** 雏鸡、育成鸡主要观察禽只生长速度、发育情况及鸡群整齐度；产蛋鸡和种鸡主要观察产蛋率、蛋重、蛋壳质量、蛋品质变化等情况。

**(6) 个体检查** 通过群体检查选出具有特征病变的个体进一步做个体检查，个体检查内容包括体温检查、冠部检查、眼部检查、鼻腔检查、口腔检查、皮肤及羽毛检查、颈部检查、胸部检查、腹部检查、腿部检查、泄殖腔检查等。

## 198. 怎样通过粪便识别疾病？

许多疾病均会引起家禽粪便变化和异常。因此粪便检查中具有重要意义。粪便检查应注意粪便性质、颜色和粪便内异物等情况。

**(1) 正常粪便的形态和颜色** 正常情况下鸡粪便像海螺一样，下面大上面小呈螺旋状，上面有一点白色的尿酸盐颜色，多表现为棕褐色；家禽有发达的盲肠，早晨排除稀软糊状的棕色粪便；刚出壳小鸡尚未采食，排出胎便为白色或深绿色稀薄的液体。

影响粪便生理因素：温度对粪便的影响，因家禽粪道和尿道相连于泄殖腔，粪尿同时排出，家禽又无汗腺，体表覆盖大量羽毛。因此室温增高，家禽粪便变的相对比较稀，特别是夏季会引起水样腹泻；温度偏低，粪便变稠。饲料原料对家禽粪便的影响，若饲料中加入杂饼杂粕（如菜籽粕）、发酵抗生素与药渣会使粪便发黑；若饲料加入白玉米和小麦会使粪便颜色变浅变淡。药物对粪便影响，若饲料中加入腐殖酸钠会使粪便变黑。

**（2）粪便病理异常**

粪便发白：粪便稀而发白如石灰水样，在泄殖腔下羽毛被尿酸盐污染呈石灰水渣样，临床多见痛风、雏鸡白痢、钙磷比例不当、维生素 D 缺乏、法氏囊炎、肾型传染性支气管炎等。

①鲜血便：粪便呈鲜红色血液流出，临床多见盲肠球虫、啄伤。

②发绿：粪便颜色发绿呈草绿色，临床多见新城疫感染、伤寒和慢性消耗性疾病，另外当禽舍通风不好时，环境的氨气含量过高，粪便亦呈绿色。

③发黑：粪便颜色发暗发黑呈煤焦油状，临床多见小肠球虫、肌胃糜烂、出血性肠炎。

④黄绿便：粪便颜色呈黄绿带黏液，临床多见坏死性肠炎、流感等。

⑤粪便颜色变浅：比正常颜色变浅变淡，临床多见肝脏疾病，如盲肠肝炎、包涵体肝炎等。

⑥水样稀便：粪便呈水样，临床多见食盐中毒、卡他性肠炎。

⑦粪便中有大量未消化的饲料：又称料粪，粪酸臭，临床多见消化不良，肠毒综合征。

⑧粪便中带有黏液：粪便中带有大量脱落上皮组织和黏液，粪便腥臭，临床多见坏死性肠炎、禽流感、热应激等。

⑨粪便中带有蛋清样分泌物：小鸡多见于法氏囊炎；成鸡多见于输卵管炎、禽流感等。

⑩带有黄色干酪物：粪便中带有黄色纤维素性干酪物结块，临床多见于因大肠杆菌感染而引起的输卵管炎症。

⑪粪便中带有泡沫：若小鸡在粪便中带有大量泡沫，临床多见

小鸡受寒，或葡萄糖添加过量或时间过长。

⑫粪便中有假膜：在粪便中带有纤维素，脱落肠段样假膜，临床多见堆式球虫、坏死性肠炎等。

## 199. 怎样通过对病鸡尸体解剖识别疾病?

家禽发病后其体内各组织器官发生一系列病理改变，通过对发病家禽或死亡家禽尸体的病理剖检诊断，可初步做出禽病诊断，为用药指明方向。这种诊断方法已成为禽病防治中不可缺少的主要诊断方法之一，应当掌握其病理剖检方法。

(1) 肌肉组织

①正常情况：肌肉丰满，颜色红润，表面有光泽，临床诊断时应注意观察肌肉颜色、弹性和是否脱水等异常情况。

②病理状态下肌肉的异常变化：

a. 肌肉脱水：表现肌肉无光泽，弹性差，严重者表现为"搓板状"，临床多见由肾脏疾病引起的盐类代谢紊乱而导致的脱水或严重腹泻等。

b. 肌肉水煮样：肌肉颜色发白，表面有水分渗出，肌肉变性，弹性差，像热水煮过一样，临床多见热应激和坏死性肠炎。

c. 肌肉纤维间形成梭状坏死和出血：小米粒大小，临床多见卡氏白细胞原虫病。

d. 肌肉刷状出血：临床多见法氏囊炎、磺胺类药物中毒。

e. 肌肉上有白色尿酸盐沉积：临床多见痛风、肾型传染性支气管炎。

f. 肌肉形成黄色纤维素渗出物：腿肌、腹肌变性，有黄色纤维素渗出物，临床多见严重大肠杆菌病。

g. 肌肉形成肿瘤：临床多见马立克氏病。

h. 肌肉溃烂、脓肿：临床多见外伤或注射疫苗引起感染。

(2) 肝脏

①正常情况：鸡肝脏颜色深红色，两侧对称，边缘较锐，在右

侧肝脏腹面有大小适中的胆囊。刚出壳的小鸡，肝脏颜色呈黄色，采食后，颜色逐渐加深。在观察肝脏病变时，应注意肝脏颜色变化，被膜情况，是否肿胀、出血、坏死，是否有肿瘤。

②病理状态下肝脏的异常变化：

a. 肝脏肿大、瘀血，肝脏被膜下有针尖大小的坏死灶：临床多见禽霍乱。

b. 肝脏肿大，在被膜下有大小不一的坏死灶：临床多见鸡白痢等。

c. 肝脏肿大，呈铜锈色，有大小不一的坏死灶：临床多见伤寒。

d. 肝脏土黄色：临床多见小鸡法氏囊感染，青年鸡磺胺类中毒，产蛋鸡脂肪肝和弧菌肝炎。

e. 肝脏肿大，出现出血和坏死相间，切面呈琥珀色：临床多见包涵体肝炎。

f. 肝脏肿大至耻骨前沿：临床多见淋巴白血病。

g. 肝脏形成黄豆粒大小的肿瘤：临床多见马立克氏病、淋巴白血病。

h. 肝脏出现萎缩、硬化：临床多见肉鸡腹水症后期。

i. 肝脏被膜上有黄色纤维素渗出物：临床多见鸡的大肠杆菌病。

j. 肝脏被膜上有白色尿酸盐沉积：临床多见痛风和肾支。

k. 肝脏被膜上有一层白色胶样渗出物：临床多见衣原体感染。

## (3) 气囊

①正常情况：气囊是禽类呼吸系统的特有器官，是极薄的膜性囊，气囊共九个，只有一个不对称，即单个的锁骨间气囊和成对的颈气囊、前胸气囊、后胸气囊和腹气囊，气囊与支气管相通，可作为空气的贮存器，有加强气体交换的功能。观察气囊时注意气囊壁厚薄，有无结节，干酪物、霉菌菌斑等。

②病理状态下气囊的异常变化：

a. 气囊壁增厚：临床多见大肠杆菌、支原体、霉菌感染。

b. 气囊上有黄色干酪物：临床多见支原体、大肠杆菌感染。

c. 气囊形成小泡，在腹气囊中形成许多泡沫：临床多见支原体感染。

d. 气囊形成黄白色车轮状硬干酪物：临床多见霉菌感染。

e. 气囊形成小米粒大小结节：临床多见小鸡曲霉菌感染或卡氏白细胞原虫病。

（4）泌尿系统

①正常情况：家禽的肾位于腰背部，分左右两侧，每侧肾脏由前、后、中三叶组成，呈隆起状，颜色深红。两侧有输尿管，无膀胱和尿道，尿在肾中形成后沿输尿管输入泄殖腔与粪便混合一起排出体外。临床上注意观察肾脏有无肿瘤、出血、肿胀及尿酸盐沉积等。

②病理状态下肾脏的异常变化：

a. 肾脏实质出现肿大：临床多见肾型传染性支气管炎、沙门氏菌感染及药物中毒。

b. 肾脏肿大有尿酸盐沉积形成花斑肾，临床多见肾型传染性支气管炎、沙门氏菌感染、痛风、法氏囊炎、磺胺类药物中毒等。

c. 肾脏被膜下出血：临床多见卡氏白细胞原虫、磺胺类药物中毒。

d. 肾脏形成肿瘤：临床多见马立克氏病、淋巴白血病等。

e. 肾脏单侧出现自融，临床多见输尿管阻塞。

f. 输尿管变粗、结石：临床多见痛风、肾型传染性支气管炎、磺胺类药物中毒。

（5）生殖系统

①正常情况：公禽生殖系统包括睾丸、输精管和阴茎。睾丸一对位于腹腔肾脏下方，没有前列腺等副性腺；母禽生殖器官包括卵巢和输卵管，左侧发育正常，右侧已退化。成禽卵巢如葡萄状，有发育程度不同，大小不一的卵泡；输卵管由漏斗部、卵白分泌部、

峡部、子宫部、阴道部 5 个部分组成。观察生殖系统时注意观察卵泡发育情况、输卵管的病变。

②病理状态下卵巢的异常变化：

a. 卵巢变成菜花样肿胀：临床多见马立克氏病。

b. 卵巢出现萎缩：临床多见沙门氏菌感染、新城疫、禽流感、减蛋综合征、禽脑脊髓炎、传染性支气管炎、传染性喉气管炎等。

c. 卵泡出现液化像蛋黄汤样：临床多见禽流感、新城疫等。

d. 卵泡呈绿色并萎缩：临床多见于沙门氏菌感染。

e. 卵泡上有一层黄色纤维素性干酪物、恶臭：临床多见于禽流感，严重的大肠杆菌病。

f. 卵泡出现出血：临床多见热应激、禽霍乱、坏死性肠炎。

g. 输卵管内积大量黄色凝固样干酪物，恶臭：临床多见于大肠杆菌引起的输卵管炎。

h. 输卵管内积有似非凝蛋清样分泌物：临床多见禽流感。

i. 输卵管内出现水肿，像热水煮过一样：临床多见热应激、坏死性肠炎。

j. 输卵管内像撒一层糠麸样，壁上形成小米粒大小红白相间结节：临床多见卡氏白细胞原虫病。

k. 输卵管子宫部出现水肿，严重形成水泡：临床多见减蛋综合征、传染性支气管炎。

l. 输卵管发育不全，前部变薄积水或积有蛋黄，峡部出现阻塞：临床多见小鸡传染性支气管炎、衣原体感染。

m. 输卵管系膜形成肿瘤：临床多见马立克氏病、网状内皮增生。

### (6) 消化系统

①禽的消化系统由口腔、食道、嗉囊、胃、肠、泄殖腔、肝、胰等器官构成。

②病理状态下消化系统的异常变化：

a. 腺胃肿胀，浆膜外出现水肿变性，肿胀像乒乓球样：临床多见于腺胃型传染性支气管炎、马立克氏病。

b. 腺胃变薄，严重时形成溃疡或穿孔，腺胃乳头变平，严重形成蜂窝状：临床多见于坏死性肠炎、热应激。

c. 腺胃乳头出血：临床多见于新城疫、禽流感、药物中毒。

d. 腺胃黏膜和乳头出现广泛性出血：临床多见卡氏白细胞原虫病，药物中毒和肉仔鸡严重大肠杆菌病。

e. 腺胃与肌胃交接处出血：临床多见于新城疫、禽流感、法氏囊和药物中毒。

f. 腺胃与肌胃交接处形成铁锈色：临床多见药物中毒，雏鸡强毒新城疫感染和低血糖综合征。

g. 腺胃与食道交接处出现出血：临床多见传染性支气管炎、新城疫、禽流感。

h. 食道出现出血：临床多见药物中毒、禽流感。

i. 食道形成一层白色假膜：临床多见于念珠菌感染和毛滴虫病。

j. 肌胃变软，无力：多见于霉菌感染、药物中毒。

k. 肌胃角质层糜烂：临床多见于药物中毒、霉菌感染。

l. 肌胃角质层下出血：临床多见于新城疫、禽流感、霉菌感染或药物中毒。

m. 小肠肿胀，浆膜外观察有点状出血或白色点：临床多见于小肠球虫病。

n. 小肠壁增厚，有白色条状坏死，严重时在小肠形成假膜：临床多见于堆氏球虫病或坏死性肠炎。

o. 小肠出现片状出血：临床多见于禽流感和药物中毒。

p. 小肠出现黏膜脱落：临床多见于坏死性肠炎、热应激或禽流感。

q. 十二指肠腺体，盲肠扁桃体，淋巴滤泡出现肿胀，出血，严重的形成纽扣样坏死：临床多见新城疫感染。

r. 肠壁形成米粒样大小结节：多见于慢性沙门氏菌，大肠杆菌引起的肉芽肿，以直肠最明显。

s. 盲肠内积红色血液，盲肠壁增厚，出血，盲肠体积增大：临床多见于盲肠球虫。

t. 盲肠内积有黄色干酪物，呈同心圆状：临床多见盲肠肝炎、慢性沙门氏菌感染。

u. 胰脏出现肿胀，出血，坏死：临床多见禽霍乱，沙门氏菌，大肠杆菌感染或禽流感。

**（7）呼吸系统**

①禽的呼吸系统由鼻、咽、喉、气管、支气管、肺和气囊等器官构成。

②病理状态下呼吸系统的异常变化：

a. 肺部成樱桃红色：临床多见于一氧化碳中毒。

b. 肺部出现肉变：肺表面或实质有肿块或肿瘤，成鸡多见于马立克氏病。

c. 肺部形成黄色的米粒大小的结节：临床多见于禽白痢、曲霉菌感染。

d. 肺部形成黄白色较硬的豆腐渣样物：临床多见于禽结核、曲霉菌感染、马立克氏病。

e. 肺部出现霉菌斑和出血：临床多见霉菌感染。

f. 支气管内积有大量的干酪物或黏液：临床多见育雏前七天湿度过低，传染性支气管炎。

g. 支气管上端出血：临床多见传染性支气管炎、新城疫、禽流感等。

h. 鼻黏膜出血，鼻腔内积大量的黏液：临床多见传染性鼻炎、支原体感染等。

i. 喉头出现水肿：临床多见传染性喉气管炎、新城疫、禽流感。

j. 气管内形成痘斑：多见黏膜型鸡痘。

k. 气管内形成血样黏条：多见传染性喉气管炎。

l. 喉头形成黄色的栓塞：多见传染性喉气管炎或黏膜型鸡痘。

**(8) 心脏**

①正常情况：鸡的心脏较大，为体重的 4%~8%，呈圆锥形，位于胸腔的后下方，夹于肝脏的两叶之间。

②病理状态下心脏的异常变化：

a. 冠脂出血：多见禽霍乱或禽流感。

b. 心脏上形成米粒样大小结：临床多见慢性沙门氏菌，大肠杆菌或卡氏白细胞原虫病。

c. 心肌出现肿瘤：多见马立克氏病。

d. 心包内形成黄色纤维素性渗出物：多见大肠杆菌病。

e. 心包内积有大量白色尿酸盐：临床多见痛风、肾型传染性支气管炎、磺胺类药物中毒等。

f. 心包积有大量黄色液体：临床多见一氧化碳中毒、肉鸡腹水症、肺炎及心力衰竭。

g. 心脏出现条状变性，心内、外膜出血：多见禽流感、心肌炎、维生素 E 缺乏等。

h. 心脏瓣膜形成圆球状：临床多见于风湿性心脏病、心肌炎等。

## 200. 蛋鸡场疫病的综合防治措施有哪些?

蛋鸡场制定科学的综合防治措施是防治疫病的关键所在。

**(1) 场区环境管理**

①谢绝一切人员参观，大门外有醒目标牌（鸡场重地谢绝参观）。

②同一栋鸡舍饲养同一品种，同一日龄的鸡群，实行全进全出制度。

③做到生产区与生活区分开，育雏场与蛋鸡场严格分开，避免交叉感染。鸡场门口设消毒池和喷雾消毒设备、更衣室、淋浴室。进场人员必须洗澡、更衣、换水鞋。

④任何进入生活区的人员，必须经紫外线消毒，然后洗澡、更衣、换水鞋进入生活区，任何进入生产区的人员进出鸡舍必须更衣、换工作鞋、脚踏消毒池，洗手。

⑤每周清除鸡舍周围环境中的有机物、杂物、杂草1次。用2%～4%的火碱溶液对场区进行全面彻底的消毒一次。防止鸟类进入鸡舍，定期开展灭鼠灭蚊蝇工作。对病死鸡、疫苗瓶等废弃物集中进行焚烧、深埋等无害化处理。

⑥鸡场应设专人负责物品的熏蒸消毒，车辆的喷雾消毒，更衣室、淋浴室、消毒间、料库的卫生，消毒池的卫生和消毒药液的更换，工作服和鞋帽的清洗以及场门口内外的卫生工作。进入厂区的所有车辆必须经过消毒池和喷雾消毒后方能进入生活区。化验室每月对各场鸡舍内环境进行微生物检测一次。

**（2）鸡舍消毒**

①空舍消毒鸡群淘汰后，鸡舍内存在大量的有机物、病原微生物，要利用空舍这个有利的时机，对鸡舍进行彻底清洗消毒，避免上批鸡遗留的病源传染给下一批鸡。

②彻底清除一切有机污物。如粪便、剩料、羽毛、尘土，并将设备用具撤出。

③彻底清扫鸡舍地面、窗台、屋顶以及人或鸡可能达到的每一个角落，然后用高压喷水枪由上而下，由内而外的冲洗三遍。

④撤出的设备，用具经清洗消毒后，置于阳光下暴晒2～3天或用消毒药液浸泡24小时。待鸡舍干燥后，及时修补屋顶、门窗、鼠洞。并用20%的生石灰乳，喷刷鸡舍墙壁一次。用火焰喷灯对金属设备等进行火焰消毒。将撤出的设备、用具移入鸡舍，关闭门窗，封严，进行熏蒸消毒。通常每立方米用42毫升福尔马林，21克高锰酸钾，熏蒸48小时以上。

⑤带鸡消毒：雏鸡舍每天上午、下午消毒两次；青年鸡舍、蛋鸡舍每天上午消毒一次，降低单位空间内的病原数量。消毒要保证全面、彻底，不留死角。

(3) **免疫** 根据本场实际情况制定科学合理的免疫程序，利用科学合理的免疫方法，正确的免疫操作和适当的免疫剂量。免疫操作不到位，鸡群应答水平不一致，抗体产生不均匀，科学合理的选择、使用疫苗，做到及时补免，避免出现免疫空档期。

(4) **饲养管理**

①为各阶段鸡群提供安全、营养、全价的饲料。

②为鸡群提供安全、卫生、洁净充足的饮水，每月对鸡场的水线消毒一次，水源进行微生物检测一次。

③为鸡群提供一个相对舒适的生存空间。如清洁的空气，合适的温、湿度，科学合理的光照和饲养密度。

④结合免疫，调整鸡群，强弱分开，分别对待，提高鸡群体重、均匀度。

⑤避免和减缓应激。应激会给鸡群带来紧迫感，影响鸡的健康，降低鸡群对疾病的抵抗力和免疫应答能力。如断喙、免疫、转群、换料、换人、冷热刺激。

⑥做到勤观察鸡群、采食、饮水、粪便、精神状态等等。如有异常可以早发现、早治疗，及时处理。

⑦真实详细地做好生产记录。如免疫、死亡、淘汰、产蛋、用药、耗料等等。如有异常，便于综合分析。

(5) **预防用药**

①鸡场用药应以药物预防为主，治疗为辅。育雏早期预防白痢、支原体感染、大肠杆菌病，中期预防球虫病、传染性法氏囊病、支原体感染。青年鸡阶段预防球虫、线虫、大肠杆菌等。

②用药前做药敏实验，选择敏感药物，科学用药，避免细菌对药物产生耐药性及无效药物的浪费。

③根据药物标签上说明，建议的剂量，使用方法和用药时间用药，用药量不能随意加大或减少。

④用药时应特别注意：药物与饲料是否搅拌均匀，或是否已充分溶解于饮水中，防止药物中毒。

# 第二节　常见病毒性疾病

## 201. 怎样诊断和防治鸡新城疫?

鸡新城疫（ND），由副黏病毒引起的高度接触性传染病，又称亚洲鸡瘟或伪鸡瘟。

（1）**症状及解剖**　本病的潜伏期为2～15天，平均5～6天。以呼吸道和消化道症状为主，表现为呼吸困难，咳嗽和气喘，有时可见头颈伸直，张口呼吸，食欲减少或死亡，出现水样稀粪，用药物治疗效果不明显，病鸡逐渐脱水消瘦，呈慢性散发性死亡。剖检病变不典型，其中最具诊断意义的是十二指肠黏膜、卵黄蒂前后的淋巴结、盲肠扁桃体、回直肠黏膜等部位的出血灶及脑出血点。

剖检可见各处黏膜和浆膜出血，特别是腺胃乳头和贲门部出血。心包、气管、喉头、肠和肠系膜充血或出血。直肠和泄殖腔黏膜出血。卵巢坏死、出血，卵泡破裂性腹膜炎等。消化道淋巴滤泡的肿大出血和溃疡是新城疫的一个突出特征。消化道出血病变主要分布于：腺胃前部—食道移行部；腺胃后部—肌胃移行部；十二指肠起始部；十二指肠后段向前2～3厘米处；小肠游离部前半部第一段下1/3处；小肠游离部前半部第二段上1/3处；卵黄蒂附近处；小肠游离部后半部第一段中间部分；回肠中部（两盲肠夹合部）；盲肠扁桃体，在左右回盲口各一处，枣核样隆起，出血，坏死。泄殖腔出血（图7-1）。

（2）**防治**　尚无有效治疗药物，只能依靠严格消毒、隔离和用灭活苗或活苗疫苗接种预防。加强饲养管理和兽医卫生，注意饲料营养，减少应激，提高鸡群的整体健康水平；特别要强调全进全出和封闭式饲养制，提倡育雏、育成、成年鸡分场饲养方式。

（3）**参考免疫程序**　蛋鸡7日龄LaSota滴鼻点眼，同时ND

图 7-1 泄殖腔出血

灭活苗 0.3 毫升肌内注射；28 日龄 LaSota 喷雾免疫或 2 倍量饮水；9 周龄 Lasota 喷雾免疫；必要时可考虑用 I 系苗注射补强 1 头份；开产前 2～3 周采用鸡新城＋减蛋综合征＋传染性鼻炎（ND＋EDS＋IB）三联灭活苗，肌内注射 0.5 毫升。

## 202. 怎样诊断和防治马立克氏病?

马立克氏病（MD）又名神经淋巴瘤病，是鸡的一种淋巴组织增生性疾病，以对外周神经、性腺、虹膜、各种内脏器官、肌肉和皮肤的单个或多个组织器官发生单核细胞浸润为特征。本病是由细胞结合性疱疹病毒引起的传染性肿瘤病，导致上述各器官和组织形成肿瘤，根据临床表现分为神经型、内脏型、眼型和皮肤型等四种类型。

（1）**症状及解剖** 神经型症状最早出现的表现是步态不稳、共济失调。一肢或多肢的麻痹或瘫痪被认为是 MD 的特征性症状，这是由于神经受到马立克氏病毒（MDV）不同程度的侵害而引起的，特别是一条腿伸向前方而另一条腿伸向后方。翅膀可因麻痹而下垂，颈部因麻痹而低头歪颈，嗉囊因麻痹而扩大并常伴有腹泻。病鸡采食困难，饥饿至脱水而死。发病期由数周到数月，死亡率为10％～15％。

内脏型开始表现为大多数鸡严重委顿，白色羽毛鸡的羽毛失去光泽而变为灰色。有些病鸡单侧或双侧肢体麻痹，厌食、消瘦和昏迷，最后衰竭而死。急性死亡数周内停止，也可延至数月，一般死亡率为 10%～30%，也有高达 70%的。

眼型可见单眼或双眼发病，视力减退或消失。虹膜失去正常色素，变为同心环状或斑点状以至弥漫性青蓝色到弥散性灰白色混浊不等变化。瞳孔边缘不整齐，严重的只剩一个似针头大小的孔。

以上三种型在发生本病的鸡群中常同时存在。出现临诊症状的病鸡有少部分能康复，但多数以死亡告终。

病理组织学的外周神经病变分为两个主要类型。一种为 B 型，主要是炎性反应。以小淋巴细胞和浆细胞弥散、浸润为特征，并常伴有水肿，或有髓鞘变性和许旺氏细胞增生，少量巨噬细胞。比 B 型病变轻的为 C 型。另一种类型为 A 型，以肿瘤为特征，主要为大量增生的成淋巴细胞。有一种病变细胞被称为"马立克氏病细胞"，被认为是变性的胚细胞，其胞浆嗜碱性强，嗜派朗宁，有空泡，细胞极少或无详细结构。

脑的病理组织学变化呈灶性分布，由小淋巴细胞形成的血管周围套或由含淋巴细胞和淡染物质的亚粟粒性结节组成。眼的变化主要为虹膜的单核细胞浸润。

内脏器官的淋巴瘤性变化呈增生性（图 7-2）。皮肤病变大部分为炎性，也可能为淋巴瘤性，出现在感染的羽毛囊周围。

法氏囊和胸腺病变为皮质、髓质萎缩，坏死，囊肿形成和滤泡间淋巴样细胞浸润。血液白细胞数可能增多，主要为大淋巴细胞和成淋巴细胞数增加。胸腺有时严重萎缩，有的有淋巴样细胞增生区，在变

图 7-2　肝脏肿瘤突起

性病变细胞中有时可见到 CowdryA 型核内包涵体。

（2）**防治** 鸡马立克氏病目前还没有有效的药物治疗。控制办法应以防疫、检疫、消毒为主。

①防疫：鸡雏出壳后 1 日内，必须用马立克氏病弱毒液氮冻干苗进行防疫。本疫苗专供预防此病，无治疗作用。注射后 14 天产生免疫力，免疫期为 1 年。

②疫苗使用和保存方法：按瓶签注明的羽份用磷酸缓冲液稀释，每羽雏鸡肌肉或皮下注射 0.2 毫升，稀释后的疫苗应在 2 小时内用完。疫苗在 -10℃ 保存期为 1 年，4℃ 时保存期 6 个月。

③检疫：发现病鸡及时焚烧或深埋。有医疗条件的鸡场，可用琼扩法作血清学检查，血清学检出的阳性隐性病鸡，全部淘汰。

④消毒：加强饲养管理，做好鸡舍环境的卫生消毒工作。

综合防制措施：加强养鸡环境卫生与消毒工作，尤其是孵化卫生与育雏鸡舍的消毒。

## 203. 怎样诊断和防治鸡传染性喉气管炎？

鸡传染性喉气管炎是由传染性喉气管炎病毒引起的一种急性、接触性上部呼吸道传染病。其特征是呼吸困难、咳嗽和咳出含有血样的渗出物。剖检时可见喉部、气管黏膜肿胀、出血和糜烂。在病的早期患部细胞可形成核内包涵体。

（1）**症状及解剖** 发病初期，常有数只病鸡突然死亡。患鸡初期有鼻液，半透明状，眼流泪，伴有结膜炎，其后表现为呼吸道症状，呼吸时发出湿性啰音，咳嗽，有喘鸣音，病鸡蹲伏地面或栖架上，每次吸气时头和颈部向前向上、张口、尽力吸气的姿势，有喘鸣叫声。严重病例，高度呼吸困难，痉挛咳嗽，可咳出带血的黏液（图 7-3），可污染喙角、颜面及头部羽毛。产蛋鸡的产蛋量迅速减少（可达 35%）或停止，康复后 1~2 个月才能恢复。

（2）**防治**

①治疗：预防鸡传染性喉气管炎弱毒疫苗 1 头份，用法：30

图 7-3　气管充血、出血

日龄点眼，滴鼻。发病时，可用双黄连口服液、扶正解毒散 0.5％拌入饲料中，连用 5～7 日。并用光谱抗菌药物如多西环素按每千克体重 15～25 毫克，1 次/日，连用 3～5 日，防止继发感染。

②消毒：对饲养管理用具及鸡舍消毒。来历不明的鸡要隔离观察，观察 2 周，不发病，证明不带毒，这时方可混群饲养。

③淘汰：病愈鸡不可和易感鸡混群饲养，耐过的康复鸡在一定时间内带毒、排毒，所以要严格控制易感鸡与康复鸡接触，最好将病愈鸡淘汰。

## 204. 怎样诊断和防治鸡传染性支气管炎？

鸡传染性支气管炎是由传染性支气管炎病毒引起的鸡的一种急性高度接触性呼吸道传染病。其临诊特征是呼吸困难、啰音、咳嗽、张口呼吸、打喷嚏。产蛋鸡感染通常表现产蛋量降低，蛋的品质下降。

（1）**症状及检剖**　本病自然感染的潜伏期为 36 小时或更长一些。发病率高，雏鸡的死亡率可达 25％以上，但 6 周龄以上的死亡率一般不高，病程一般多为 1～2 周，雏鸡、产蛋鸡、肾病变型的症状不尽相同，现分述如下：

①雏鸡：无前驱症状，全群几乎同时突然发病。最初表现呼吸

道症状，流鼻涕、流泪、鼻肿胀、咳嗽、打喷嚏、伸颈张口喘气。夜间听到明显嘶哑的叫声。随着病情发展，症状加重，缩头闭目、垂翅挤堆、食欲不振、饮欲增加，如治疗不及时，有个别死亡现象。

②产蛋鸡：表现轻微的呼吸困难、咳嗽、气管啰音，有"呼噜"声。精神不振、减食、拉黄色稀粪，症状不很严重，有极少数死亡。发病第二天产蛋开始下降，1～2周下降到最低点，有时产蛋率可降到一半，并产软蛋和畸形蛋，蛋清变稀，蛋清与蛋黄分离，种蛋的孵化率也降低。

③肾病变型：多发于20～50日龄的幼鸡。在感染肾病变型的传染性支气管炎毒株时，由于肾脏功能的损害，病鸡除有呼吸道症状外，还可引起肾炎和肠炎。肾型支气管炎的症状呈二相性：第一阶段有几天呼吸道症状，随后又有几天症状消失的"康复"阶段；第二阶段就开始排水样白色或绿色粪便，并含有大量尿酸盐。病鸡失水，表现虚弱嗜睡，鸡冠褪色或呈紫蓝色。

主要病变在呼吸道。在鼻腔、气管、支气管内，可见有淡黄色半透明的浆液性、黏液性渗出物，病程稍长的变为干酪样物质并形成栓子。气囊可能浑浊或含有干酪性渗出物。产蛋母鸡卵泡充血、出血或变形；输卵管短粗、肥厚、局部充血、坏死。雏鸡感染本病则输卵管损害是永久性的，长大后一般不能产蛋。肾病变型支气管炎除呼吸器官病变外，可见肾肿大、苍白，肾小管内尿酸盐沉积而扩张，肾呈花斑状，输尿管尿酸盐沉积而变粗（图7-4）。

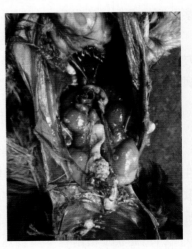

图7-4 肾脏肿大

（2）防治

①预防：应考虑减少诱发因素，提高鸡只的免疫力。清洗和消

毒鸡舍后，引进无传染性支气管炎感染鸡场的鸡苗，搞好雏鸡饲养管理，鸡舍注意通风换气，防止过于拥挤，注意保温，制定合理的免疫程序。

②治疗：目前尚无有效的治疗方法，人们常用中西医结合的对症疗法。对肾病变型传染性支气管炎的病鸡，有人采用饮水中补充口服补液盐 0.25%、维生素 C 0.02%，日粮添加 0.5%碳酸氢钠等药物投喂能起到一定的效果。发病后，用双黄连口服液，0.5 毫升/只，1 次/天，连服 5~7 天。

### 205. 怎样诊断和防治鸡传染性法氏囊病?

鸡传染性法氏囊病又称鸡传染性腔上囊病，是由传染性法氏囊病毒引起的一种急性、接触传染性疾病。传染性法氏囊病以法氏囊发炎、坏死、萎缩和法氏囊内淋巴细胞严重受损为特征。从而引起鸡的免疫机能障碍，干扰各种疫苗的免疫效果。发病率高，几乎达 100%；死亡率低，一般为 5%~15%。

（1）**症状及解剖**　雏鸡群突然大批发病，2~3 天内可波及 60%~70%的鸡，发病后 3~4 天死亡达到高峰，7~8 天后死亡停止。病初精神沉郁，采食量减少，饮水增多，有些自啄肛门，排白色水样稀粪，重者脱水，卧地不起，极度虚弱、最后死亡。耐过雏鸡贫血消瘦，生长缓慢。

剖检可见：法氏囊呈黄色胶胨样水肿、质硬，黏膜上覆盖有奶油色纤维素性渗出物。有时法氏囊黏膜严重发炎，出血，坏死，萎缩。另外，病死鸡表现脱水，腿和胸部肌肉常有出血，颜色暗红。肾肿胀，肾小管和输尿管充满白色尿酸盐。脾脏及腺胃和肌胃交界处黏膜出血。

（2）**防治**

①预防：加强管理搞好卫生消毒工作，防止从外界把病带入鸡场，一旦发生本病，及时处理病鸡，彻底消毒。

②接种疫苗：目前我国批准生产的疫苗有弱毒苗和灭活苗。低

毒力株弱毒活疫苗，用于无母源抗体的雏鸡早期免疫，对有母源抗体鸡免疫效果较差。可点眼、滴鼻、肌内注射或饮水免疫。中等毒力株弱毒活疫苗，供各种有母源抗体的鸡使用，可点眼、口服、注射。饮水免疫，D78 苗剂量不需要加倍。

灭活疫苗，使用时应与鸡传染性法氏囊病活苗配套。接种时间可在 1 日龄、3 日龄、7 日龄、14 日龄进行，第二次在 20 日龄左右。

③治疗：鸡传染性法氏囊病高免血清或卵黄抗体注射液，肌内注射，雏鸡 0.2 毫升/只，中大鸡酌加剂量，成鸡 0.4 毫升/只。

鸡传染性法氏囊病高免蛋黄注射液，肌内注射，每千克体重 1 毫升，有较好的治疗作用。

黄芪多糖或扶正解毒散，每千克体重 0.2 克，混于饲料中或直接口服，每千克体重 0.2 克，服药后 8 小时即可见效，连喂 3 天。治愈率较高。

## 206. 怎样诊断和防治鸡禽流感？

禽流行性感冒又称禽流感，由甲型流感病毒的一种亚型引起的传染性疾病，又称真性鸡瘟或欧洲鸡瘟。按病原体类型的不同，禽流感可分为高致病性、低致病性和非致病性禽流感三大类。非致病性禽流感不会引起明显症状，仅使染病的禽鸟体内产生病毒抗体。低致病性禽流感可使禽类出现轻度呼吸道症状，食量减少，产蛋量下降，出现零星死亡。高致病性禽流感最为严重，发病率和死亡率均高。

(1) **症状及解剖** 病鸡精神沉郁，饲料消耗量减少，消瘦；母鸡的就巢性增强，产蛋量下降；轻度直至严重的呼吸道症状，包括咳嗽、打喷嚏和大量流泪；头部和脸部水肿，神经紊乱和腹泻。

病理变化：气管充血，有黏性分泌物，支气管栓塞。内脏浆膜黏膜、冠状脂肪有点状出血。肺坏死水肿。腺胃乳头溃疡出血，黏膜上有脓性分泌物（图 7-5）。肌胃内膜易剥离，皱褶处有出血斑。

肠道广泛性出血和溃疡，充满脓性分泌物。产蛋鸡腹腔内有新破裂的卵黄，卵泡变形、充血，严重者卵泡变黑；输卵管内有白色黏稠分泌物。

实验室诊断主要根据禽流感病毒分离鉴定或血清学的试验结果，即可确诊此病。

（2）**防治**　免疫接种是控制禽流感流行的最主要措施。禽流感疫苗目前主要有单价和两价两

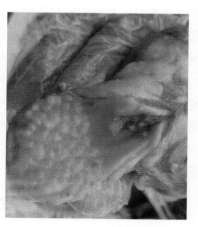

图 7-5　腺胃出血

种，由于在某一地区流行的禽流感多只有一个血清型，因此掌握当地疫病流行的毒株情况，接种单价疫苗是可行的，这样有利于准确监控疫情。当发生区域不明确血清型时，可采用 2 价或 3 价疫苗紧急免疫，为了保持可靠的免疫效果，通常每三个月应加强免疫一次。

## 207. 怎样诊断和防治鸡产蛋下降综合征?

鸡产蛋下降综合征是由腺病毒引起的一种无明显症状，仅表现产蛋母鸡产蛋量明显下降的疾病。本病多为垂直传播，通过胚胎感染小鸡，鸡群产蛋率达 50％以上时开始排毒，并迅速传播；也可水平传播，多通过污染的蛋盘、粪便、免疫用的针头、饮用水传播，传播较慢且呈间断性。

（1）**症状及解剖**　最初症状是有色蛋壳的色泽消失，出现薄壳、软壳、无壳蛋和小型蛋。薄壳蛋蛋壳粗糙像砂纸，或蛋壳一端有粗颗粒，蛋白呈水样。蛋壳无明显异常的种蛋受精率和孵化率一般不受影响。病程持续 4～10 周，产蛋下降幅度达 10％～40％，发病后期产蛋率会回升；有的达不到预定的产蛋水平，或开产期推迟，有的出现一次性腹泻。

剖检可见发病鸡卵巢发育不良，输卵管萎缩，卵泡液化，子宫和输卵管黏膜水肿、苍白、肥厚，输卵管腔内滞留干酪样物质或白色渗出物。

（2）**防治**　采取综合防制措施，防止由带毒的粪便、蛋盘和运输工具传播该病；不要与其他禽类混养，隔离饲养，防止野鸟进入鸡舍。在鸡开产前 2～4 周，用鸡产蛋下降综合征油乳剂灭活疫苗或含有鸡产蛋下降综合征抗原的多联油乳剂灭活疫苗免疫注射 0.5 毫升进行免疫。

## 208. 怎样诊断和防治鸡痘病？

鸡痘是鸡的一种急性、接触性传染病，病的特征是在鸡的无毛或少毛的皮肤上发生痘疹，或在口腔、咽喉部黏膜形成纤维素性坏死性假膜。鸡痘通常有两种类型：干燥型和潮湿型。

（1）**症状及解剖**　主要发病日龄在 20 日龄至开产前后，该段时期发病最多。可分为三型。

一是干燥型鸡痘。病变部分很大，呈白色隆起，后期则迅速生长变为黄色，最后才转为棕黑色。2～4 周后，痘泡干化成痂癣。本病症状于鸡之冠、脸和肉垂出现最多。但也可出现于腿部、脚部以及身体之其他部位。二是潮湿型鸡痘。会引起呼吸困难、流鼻涕、眼泪，脸部肿胀，口腔及舌头有黄白色之溃疡。三是混合型鸡痘。上述往往两种症状同时存在，死亡率较高。

解剖病变：在潮湿型鸡痘中可发现位于口腔、喉头（图 7-6），气管开口处之黏膜有溃疡现象。这些黏膜上的溃疡很难除去，所以黏膜上常遗留出血裂口。溃疡往往成长而形成干酪状伪膜。肺部

图 7-6　喉头有溃疡

偶尔充血而气囊呈混浊状。

（2）**防治** 鸡只以鸡痘疫苗实施翼膜穿刺法接种。若鸡只处于危险地区，应尽量提早（甚至1～2日龄）接种疫苗。

①免疫接种痘苗，适用于7日龄以上各种年龄的鸡。用时以生理盐水稀释10～50倍，用钢笔尖（或大针尖）蘸取疫苗刺种在鸡翅膀内侧无血管处皮下。接种7天左右，刺中部位呈现红肿、起泡，以后逐渐干燥结痂而脱落，可免疫5个月。

②搞好环境卫生，消灭蚊、蠓和鸡虱、鸡螨等。

③及时隔离或淘汰病鸡，彻底消毒场地和用具。

## 209. 怎样诊断和防治鸡禽白血病？

禽白血病是由禽C型反录病毒群的病毒引起的禽类多种肿瘤性疾病的统称，主要是淋巴细胞性白血病，其次是成红细胞性白血病、成髓细胞性白血病。此外还可引起骨髓细胞瘤、结缔组织瘤、上皮肿瘤、内皮肿瘤等。大多数肿瘤侵害造血系统，少数侵害其他组织。

（1）**症状及解剖** 禽白血病由于感染的毒株不同，症状和病理特征不同。

①淋巴细胞性白血病：最常见的一种病型。14周龄以下的鸡极为少见，至14周龄以后开始发病，在性成熟期发病率最高。病鸡精神委顿，全身衰弱，进行性消瘦和贫血，鸡冠、肉髯苍白，皱缩，偶见发绀。病鸡食欲减少或废绝，腹泻，产蛋停止。腹部常明显膨大，用手按压可摸到肿大的肝脏，最后病鸡衰竭死亡。

剖检可见肿瘤主要发生于肝、脾、肾、法氏囊，也可侵害心肌、性腺、骨髓、肠系膜和肺。肿瘤呈结节形或弥漫形，灰白色到淡黄白色，大小不一，切面均匀一致，很少有坏死灶。组织学检查，见所有肿瘤组织都是灶性和多中心性的，由成淋巴细胞（淋巴母细胞）组成，全部处于原始发育阶段。

②成红细胞性白血病：此病比较少见。通常发生于6周龄以上

的高产鸡。临床上分为两种病型：即增生型和贫血型。增生型较常见，主要特征是血液中存在大量的成红细胞，贫血型在血液中仅有少量未成熟细胞。两种病型的早期症状为全身衰弱，嗜睡，鸡冠稍苍白或发绀。病鸡消瘦、下痢。病程从12天到几个月。

剖检时见两种病型都表现全身性贫血，皮下、肌肉和内脏有点状出血。增生型的特征性肉眼病变是肝（图7-7）、脾、肾呈弥漫性肿大，呈樱桃红色到暗红色，有的剖面可见灰白色肿瘤结节。贫血型病鸡的内脏常萎缩，尤以脾为甚，骨髓色淡呈胶冻样。检查外周血液，红细胞显著减少，血红蛋白量下降。

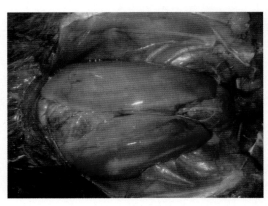

图7-7　肝脏肿大

③成髓细胞性白血病：此型很少自然发生。其临床表现为嗜睡，贫血，消瘦，毛囊出血，病程比成红细胞性白血病长。剖检时见骨髓坚实，呈红灰色至灰色。在肝脏偶然也见于其他内脏发生灰色弥散性肿瘤结节。组织学检查见大量成髓细胞于血管内外积聚。外周血液中常出现大量的成髓细胞，其总数可占全部血组织的75%。

④骨髓细胞瘤病：此型自然病例极少见。其全身症状与成髓细胞性白血病相似。由于骨髓细胞的生长，头部、胸部和跗骨异常突起。这些肿瘤很特别地突出于骨的表面，多见于肋骨与肋软骨连接处、胸骨后部、下颌骨以及鼻腔的软骨上。骨髓细胞瘤呈淡黄色、

柔软脆弱或呈干酪状，呈弥散或结节状，且多两侧对称。

⑤骨硬化病：在骨干或骨干长骨端区存在有均一的或不规则的增厚。晚期病鸡的骨呈特征性的"长靴样"外观。病鸡发育不良、苍白、行走拘谨或跛行。

其他如血管瘤、肾瘤、肾胚细胞瘤、肝癌和结缔组织瘤等，自然病例均极少见。

（2）**防治**　本病主要为垂直传播，病毒型间交叉免疫力很低，雏鸡免疫耐受，对疫苗不产生免疫应答，所以对本病的控制尚无切实可行的方法。

减少种鸡群的感染率和建立无白血病的种鸡群是控制本病的最有效措施。种鸡在育成期和产蛋期各进行 2 次检测，淘汰阳性鸡。从蛋清和阴道拭子试验阴性的母鸡选择受精蛋进行孵化，在隔离条件下出雏、饲养，连续进行 4 代，建立无病鸡群。

# 第三节　**常见细菌性疾病**

## 210. 怎样诊断和防治鸡白痢?

鸡白痢是由鸡白痢沙门氏菌引起的传染性疾病，是危害养鸡业最严重的疾病之一。本病可经蛋垂直传播，也可通过接触传染，消化道感染是本病的主要传染方式。本病主要危害雏鸡，近年来青年鸡发病亦呈上升趋势。

（1）**症状及解剖**

①雏鸡：孵出的鸡苗弱雏较多，脐部发炎，2～3 日龄开始发病、死亡，7～10 日龄达死亡高峰，2 周后死亡渐少。病雏表现精神不振、怕冷、寒战。羽毛逆立，食欲废绝。排白色黏稠粪便，肛门周围羽毛有石灰样粪便粘污，甚至堵塞肛门。有的不见下痢症状，因肺炎病变而出现呼吸困难，伸颈张口呼吸。卵黄吸收不良，

呈黄绿色液化，或未吸收的卵黄干枯呈棕黄色奶酪样。有灰褐色肝样变肺炎，肺内有黄白色大小不等的坏死灶（白痢结节）。盲肠膨大，肠内有奶酪样凝结物。病程较长时，在心肌、肌胃、肠管等部位可见隆起的白色白痢结节。

②育成鸡：主要发生于40～80日龄的鸡，病鸡多为病雏未彻底治愈，转为慢性，或育雏期感染所致。鸡群中不断出现精神不振、食欲差的鸡和下痢的鸡，病鸡常突然死亡，死亡持续不断，可延续20～30天。肝脏显著肿大，质脆易碎，被膜下散在或密布出血点或灰白色坏死灶（图7-8），心脏可见肿瘤样黄白色白痢结节，严重时可见心脏变形。

图7-8 肝脏布满白色坏死点

③成年鸡：成年鸡不表现急性感染的特征，常为无症状感染。病菌污染较重的鸡群，产蛋率、受精率和孵化率均处于低水平。鸡的死淘率明显高于正常鸡群。无症状感染鸡剖检时肉眼可见病变，病鸡一般表现卵巢炎，可见卵泡萎缩、变形、变色，呈三角形、梨形、不规则形，呈黄绿色、灰色、黄灰色、灰黑色等异常色彩，有的卵泡内容物呈水样、油状或干酪样。由于卵巢的变化与输卵管炎的影响，常形成卵黄性腹膜炎，输卵管阻塞，输卵管膨大。内有凝卵样物。病公鸡睾丸发炎，睾丸萎缩变硬、变小。

**(2) 实验室诊断** 取肝脏坏死灶与白痢结节进行病理组织学检查：局部组织坏死崩解、淋巴细胞、浆细胞、异嗜细胞、成纤维细胞浸润增生。将病、死鸡的心、肝、脾、肺、卵巢等器官采集的病料，接种于普通琼脂培养基进行细菌学诊断。24小时后，可长出边缘整齐、表面光滑、湿润闪光、灰白色半透明、直径为 1 厘米的小菌落。取待检鸡血与诊断抗原进行平板凝集试验。

（3）防治

①检疫净化鸡群：通过血清学试验，检出并淘汰带菌种鸡，次检查于 60～70 日龄进行，第二次检查可在 16 周龄时进行，后每隔一个月检查一次，发现阳性鸡及时淘汰，直至全群的阳性率不超过 0.5% 为止。

②严格消毒：及时拣、选种蛋，种蛋消毒并分别于拣蛋、入孵化器后、18～19 日胚龄落盘时按每立方米空间用 28 毫升福尔马林熏蒸消毒 20 分钟；出雏达 50% 左右时，在出雏器内用 10 毫升/米³福尔马林再次熏蒸消毒。

③治疗：加多西环素，混饮，0.3 克/升，连用 3～5 日。硫酸卡那霉素可溶性粉，混饮，60～120 毫克/升（6 万～12 万单位/升），连用 3～5 日。阿莫西林可溶性粉，混饮，50 毫克/升，2 次/日，连用 3～7 日。氟苯尼考，内服，0.1～0.5 克/只，连用 3～5 日。

注意：产蛋期间禁用抗生素，产蛋鸡可用杨树花溶液内服，0.6 毫升/（只·日），连用 5 日。

## 211. 怎样诊断和防治禽霍乱?

禽霍乱是一种侵害家禽和野禽的接触性疾病，又名禽巴氏杆菌病、禽出血性败血症。本病对各种家禽都有易感性，造成鸡的死亡损失通常发生于产蛋鸡群。

（1）症状及解剖　一般分为最急性、急性和慢性三种病型。

①最急性型：常见于流行初期，以产蛋高的鸡最常见。病鸡无前驱症状，晚间一切正常，吃得很饱，次日发病死在鸡舍内。最急性型死亡的病鸡无特殊病变，有时只能看见心外膜有少许出血点。

②急性型：此型最为常见，病鸡主要表现为精神沉郁，羽毛松乱，缩颈闭眼，头缩在翅下，不愿走动，离群呆立。病鸡常有腹泻，排出黄色、灰白色或绿色的稀粪。体温升高到 43～44℃，减

食或不食，渴欲增加。呼吸困难，口、鼻分泌物增加。鸡冠和肉髯变青紫色，有的病鸡肉髯肿胀，有热痛感（图7-9）。产蛋鸡停止产蛋。最后发生衰竭，昏迷而死亡，病程短的约半天，长的1～3天。急性病例病变特征较为明显，病鸡的腹膜、皮下组织及腹部脂肪常见小点出血。心包变厚，心包内积有多量不透明淡黄色液体，有的含纤维素絮状液体，心外膜、心冠脂肪出血尤为明显。肺有充血或出血点。肝脏的病变具有特征性，肝稍肿，质变脆，呈棕色或黄棕色。肝表面散布有许多灰白色、针头大的坏死点。脾脏一般不见明显变化，或稍微肿大，质地较柔软。肌胃出血显著，肠道尤其是十二指肠呈卡他性和出血性肠炎，肠内容物含有血液。

图 7-9　病鸡肉髯水肿发紫

③慢性型：由急性不死转变而来，多见于流行后期。以慢性肺炎、慢性呼吸道炎和慢性胃肠炎较多见。病鸡鼻孔有黏性分泌物流出，鼻窦肿大，喉头积有分泌物而影响呼吸。经常腹泻。病鸡消瘦，精神委顿，冠苍白。有些病鸡一侧或两侧肉髯显著肿大，随后可能有脓性干酪样物质，或干结、坏死、脱落。有的病鸡有关节炎，常局限于脚或翼关节和腱鞘处，表现为关节肿大、疼痛、脚趾麻痹，因而发生跛行。公鸡的肉髯肿大，内有干酪样的渗出物，母鸡的卵巢明显出血，有时卵泡变形，似半煮熟样。

（2）**防治**

①预防：加强鸡群的饲养管理，平时严格执行鸡场兽医卫生防疫措施，以栋舍为单位采取全进全出的饲养制度。本病的预防发生是完全有可能的，一般从未发生本病的鸡场不进行疫苗接种；有条件的鸡场进行灭活苗免疫，可得到有效控制。

②治疗：鸡群发病应立即采取治疗措施，有条件的地方应通过药敏试验选择有效药物全群给药。复方磺胺嘧啶钠混悬液，混饮，80～160毫克/升，连用5～7日。多西环素，混饮，0.3克/升，连用3～5日。

产蛋期禁用以上抗菌药物，可用中药黄连解毒散按1%拌料饲喂5～7日。

## 212. 怎样诊断和防治鸡大肠杆菌病？

鸡大肠杆菌病是由致病性大肠埃希氏菌引起的一组传染病，简称大肠杆菌。其主要的病型有胚胎和幼雏的死亡、败血症、气囊炎、心包炎、输卵管炎、肠炎、腹膜炎和大肠杆菌性肉芽肿等。由于常和霉形体病合并感染，又常继发于其他传染病（如新城疫、禽流感、传染性支气管炎、巴氏杆菌病等），使治疗十分困难。

（1）**症状及解剖**　精神萎靡不振，采食减少或不食，离群呆立或蹲伏不动，冠髯呈青紫色，眼虹膜呈灰白色，视力减退或失明，

图 7-10　肝脏肿大覆盖渗出物

羽毛松乱，肛门周围羽毛粘有粪便，绿色或黄白色稀粪、蹲伏、不能站、不愿动或跛行、关节肿大，肝肿大（图7-10），肠道黏膜出血和溃疡，心包发炎，腹腔积有腹水和卵黄。初生雏鸡脐炎死后可见脐孔周围皮肤水肿，皮下瘀血、出血、水肿，水肿液呈淡黄色或黄红色。脐孔开张，新生雏以下痢为主的病死鸡以及脐炎致死鸡均可见到卵黄没有吸收或吸收不良，卵囊充血、出血、囊内卵黄液黏稠或稀薄，多呈黄绿色。肠道呈卡他性炎症。肝脏肿大，有时见到散在的淡黄色坏死灶，肝包膜略有增厚。

（2）**诊断**　用实验室病原检验方法，经鉴定为致病性血清型大肠杆菌，方可认为是原发性大肠杆菌病；在其他原发性疾病中分离出大肠杆菌时，应视为继发性大肠杆菌病。

（3）**防治**　大肠杆菌对多种抗生素、磺胺类和氟喹诺酮药物都敏感，最好进行药物敏感试验，选用敏感药物进行治疗。

1日龄雏鸡肌内注射头孢噻呋。恩诺沙星混饮，50～75毫克/升，连用3～5日。黄连解毒散按照1%拌入饲料中自由采食，连喂5～7日。

## 213. 怎样诊断和防治禽支原体病？

禽支原体病是由禽支原体引起的家禽的一种传染病，主要包括鸡败血支原体病、鸡传染性滑液膜炎和火鸡支原体病三种。在某些地区，该病的死亡率可达20%～30%，发病率可高达90%以上。在产蛋母鸡，禽支原体病的暴发除造成死亡率上升，其真正危害在于造成产蛋量下降5%～10%。

（1）**症状及解剖**　禽支原体病主要发生在1～2月龄的幼雏，症状也较成鸡严重。病初见鼻液增多，流出浆性和黏性鼻液（图7-11），初为透明水样，后变黄较浓稠，常见一侧或两侧鼻孔堵塞，病鸡呼吸困难，频频摇头，打喷嚏。鸡冠、肉髯发紫，呼吸啰音，夜间更明显。初期精神和食欲尚可，后期食欲减少或不食，幼鸡生长受阻。患鸡头部苍白，跗关节或爪垫肿胀。急性病鸡粪便常呈绿色。有的病鸡流泪，眼睑肿胀，因眶下窦积有干酪样渗出物导致上下眼睑黏合，眼球突出呈"金鱼眼"样，重者可导致一侧或两侧眼球萎缩或失明。

解剖特征：鼻腔、气管、气囊、窦及肺等呼吸系统的黏膜水肿、充血、增厚和腔内贮积黏液，或干酪样渗出液。肺充血、水肿，有不同程度的肺炎变化；胸部和腹部气囊膜增厚、混浊，囊腔或囊膜上有淡黄白色干酪样渗出物或增生的结节性病灶，外观呈念珠状，大小由芝麻至黄豆大不等，少数可达鸡蛋大，且以胸、腹气囊为多。严重的慢性病鸡，眼下窦黏膜发炎，窦腔中积有混浊的黏液或脓性干酪样渗出物。眼结膜充血，眼睑水肿或上下眼睑互相粘连，一侧或两侧眼内有脓样或干酪样渗出物，有的病鸡可发生纤维蛋白性或化脓性心包炎、肝被膜炎。产蛋鸡，还可见到输卵管炎、腹膜炎（图7-12）。

发生支原体性关节炎时，关节肿大，呈关节滑膜炎，患部切开后流出混浊的液体，有时含有干酪样物。

图7-11　流鼻液

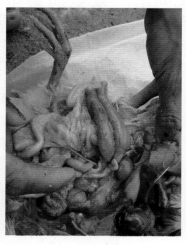

图7-12　腹膜炎

（2）**诊断**　活禽从鼻腔、食管、气管、泄殖腔和交合器中取样。死禽从鼻腔、眶下窦、气管或气囊采样，也可吸取眶下窦和关节渗出物或结膜囊内冲洗物。对于鸡胚从卵黄囊内表面、口咽和气囊采样，进行支原体的分离培养鉴定。

**(3) 防治**

①预防：加强饲养管理，注意通风换气，避免各种应激反应。种鸡场应进行支原体净化。一般在育雏期、育成期、产蛋初期，各进行一次血清学检测，淘汰阳性鸡。

②治疗：可用林可大观霉素混饮，5～7 日龄雏鸡 0.5～0.8 克/升，连用 3～5 日。或在饮水中添加敏感药物如恩诺沙星混饮，25～75 毫克/升，2 次/日，连用 3～5 日；泰万菌素，混饲，每吨饲料 100～300 克，连用 7 日。

以上药物产蛋期禁用。产蛋鸡可用麻杏石甘散按照 1%拌料，或双黄连口服液每只 0.2 毫升饮水 5～7 日。用药期间必须结合饲养管理和环境卫生的改善，消除各种应激因素，方能收到较好效果。

# 第四节　　常见的寄生虫病

## 214. 怎样防治鸡球虫病?

球虫病是一种对家禽肠道有损害的寄生虫病，禽球虫病是由艾美尔科的原虫所引起的一类原虫病，分布极广。

**(1) 症状及解剖**　鸡急性球虫病，15～50 天发病和死亡率高，

图 7-13　盲肠充满鲜血

突然出现血便，精神不好，贫血打堆，采食量降低，饮水量上升，嗉囊充满液体，盲肠充满鲜血（图7-13），泄殖腔周围有红色粪便附着，部分鸡只腹部朝天，后期昏迷、瘫痪，两脚外翻痉挛而死。鸡慢性球虫病，2月以上发病较多，食欲不振，间歇性拉稀、过料，消瘦，冠苍白，继发肠毒引起轻瘫。

**（2）防治**

①预防：保持圈舍通风、干燥和适当的饲养密度，及时清除粪便，定期消毒等，可有效防止本病发生。在球虫高发年龄段，交替使用或联合使用敏感抗球虫药物，仍是本病的重要预防手段。目前已有球虫弱毒疫苗用于临床，主要在7日龄、14日龄进行接种有效果，但限于规模化养殖场。

②治疗

用药处方一：地克珠利混饲，每1 000千克饲料1克；白头翁散1%拌料，5～7日。主治功能：快速修护肠道损伤，有效改善微循环，降低毛细血管壁通透性，促进止血。

用药处方二：产蛋鸡使用青蒿常山颗粒100克，加水100千克饮水。对因又对症，针对家禽细菌性肠炎腹泻拉稀所致肠黏膜损害。

## 215. 怎样防治鸡蛔虫病?

鸡蛔虫为禽蛔科禽蛔属，鸡蛔虫卵呈椭圆形，深灰色，卵壳厚，表面光滑，内含一个卵胚细胞。

**（1）症状及解剖**　雏鸡和3月龄以下的青年鸡被寄生时，蛔虫的数量往往较多，初期症状也不明显，随后逐渐表现精神不振，食欲减退，羽毛松乱，翅膀下垂，冠髯、可视黏膜及腿脚苍白，生长滞缓，消瘦衰弱，下痢和便秘交替出现，有时粪便中混有带血的黏液。成年鸡一般不呈现症状，严重感染时出现腹泻、贫血和产蛋量减少，本病可根据鸡粪中发现自然排出的虫体或剖检时在小肠内发现大量虫体而确诊。也可采用饱和盐水浮集法检出粪便中的虫卵来确诊。

剖检常见病尸明显贫血，消瘦，肠黏膜充血，肿胀，发炎和出血；局部组织增生，蛔虫大量突出部位可用手摸到明显硬固的内容物堵塞肠管，剪开肠壁可见有多量蛔虫拧集在一起呈绳状。

**（2）防治**

①预防：实施全进全出制，鸡舍及运动场地面认真清理消毒，并定期铲除表土；改善卫生环境，粪便进行堆积发酵；料槽及水槽最好定期用沸水消毒；4月龄以内的幼鸡应与成年鸡分群饲养，防止带虫的成年鸡感染幼鸡发病；采取笼养或网上饲养，使鸡与粪便隔离，减少感染机会；对污染场地上饲养的鸡群应定期进行驱虫，一般每年两次，第一次驱虫是在雏鸡2～3月龄时，第二次驱虫在秋末。成年鸡的第一次驱虫可在10—11月，第二次驱虫在春季产卵季节前的一个月进行。

②治疗：伊维菌素，每千克体重200～300微克，混料一次内服。或左旋咪唑，每千克体重10～20毫克，溶于水中内服。或丙硫苯咪唑，每千克体重10毫克，混料一次内服。每只鸡用南瓜籽20克，焙焦研末，混料内服，一次即愈。

## 216. 怎样防治鸡绦虫病？

夏季，环境潮湿，卫生条件差，饲养管理不良均易引起绦虫病的发生，本病主要危害是夺取营养，损伤肠壁，代谢产物可使鸡体中毒，大量寄生时能堵塞肠道。鸡绦虫病主要是由戴文科绦虫寄生于鸡肠道引起的一类寄生虫病。

**（1）症状及解剖**　临床常见粪便稀且有黏液，粪便中常能看到米粒大小的白色节片（图7-14），可以蠕动。鸡食欲下降，饮水增多。严重时可见行动迟缓，羽毛蓬乱，头颈扭曲，蛋鸡产蛋量下降或停产，最后衰竭死亡。初期可见小肠黏膜肥厚、出血或溃疡结节，刮取黏膜镜检可发现绦虫头节。成虫寄生时外观肠道明显变粗，小肠粗细不均。肠内壁有时可见直径8～10毫米溃疡，并可在肠腔中发现绦虫成虫。

（2）防治

①预防：及时清除鸡舍内粪便，运到指定地点并实行堆积发酵处理，利用生物热杀死粪便中的虫卵，防止病原扩散而污染环境；清除鸡舍周围环境中的污秽物，并用杀虫剂喷洒，消灭中间宿生；实行笼养，鸡舍采取防蝇措施；定期

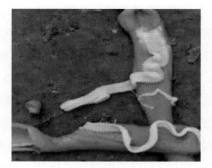

图 7-14　肠道出现绦虫

检查鸡群，及时治疗病鸡，对成年鸡进行定期驱虫。

②治疗：防治绦虫病的特效药物是吡喹酮。绦虫病发生时，可用2％的吡喹酮预混剂按0.2％的比例拌料，集中于下午一次性投喂，第二天早晨把粪便清理干净。在夏季每一个月按预防量拌料预防一次。

## 217. 怎样防治鸡螨病?

鸡螨病是由刺皮螨科的刺皮螨属、疥螨科的膝螨属、新棒恙螨科的新棒属以及羽管螨科的羽管螨属和麦食螨科吸盘螨属的螨虫，寄生在鸡的皮肤上、皮肤内、羽管中引起的鸡的寄生虫病。

（1）**皮刺螨病**　病原为皮刺螨科，皮刺螨属，鸡皮刺螨。鸡皮刺螨呈长椭圆形，棕灰色，吸血后呈淡红色，俗称红螨，雌虫长0.72～0.75毫米，宽0.4毫米。雄虫长0.60毫米，宽0.32毫米。口器长，螯肢呈细长针状，有4对长而强大的足。其发育分为卵、幼虫、稚虫和成虫四个时期。成虫和稚虫时期在晚上爬到鸡身上吸血，其余时期均躲在鸡舍的缝隙当中。鸡的皮刺螨为红色，易于在鸡舍中发现，找到虫体后可确诊。

防治方法：

①伊维菌素按每千克体重200微克，一次皮下注射。

②0.001％及0.002％杀灭菊酯药液，用喷雾法喷洒鸡舍墙壁等各个部位，夏季还可直接喷鸡。

（2）**鸡膝螨病**  病原为疥螨科膝螨属的突变膝螨和鸡膝螨所引起的。雌虫近圆形，足极短，雄虫卵圆形，足较长。鸡膝螨较小，体长 0.3 毫米左右。其中突变膝螨雄虫长 0.19～0.20 毫米，宽 0.12～0.13 毫米，雌虫长 0.41～0.44 毫米，宽 0.33～0.38 毫米。突变膝螨寄生于鸡趾和胫部皮肤鳞片下面；鸡膝螨寄生于鸡羽毛根部皮肤上，二者生活史相似，全部在鸡身上进行。成虫在皮肤挖洞，在隧道中产卵，孵化幼虫，再蜕化后发育为成虫。突变膝螨使趾及胫部无羽毛皮肤发炎增厚，常形成"石灰脚"病，严重者行走困难，甚至发生趾骨坏死。鸡膝螨沿羽轴穿入皮肤，使局部皮肤发炎，奇痒。鸡常啄咬患部羽毛，严重时羽毛几乎脱光，故称"脱羽病"。病鸡体重、产蛋量均下降。用小刀蘸油类液体刮取病变部皮肤进行镜检，查到虫体即可确诊。

防治方法：按每千克体重用伊维菌素有效成分 0.3 毫克拌料喂服。

（3）**新棒恙螨病**  病原为恙螨科新棒属新棒恙螨。幼虫寄生于鸡体表，常寄生于翅膀内侧，胸肌两侧和腿内侧皮肤上。其幼虫很小，肉眼难见，饱食后为 0.42 毫米×0.32 毫米，似一微小红点。幼虫有 3 对足，椭圆形。只有幼虫寄生在鸡体，其余卵、若虫和成虫阶段均在潮湿的草地上。幼虫在鸡体可寄生 35 天以上。患鸡常显奇痒症状，出现痘疹状病灶，周围隆起，中间凹陷，中心有一小红点即恙螨。

病鸡消瘦、贫血、拒食、喜卧，可造成死亡。于痘脐中央用小镊子夹取小红点镜检为虫体既可确诊。

防治方法：

①鸡患部涂擦 10％酒精、5％碘酊或 5％硫黄软膏，一次即可杀死虫体。

②用氯蜱硫磷按每亩（1 亩＝667 米$^2$）250 克，喷洒鸡放牧地。

③避免在潮湿草地上放牧。

# 第五节　常见营养代谢病

### 218. 怎样防治鸡营养代谢病?

家禽在生长发育过程中,营养物质的缺乏或过量和代谢失常造成机体营养代谢障碍,称为营养代谢病。

(1) 病因

①营养物质摄入不足:日粮中缺乏某些维生素、矿质微量元素、蛋白质等营养物质;家禽因食欲,或应激状态,胃肠道病、寄生虫病和慢性传染病等影响消化吸收,而引起的营养物质摄入不足。

②营养物质的需要量增多:如由于特殊生理阶段(产蛋高峰期等),或品种、生产性能的需要,使其所需的营养物质大量增加。都可引起营养代谢病。

③营养物质的平衡失调:各营养物质间可通过转化、协同和颉颃等作用以维持其平衡。如钙、磷、镁的吸收,需要维生素 D;磷过少,则钙难以沉积;日粮中钙过量,影响铜、锰、锌、镁的吸收和利用。因而它们之间的平衡失调,日粮配方不当易发生代谢病。

④饲料、饲养方式和环境改变:如笼养鸡不能从粪便中获得维生素 K;为了控制雏鸡球虫病或某些传染病,日粮中长期添加抗生素或其他药物,影响肠道微生物合成某些维生素、氨基酸等;饲料霉变、储存时间过长等。

(2) 防治原则

①给予合理的日粮:根据鸡的品种、生长发育不同阶段和生产性能等要求,科学搭配营养物质。

②贯彻防重于治的原则:要对日粮中维生素、微量元素、蛋白质等营养物质,以及是否霉败变质进行监测。

③防治疾病：对影响营养物质消化吸收的疾病和消耗性的疾病要及时进行防治。

## 219. 怎样防治鸡脂肪肝综合征？

鸡体内脂肪代谢出现紊乱造成鸡脂肪肝综合征，常发于产蛋母鸡，尤其是笼养蛋鸡群。鸡肝脏合成大量脂肪，同时体内脂肪过多，导致肝脏肿大出血、变黄。鸡个体出现肥胖、产蛋量低等症状，死亡率相对较高。

(1) 病因

①饲养管理不当：在饲养过程中，使用大量高能低蛋白的饲料，鸡群暴饮暴食。饲养过程中断水、冷暖转换等，形成皮质酮的分泌，促进脂肪的合成。饲料发霉变质，黄曲霉等霉菌损害肝功能导致脂肪肝。

②维生素及微量元素缺乏：主要包括有维生素 E、维生素 $B_1$、胆碱等多方面的物质合成障碍；锌、铜、铁、锰等相关的微量元素摄入不足，体内自由基过氧化脂质，造成肝脏内脂肪囤积。

③激素影响：雌激素、生长激素及胰岛素等作用下，抑制脂肪的氧化作用，从而增加致病的敏感性。

(2) 症状及解剖

①一般表现出精神振作、食欲相对旺盛，体重较大。剧烈的追赶会导致剧烈挣扎或死亡。

②长期患病的鸡腹部软绵下垂，腹底部可摸到更多的脂肪；肉冠与肉垂相对较大，苍白；蛋产量明显下降甚至不产蛋。

③症状严重时会出现吞咽困难、瘫痪、短时间死亡等现象。

(3) 防治

①加强饲料管理：鸡饲料的营养组成多元化、多样化，不能堆积过剩的能量；适度增加一些氨基酸、维生素以及微量元素的投入，保证脂肪在肝脏的正常运转。

②治疗：限制其进食量以遏制病情发展，根据其营养需要，合

理调配饲料结构，适当降低饲料能量和蛋白质的比例，在饲料中掺入粗纤维谷物，以降低病鸡对能量的摄取；适量添加胆碱、维生素E、维生素 $B_{12}$、硫酸铜、肌醇等饲料添加剂，连续喂食 10～15 天，可有效改善病情。

## 220. 怎样防治鸡痛风症？

鸡体内尿酸代谢障碍，血液中尿酸浓度升高，大量的尿酸经肾脏排泄，各种原因引起的肾损害及肾机能减退，进一步引起尿酸排泄受阻，形成尿酸中毒的一种代谢性疾病，多发生于肉仔鸡和笼养鸡。

### (1) 内脏型痛风

①一般表现出精神不振，食欲减退、消瘦、贫血、被毛蓬乱、鸡冠苍白、腹泻，含有大量白色石灰样稀粪，肛门松弛，粪便失禁，3～5 日后衰竭死亡。死亡鸡的鸡冠呈紫黑色。

②肾脏肿大，呈花斑样，输卵管变粗，粗细不均，坚硬，管腔内有多量白色石灰样尿酸盐沉积物，心外膜、肝、脾、肠外膜及腹膜，甚至肺表面、气囊、胸骨内面都覆盖有一层白色石灰样尿酸盐沉积。

### (2) 关节型痛风

①病初精神萎靡，采食量减少，行走不稳，活动困难，有明显的跛行，四肢各关节肿大。有些脚掌趾关节肿胀变形，采食停止，机体消瘦，瘫痪，不能站立。病程较长，一般 1 周左右死亡。

②关节囊内有淡黄色石灰乳样尿酸盐沉积，有些呈白砂糖粒状。关节囊由光洁润滑变得粗糙不平，严重者关节组织发生溃疡、坏死，脚趾严重变形。

### (3) 防治

①预防：加强饲养管理，保持舍内环境卫生，在鸡舍内控制合理的饲养密度、通风量、氨气密度与温湿度，保持适宜的饲养环境；供给充足的清洁饮水，调整日粮配比，适当降低蛋白质和钙的

含量，保持适当的钙磷比。

②治疗：立即停喂易引发肾肿症状的所有药物与添加剂；在日粮、饮水中加入维生素 C、鱼肝油和多种维生素，调节机体代谢功能和保护黏膜层；在饮水中加入 2%～3% 葡萄糖或 0.5% 的碳酸氢钠，连服 5～7 天，促进尿液的生成与碱化，加速尿酸盐的排出。

## 221. 怎样防治笼养鸡疲劳症？

笼养鸡疲劳症是母鸡缺钙时为了形成蛋壳而动用自身组织钙引起的笼养蛋鸡骨骼疾病中最严重的疾病之一，又称骨软化病、笼养鸡瘫痪。进笼不久的鸡和高产鸡易发病。

(1) 病因

①饲料因素：饲料中缺乏钙、磷和维生素 D 会导致鸡体内钙的含量不足；更换饲料时没有使用过渡料，而是过早地使用蛋鸡料，导致钙摄入量过高；钙、磷的比例不适宜，钙过高会导致甲状旁腺机能障碍，使机体不能正常的调节钙、磷的代谢，开产后对钙的利用率降低。

②饲养管理因素：笼养蛋鸡的活动空间小，运动量不足，导致蛋鸡的体质较弱，腿部肌肉和骨骼发育不良；高温、噪声、通风不良、有害气体浓度过高、缺氧、不合理的光照和突然的换料等不良的环境因素使生理机能发生障碍；初产母鸡开产过早，性成熟和体成熟不同步。

(2) 病理变化　腺胃糜烂、溃疡，腺胃壁变薄，严重者穿孔，腺胃的乳头会流出黄褐色的液体；肠道内出血，肠黏膜脱落，肠内容物为灰白色或黑褐色；肝肿大、发黄、淤血，有出血斑；肺淤血，有时表面有出血点；心脏扩张；腹部脂肪有出血点；卵泡充血、出血，输卵管充血、水肿，其中有未排出的硬壳蛋滞留在输卵管的泄殖腔前。

(3) 症状及解剖

①最急性型：死亡突然，通常无明显病症，表现良好的健康状

态及产蛋性能。初开产蛋鸡的产蛋率达到 40%～60%时死亡数最多，越高产死亡率越高，典型症状为泄殖腔突出。

②急性型：表现为长期产蛋后无法站立，常侧卧于笼内，严重时瘫痪、骨折。病鸡的产蛋量、蛋壳的质量和蛋品质无变化。发病初期精神良好，后期精神沉郁，脱水，后衰竭死亡。

③慢性型：主要发生在产蛋日龄较长的蛋鸡。表现为采食减少，饮水增加，张口呼吸，腹泻，羽毛蓬乱，发热。鸡冠发绀，皮肤发红，瘫痪。反应迟钝，后因不能采食饮水而衰竭死亡。出现慢死亡的现象，死亡时尾部颤抖，两腿后伸，颈、翅和腿软弱无力。蛋壳质量下降，变薄、粗糙、强度差、破损率增加。产蛋量显著下降。

**(4) 防治**

①预防：合理搭配日粮，育成青年母鸡快达到性成熟时，提高饲料的营养水平，以促进身体的生长发育，使得性成熟与体成熟同步；补充钙、磷及维生素 D，注意钙、磷比例，注意日粮中补饲骨粉的质量和数量。开产前 2～4 周，钙的饲喂量为 2%～3%，产蛋高峰期为钙 3.5%，磷 0.9%；添加多种维生素以增强鸡体抵抗力；产蛋率达到 1%时，逐渐改用产蛋鸡饲料。

加强饲养管理，合理调控饲养密度，及时分群，上笼时间不宜过早；夏季防暑降温，加强通风换风，饮水清凉，可加入电解多维，以减少应激的发生；保证活动空间，在上笼产蛋前最好实行散养的方式，让其有充足的运动，以增强体质；避免发生应激反应。

②治疗：病鸡及时移出进行平地单独饲养，一般可在一周内自行康复；对于钙含量低的鸡群，在饲料中添加 2%～3%碳酸钙以及每千克饲料添加维生素 D 2 000 万国际单位，2～3 周可将鸡群的血钙调整到正常水平，必须持续补充 1 个月。

## 222. 怎样防治维生素 A 缺乏症?

**(1) 病因**

①饲料中维生素 A 不足：长期日粮使用配合饲喂，而未补足

维生素 A；饲料贮存时间太长、长期暴晒及高温处理等，导致饲料中维生素 A 损耗。

②消化吸收障碍：饲料中脂肪含量不足；患肝胆疾病引起胆汁分泌不足，影响维生素 A 消化、吸收；肝脏疾病影响维生素 A 在体内的贮藏；长期腹泻、十二指肠慢性炎症等疾病使机体吸收维生素 A 不充分。

③机体需求量增多：产蛋期成禽，生长快速的雏禽以及长期腹泻的消化道疾病，使维生素 A 需求量增多。

**（2）症状及解剖**

①引起明显的生长停滞，消瘦，羽毛蓬松无光泽；走路时两腿颤抖，软弱无力，不能保持平衡，重则不能站立；常流鼻液及流泪，使上下眼睑粘连，干燥后在眼周形成干眼圈；眼睑肿胀、鼓起，可见大量白色干酪样渗出物，角膜混浊不清；眼球下陷，视力降低，甚至失明；严重出现共济失调、转圈、扭颈等神经症状；病雏极易患消化道、呼吸道的炎症，使死亡率增高；成禽主要表现为食欲减退，营养不良，细弱无力，结膜发生炎症，流泪、流鼻液，重者角膜穿孔、失明；产蛋率、种蛋受精率、孵化率降低；孵化期死胚率较高，弱雏也较多。

②口腔、咽部、食管及嗉囊的黏膜上有散在的白色小结节，严重时形成溃疡，喉头常覆有一层灰白色易剥落的干酪样假膜；气管黏膜常被一层灰白色鳞状上皮所代替，重者堵塞气管；心、肝、脾、胸腹膜有尿酸盐沉积；肾肿大、苍白，并呈灰白色网状花纹，输尿管增粗，管腔有白色尿酸盐沉积；法氏囊腔增大，尿酸盐沉积。

**（3）防治**

①预防：注意日粮的合理搭配，尤其是舍饲期，在日粮中适当补充胡萝卜、南瓜、小虾、动物肝粉等富含维生素 A 或维生素 A 原的饲料。

②治疗：每千克饲料中添加 15 毫升鱼肝油，连用 10～15 日。

鱼肝油1～2毫升，一次喂服或肌内注射，3次/日，连用5～7日。维生素A注射液0.25～0.5毫升，肌内注射，1次/日，连用5～7日。3%硼酸溶液适量，冲洗患眼，再涂以抗生素眼膏。

### 223. 怎样防治维生素D缺乏症?

**(1) 病因**

①饲料中维生素D含量不足：饲料贮存过久可导致维生素D破坏损耗过多；维生素$D_3$的效能是维生素$D_2$的50～100倍，如饲料中缺乏维生素$D_3$或日照不足，则可诱导维生素D缺乏症。

②消化吸收障碍：如患有肝胆疾病或慢性消化道疾病，或饲料中脂肪含量不足，影响维生素D的吸收、贮存和利用。

③饲料中维生素A过多：饲料中维生素A或胡萝卜素含量过多，阻碍维生素D的吸收。

**(2) 症状及解剖**

①幼禽患佝偻病：消化紊乱，生长发育迟缓。羽毛松乱无光泽。骨质钙化不全，胸骨脊呈S状弯曲，两腿无力，行走不稳。重则不能站立，以跗关节着地，呈蹲伏状，关节处常发生肿胀。喙角化不全，质地变软，弯曲。胫跗骨、翅骨、趾骨也有轻度弯曲，极易折断。病雏多因衰竭死亡。

②成禽骨软症：发病较慢，一般2～3个月后才逐渐出现症状，产薄壳蛋或软壳蛋，继而产蛋量减少，最后完全停止，且种蛋孵化率降低。病程较长者还出现骨软症，消化紊乱，体重下降，喙褪色变软，跛行，胸骨、爪变形等。

**(3) 防治**

①预防：加强饲养管理，调整日粮组成，钙、磷比例要适宜，育雏期为2∶1，青年期为2.5∶1，产蛋期为5∶1～6.5∶1。适当添加维生素$D_3$，并注意增加户外活动和晒太阳时间。如为舍饲，则可在禽舍中安装紫外灯，从10日龄开始，每天照射10分钟。

②治疗：鱼肝油，雏鸡2～3毫升，成鸡10～20毫升，饮服，

1次/日，连用2～3周。维生素$D_3$，1万～1.5万单位，肌内注射，1次/日，连用2～3日。苍术、按照1%拌料饲喂，2～3次/日，连用5～7日。

## 224. 怎样防治硒和维生素E缺乏症?

畜禽的硒和维生素E缺乏症主要是由于体内微量元素硒和维生素E缺乏或不足，而引起骨骼肌、心肌和肝脏组织变性、坏死为特征的疾病。幼龄，群发性为基本症状。

(1) **病因** 饲料中硒和维生素E含量不足：饲料中硒含量低于0.05毫克/千克以下；饲料加工贮存不当，氧化酶破坏维生素E；饲料中的硒来源于土壤中，当土壤中的硒低于0.5毫克/千克时即认为是贫硒土壤；土壤低硒是硒缺乏症的根本原因，低硒饲料是致病的直接原因，水土食物链则是基本途径。

(2) **症状及解剖**

①骨骼肌疾病所致的姿势异常及运动功能障碍；心脏衰竭；群发性、顽固性、反复性下痢；脑软化所致明显的神经症状：兴奋、抑郁、痉挛、抽搐、昏迷等。产蛋量下降，蛋孵化率低下。全身孱弱，发育不良，可视黏膜苍白、黄染，雏鸡见有出血性素质。

②骨骼肌、心肌、肝脏、胃肠道、生殖器官见有典型的营养不良病变，雏禽脑膜水肿，脑软化。

(3) **防治**

①预防：加强饲养管理，饲喂富含硒和维生素E的饲料；在低硒地带饲养的畜禽或饲用由低硒地区运入的饲料、饲粮时必须补硒和维生素E。补硒的方法：直接投服硒制剂；将适量硒添加于饲料、饮水中喂饮；对饲用植物作植株叶面喷洒，以提高植株及籽实的含硒量；低硒土壤施用硒肥；应用饲料硒添加剂，剂量为每千克饲料0.1～0.3毫克。

②治疗：亚硒酸钠—维生素E拌料；0.1%亚硒酸钠，肌内注射，成年鸡1毫升/只，雏鸡0.3～0.5毫升/只，配合维生素E，

1 次/2 日，连用 10 日，效果确实。

## 225. 怎样防治鸡的锌缺乏症?

### (1) 病因

①饲料中含锌低：锌不易被植物吸收，因此土壤因素必然影响当地所产饲粮含锌量；饲料中存在颉颃锌吸收的物质，导致饲料有效锌含量不足，如锌与植酸结合成不溶且不易吸收的复合物，高钙、铜、铁、锰、铬等二价元素和脂肪酸也可颉颃锌的吸收。

②疾病：肠道内菌群的变化以及细菌性肠病原体的出现会影响锌吸收，如球虫病、消化机能障碍、慢性拉稀。

### (2) 症状及解剖

①食欲减退，消化机能降低，两腿软弱；雏禽羽毛发育异常，缺乏光泽、易断、卷曲，还有缺损，尤以翼羽和尾羽最为明显，严重者不见尾羽、翼羽；皮肤角质化，生长发育滞缓，腿和趾上有坏死性皮炎和炎性渗出物，创伤愈合缓慢。或脚部皮肤呈鳞片状，易脱落。骨营养不良和骨短粗症，跗关节肿大，运动失调；产蛋禽产蛋率降低，蛋壳质量差，有的患有啄蛋癖；种蛋的受精率和孵化率均下降，鸡胚畸形，主要为骨骼发育不良。

②内脏器官与组织一般未见异常。鸡胸部肌肉质软、色淡，腺胃和肌胃糜烂或溃疡，肌胃角质膜易剥离。公鸡睾丸发育不全，重量减轻。剖检未正常出雏的缺锌种蛋，胚胎广泛的骨骼异常缺失，没有翅膀、体壁和腿，只有少量脊椎骨节。

### (3) 防治

①补锌：用含锌丰富的肉粉和鱼粉作为补充饲料，也可在饲料中补充氧化锌、硫酸锌或碳酸锌。

②合理搭配日粮：若高钙所致，应降低钙；如为缺锌，要及时补充，参考每千克饲料中锌含量为 50～100 毫克，最大允许量为每千克饲料锌含量 2 000 毫克，锌的添加量达推荐标准的 2 倍以上，可有效提高增重并增强免疫能力；补锌同时增补维生素 A 等多种

维生素。

## 226. 怎样防治蛋鸡猝死综合征

**(1) 病因** 该病多发生于 6—9 月，天气炎热季节。原因比较复杂，通常认为高温缺氧、通风不良是首要原因，其次可能与饲料中的能量过剩有关。有的场往往在天热时加料，一天喂料 3～4 次，这样无疑加重了鸡的心脏负担，由于鸡体内代谢紊乱、呼吸性碱中毒所致。

**(2) 症状及解剖** 发病主要在母鸡开产到 220 日龄，死亡时间多集中在晚上 9：00 至次日 3：00，鸡群每天死亡率为 0.5%～2%。温度越高，死亡越多。死鸡偏重，腹腔脂肪厚；心脏扩张；肝脏暗红色，脆而易烂，有出血点；腺胃溃疡，壁变薄，腺胃乳头流出褐色液体；卵巢暗红色出血，子宫内有蛋滞留；十二指肠充血、出血、黏膜脱落，有浅黄色或黑褐色内容物；血液 pH 约 7.4（偏碱性）。

①急性型：鸡往往突然死亡，初开产的鸡群产蛋率在 20%～60%之间多死亡。产蛋率越高的鸡死亡率越高。病死鸡泄殖腔突出、充血。

②慢性型：先拉水样粪便，然后拉白色黏液性稀粪，有时带绿粪。鸡一般站立困难，腿软无力，负重时呈弓形或以飞节和尾部支撑身体，甚至发生跛行、骨折、瘫痪而伏卧。同时产软壳、薄壳蛋，产蛋量下降，种蛋孵化率降低。挑出单独饲养，1～3 天后可恢复正常。

**(3) 防治**

①加强饲养管理：降低鸡舍内温度，在每天中午 12：00 至下午 4：00，向鸡舍房顶喷凉水，同时用喷雾器向鸡身上喷凉水，降低体表温度；降低饲养密度，加强通风换气，减轻热应激，防止高温缺氧；及时清除鸡舍粪便，减少舍内氨气浓度，防止继发呼吸道疾病。

②预防：合理使用饲料添加剂。育成青年母鸡在将近性成熟时提高饲养水平，同时补充钙、磷，增加 1‰ 石粉；添加益生菌或复合酶调节肠道菌群。

③药物预防：多用补中益气、镇静安神的中药，提高机体抵抗力，如补中益气汤、降脂增蛋散等。

④治疗：用黄芪多糖，0.1% 饮水，连用 5 天。添加杆菌肽锌、多维素缓解热应激，一般用 15 天，停 5 天，再用 15 天；每 1 000 千克饲料添加 1 千克氯化胆碱、1 万国际单位维生素 E、12 毫克钴胺素、0.5～1 千克维生素 C，可缓解病情；每 1 千克日粮添加生物素 300 毫克左右，可降低死亡率。

## 227. 怎样防治家禽异食癖？

家禽异食癖是代谢机能紊乱、味觉异常和饲养管理不当等引起的一种非常复杂的多种疾病的综合征。

### (1) 家禽异食癖类型

①啄肉癖：多发生于青年鸡。鸡开始互相攻击或啄食无羽毛的部位，直至将皮肤啄伤，甚至将腹腔啄透而死亡。

②啄肛癖：病雏肛门附近被粪便污染或产蛋母鸡产蛋时肛门受伤出血或肛门长时间努责脱出，引来其他雏鸡不断地啄食病鸡的肛门，造成肛门出血，严重时直肠脱出很快死亡。

③啄羽癖：幼雏在开始换绒毛时，产蛋母鸡在盛产期和换羽期可发生，尤其是当年的高产新母鸡。表现啄羽、啄翅，常使羽毛不全、皮肉暴露，严重的产蛋量下降并影响健康。

④啄趾癖：大多是幼鸡喜欢相互啄食脚趾，引起出血或跛行，严重的可将趾啄断而致残。

⑤食蛋癖：在产蛋鸡群中多发。蛋鸡刚产下蛋，就被其他鸡争相啄食或自啄，常由软壳蛋被踩或笼内打破一个蛋被鸡啄食开始。

⑥食异癖：多见于中年鸡或成年鸡。表现为啄食灰渣、砖瓦、陶瓷碎块，吞食被粪尿污染的羽毛、木屑等异物。病鸡常出现消化

不良，羽毛无光，机体消瘦。

⑦啄头癖：鸡互相打斗或追啄冠、肉髯、耳垂等部位，育成期较为明显，开食过晚的幼雏也易发生啄头现象。多表现为鸡群中个体为确立群序关系而发生的争斗。

⑧啄鳞癖：多见于患脚感染膝螨病的鸡，由于胫部或脚趾部角鳞皮下寄生虫的活动，严重刺激导致发痒，引起病鸡啄食脚趾部皮肤的鳞片痂皮。

**（2）病因**

①环境条件恶劣：鸡舍通风不良，空气污浊；地面潮湿；温度不适宜；垫料不洁；饲养密度过大，鸡群拥挤；光照强度大，照明时间长。恶劣的环境导致鸡烦躁不安，容易诱发啄癖。

②饲养管理不当：不同品种，不同日龄，强弱不同的鸡混群饲养，个体之间为确立群序关系而发生争斗；饲养人员不固定，动作粗暴；饲喂时间不固定，饲喂量不够，饮水供给不足；平养鸡活动场地小或不喂沙砾；捡蛋不勤，尤其是未及时清除破蛋；病鸡、脱肛鸡未及时挑出隔离。

③疾病因素：某些细菌和病毒疾病常引起肠道、输卵管和泄殖腔的炎症，导致脱肛或肛门周围粘有粪便诱发此病；各种体内外寄生虫如球虫、羽虱、膝螨等引起的疾病；体表皮肤创伤和炎症也能诱发啄癖。

④生理因素：临产和高产蛋鸡体内激素增多，使啄癖倾向增强；蛋鸡育成阶段未限饲而过肥，产道狭窄；营养不足，体形过瘦，脂肪贮藏不足，产道缺乏润滑；产蛋初期产蛋过大或过多引起产蛋困难而导致脱肛、肛门受伤出血等。

⑤饲料因素：饲料中营养成分不足或各种营养物质比例不合理。产蛋鸡日粮中蛋氨酸、胱氨酸等含硫氨基酸含量不足导致鸡羽毛生长不全，皮肤外露；日粮中粗纤维含量过低，能量过高；维生素含量不足导致输卵管、泄殖腔黏膜发炎造成输卵管萎缩，管道变窄引起脱肛；钙、磷、铁、锰等矿物质含量不足，食盐缺乏；日粮

中大容积饲料不足，鸡无饱感；饲料质量低劣，发霉变质。

（3）防治

①加强饲养管理：供给全价营养配合饲料；保持适宜的密度；合理安排光照时长和光照强度，遵循育成期不增加光照，产蛋期不减少光照的原则；采用红光能使鸡群安静或使用白炽灯、日光灯；鸡舍保持干燥和清洁，勤清理鸡粪，勤换垫草，定期带鸡消毒；定时通风换气，排出污浊有害气体；鸡舍温度平稳，切忌忽高忽低；湿度适宜，保持鸡舍冬暖夏凉等。

②断喙：预防和制止啄癖发生的一种最为有效的办法。7～10日龄进行第一次断喙，10～12周龄时对母鸡进行第二次修整。

③治疗：挑出啄癖鸡和受伤鸡隔离饲养，受伤部位可涂紫药水，降低光照强度或采用红光照射；每只鸡每天补充0.5克生石膏粉，啄羽癖会很快消失；添加1.5%～2%食盐，连续3～4天，给予充足饮水，但不能长期饲喂，以免引起食盐中毒。

# 第六节　中毒性疾病

## 228. 为什么发霉的饲料不能喂鸡？

霉变饲料中的养分和营养价值都会降低，进而会降低畜禽对饲料干物质和蛋白质等营养成分的利用率。同时，霉变饲料的适口性变差，有难闻的霉味，影响动物的采食欲甚至拒绝采食。霉变饲料会产生多种毒素，如黄曲霉毒素、杂色曲霉毒素、赭曲霉毒素、镰刀菌毒素等。

畜禽采食了霉烂变质的饲料后，其中的毒素会在动物体内蓄积，造成畜禽中毒甚至死亡，给生产、经营饲料的企业及养殖企业或养殖户造成巨大的经济损失，人食用了被污染的肉、蛋、奶等动物食品，轻则呕吐、中毒，重则造成人体器官畸形、肝脏病变、肾脏病变，甚至癌变。

## 229. 家禽中毒病发生的原因有哪些？

**(1) 管理不当**　禽舍内由于管理不当往往会引起消毒剂或有害气体的中毒，如一氧化碳中毒、氨气中毒、甲醛（福尔马林）中毒、生石灰中毒、高锰酸钾中毒等。

**(2) 饲料保存与调制方法不当**

①对饲料或饲料原料保管不当，导致其发霉变质而引起中毒。如黄曲霉毒素中毒、杂色曲霉毒素中毒等。

②利用含有一定毒性成分的农副产品饲喂家禽，由于未经脱毒处理或饲喂量过大而引起中毒，如菜籽饼、棉籽饼中毒等。

**(3) 药物因素**　如果用于治疗的药物使用剂量过大，或使用时间过长可引起中毒。如磺胺类药物中毒、聚醚类抗球虫药中毒等。

**(4) 农药和化肥因素**　由农药、化肥与杀鼠药对环境的污染引起。家禽常因采食被其污染的饲料、饮水，或误食毒饵（如磷化锌、氟乙酰胺等）而发生中毒。此外，有些农药，在兽医临床上用来防治畜禽寄生虫病，若剂量过大，或药浴时浓度过高，也可引起中毒。

**(5) 工业污染**　随工厂排放的废水、废气及废渣中的有毒物质未经有效的处理，污染周围大气、土壤及饮水而引起的中毒。

**(6) 地质化学因素**　由于某些地区的土壤中含有害元素，或某种正常元素的含量过高，使饮水或饲料中含量亦增高而引起的中毒，如氟中毒等。

## 230. 怎样防止育雏舍一氧化碳中毒？

一氧化碳是自然界的常见气体，无色无味，在育雏室里没有一氧化碳的存在，但在烧煤的过程中可能会产生一氧化碳，一般空气流通的情况下也很少存留。如果在密闭的室内空气不流通，而煤烟的产生又源源不断时积聚滞留而增加空气里的浓度，缺乏通风会积聚的越来越多，会使室内的雏鸡发生中毒。

（1）**症状及解剖**　育雏舍内有刺眼的感觉，密闭而黑暗，靠烟囱近的笼里雏鸡一只挨一只的摆开，嗜睡，有几只出现呼吸困难，头向后伸长喘气，拿在手中浑身无挣扎力，软绵绵的，而靠窗户的雏鸡在叽喳的叫，看烟囱不断地向育雏舍内冒烟，室内有一种憋气的感觉，应怀疑一氧化碳中毒，立即打开窗户通风。雏鸡体表皮下瘀血，气管有出血，口中有黏液，胸腺出血，肉眼见是成紫色的，心脏、肝脏、肺脏都呈瘀血状的暗紫色，大小肠管干瘪。死鸡软绵绵，血不凝固，尸僵不全是一典型的特点。

（2）**防治**

①预防：育雏舍不能封闭太严，应有一定的通风换气设施。如安装一定数量的小型排风扇（比如厨房用排风扇），功率小不费电，对雏鸡又不会造成应激，更主要的是起到了通风换气、排出舍内杂质及浊气的效果，增加了雏鸡舍内新鲜氧气的浓度。

烟囱开口一定向上（天空方向），这样，可避免刮风风向的影响，可以避免煤气回流入室。另外，垂直段烟道要有一定高度，增加吸力。如果条件所限不能垂直安装，烟筒末端一定要加装一个弯头，可避免风向的影响。

②治疗：抢救方法为快速通风，一是打开窗户，排出煤烟；二是开动手持干燥吹风机和空气滤清器，半小时左右就见效；三是促进排毒，饮水是群体解毒的最好的途径，饲料中也要添加解毒能手维生素 C，因此拌料和饮水中添加 6％的维生素 C 粉，每日每只雏鸡需要一次加 10～30 毫克，连续饮水 5 天为一个疗程。

缓解应激反应：饮水中加入 0.1％电解多维，连用 3～5 天，补充水分和微量元素促进代谢，提高对抗应激刺激的能力，加速恢复健康缓解应激反应，恢复正常状态。

## 231. 怎样防治鸡黄曲霉毒素中毒？

当饲料发生霉变时，饲料中会产生大量的黄曲霉和寄生曲霉，它们能够产生大量的有毒代谢产物即黄曲霉毒素。黄曲霉毒素随被污染的饲料经胃肠道黏膜吸收后，主要分布在肝脏，引起蛋白质、脂肪的合成和代谢障碍，肝脏脂肪增多，肝糖原下降以及肝细胞变性、坏死，除此之外黄曲霉毒素还具有致癌、致突变和致畸性，导致肝癌的风险。

（1）**症状及解剖**　家禽黄曲霉毒素中毒后以肝损伤为主，雏鸡对黄曲霉毒素的敏感性较高，中毒多呈急性，死亡率高。幼鸡多发生于2～6周龄，多表现为食欲不振，嗜睡，生长发育迟缓，虚弱，翅膀下垂，时时凄叫，贫血，腹泻，便中带血。成年鸡耐受力较强，呈慢性中毒，初期多不明显，通常表现为食欲减退，消瘦，不愿活动，贫血病程长，可诱发肝癌。剖检时可见肝脏肿大、硬化、脆弱、黄疸、斑点出血或灰白色斑点状坏死灶，腹水；心肝有出血，心包积液；胰脏萎缩（由均匀变成凸凹不平或网状）；肾肿大，肠黏膜出血。

（2）**防治**

①预防：禁止饲喂发霉变质的饲料，特别是发霉的玉米、谷物饲料及花生饼。加强环境清洁工作，做好环境消毒，舍内可用浓度为2％的氯酸钠溶液消毒，残留的粪便可使用漂白粉处理。饲料贮藏所用仓库，定期使用福尔马林溶液熏蒸处理。此外，还要做好饲料防腐。

②治疗：确诊后，立即停止饲喂霉变饲料，更换新鲜饲料。或者直接改喂易消化的青绿饲料，减少饲料中的脂肪含量。给病鸡饮服浓度为5％的葡萄糖水溶液，饲料中添加足量的维生素 $B_1$、维生素 $B_2$ 和维生素 C；或者添加禽用多维素，可加快康复。

## 232. 怎样防止鸡磺胺类药物中毒？

过量磺胺类药物被机体吸收后，会造成家禽肾小管阻塞和肾损害、黄疸和过敏反应，还能引起酸中毒。

（1）**症状及解剖**　急性中毒家禽主要表现为兴奋不安、摇头、厌食、腹泻、排灰白水样粪便。先见眼肌阵发性痉挛，继而波及全身，共济失调，行走困难，瘫痪于地，麻痹而死。慢性中毒表现为羽毛松乱、沉郁、食欲减少或废绝、渴欲增加、腹泻或便秘、增重缓慢、产蛋量下降、产软蛋或薄壳蛋、蛋壳粗糙，因肠道菌群失调引起维生素 $B_1$、维生素 K 吸收减少产生的多发性神经炎和全身性出血症。鸡在磺胺类药物中毒时，典型的病理变化是皮下、肌肉广泛出血，尤其是胸肌和腿肌更为明显，呈点状或斑状出血。血液稀薄如水样，凝固时间延长或完全不凝固，胸腔、胃肠道内均可见到血液或血凝块。轻度中毒的鸡骨髓由暗红色变为淡红色，严重中毒的鸡则完全变为黄色。肾脏明显肿大，土黄色，表面有紫红色出血斑。输尿管增粗，并充满尿酸盐。脾肿胀，有出血性梗死和灰色结节区。心肌出血呈刷状，心外膜出血。胸肌充血和水肿。胸腺、脾和法氏囊免疫系统的生长发育都受到明显的抑制。

（2）防治

①预防：使用磺胺类药物时，计算、称重要准确，搅拌应均匀，使用时间不宜过长，用药期间要特别供给充足的饮水。对磺胺类药物特别敏感的家禽（如 1 日龄雏鸡及产蛋鸡），应尽量避免使用磺胺类药物，确需使用时，剂量不宜太大，使用时间一般不超过5 天。尽量选用含抗菌增效剂的磺胺类药物。治疗肠道疾病时，应尽量选用在肠道内吸收率低的磺胺类药物。在使用磺胺类药物期间，要提高日粮中维生素 C、B 族维生素、维生素 K 的含量。如果细菌对磺胺类药产生耐药性后，则应换用抗生素，不能换用其他磺胺类药物。

②治疗：一旦发现鸡群磺胺药物中毒，应立即停药并供给充足的饮水。用 3%～5% 的葡萄糖及 1%～2% 的小苏打加入饮水中，自由饮用 5～7 天。已见广泛出血的病例，目前尚无特效药物可救治。轻度中毒的病鸡，应加大饲料中维生素 K 与 B 族维生素的含量。

# 参 考 文 献

叶锦玲.产蛋鸡免疫失败的原因分析及对策［J］.中国畜牧兽医文摘，2015（1）：135.

昂琼.常用疫苗的分类及使用注意事项［J］.山东畜牧兽医，2013（07）：83-84.

吴海英.畜禽计划免疫的注意事项［J］.中国畜牧兽医文摘，2015（01）：88.

闫春轩.动物疫病传播途径及防控措施［J］.兽医导刊，2014（04）：35-37.

许英民.规模化养禽场如何进行禽病的综合性预防［J］.家禽科学，2016（4）：36-39.

江宇，鼓剑.鸡群免疫后的发病原因及预防措施探析［J］.新疆农垦科技，2013（11）：31-32.

周靓靓，吴蕾，李立莉.鸡新城疫疫苗的种类及其使用注意事项［J］.现代畜牧科技，2015（3）：143.

郭立军.鸡新城疫的诊断与防治［J］.畜牧兽医科技信息，2008（2）：82-83.

赵公舜.马立克氏病［J］.养禽与禽病防治，1989（1）：14-15.

胡晓苗.鸡马立克氏病诊断与防治［J］.农业灾害研究，2013（10）：45-48.

陈晓月，赵玉军.鸡传染性喉气管炎研究进展［J］.中国兽医杂志，2002，38（1）：35-38.

黄宁林.鸡传染性支气管炎诊断与防治［J］.畜禽业，2012（10）：86-87.

陈永洪.鸡传染性法氏囊病［J］.家禽科学，1990（3）：30-33.

张福国，于京芹.鸡禽流感的诊断与防治［J］.山东畜牧兽医，2017（1）：62-64.

宋娥.鸡产蛋下降综合征［J］.中国畜牧兽医文摘，2012（2）：136-138.

彭羽，贾惠君，华莹.鸡痘诊断及综合防治技术［J］.家禽科学，2008（5）：26-29.

袁海英.禽白血病的诊断与防治［J］.畜牧兽医科技信息，2009（11）：74.

周华顺，房卫红.浅谈鸡白痢的防治［J］.北京农业，2011，（6）：119-120.

谷臣君，吴泽川，李科.禽霍乱的研究进展［J］.中国畜禽种业，2013，（1）：118-119.

王东升.鸡大肠杆菌病的诊断与防制措施［J］.当代畜禽养殖业，2015，（7）：

33-34.

陈素英．禽支原体病的鉴别诊断与防控［J］．北方牧业，2011，(15)：19.

王海生，杨勇，毛航平．鸡蛔虫病的病原、流行与诊治［J］．现代畜牧科技，
　　2015 (3)：106.

王居平，黄南兴，潘小林．鸡螨病的综合防制［J］．中国家禽，2005 (17)：
　　54-56.

刘玲伶，白高洁，辛秀克，等．鸡绦虫病的危害及其防控措施［J］．中国畜牧
　　兽医文摘，2015，31 (6)：147.

段培培．鸡组织滴虫病的预防和治疗［J］．中国畜禽种业，2016 (6)：
　　153-154.

孙桂芹．家禽螨病的发生与防治［J］．中国动物保健，2016 (2)：53.

魏万娟．夏季鸡组织滴虫病的诊断和防治措施［J］．国外畜牧学（猪与禽），
　　2016 (6)：97-98.

付文涛，周变华，黄婷婷，等．中药有效成分抗鸡球虫病研究进展［J］．动物
　　医学进展，2016 (6)：98-101.

逯海峰．鸡异食癖的病因及防治措施［J］．青海畜牧兽医杂志，2011，41
　　(5)：66-66.

时文贤，马启禄，张艳兵．鸡异食癖的发生与防治［J］．畜牧兽医科技信息，
　　2005 (11)：43-44.

谢康，杨厚双．蛋鸡猝死综合征的防治［J］．养殖技术顾问，2014 (12)：
　　149-149.

李胖．蛋鸡热应激综合征的防控措施［J］．中国畜牧兽医文摘，2014 (7)：
　　64-64.

彭西，崔恒敏．禽类缺锌症的研究进展［J］．山东家禽，2002 (8)：45-47.

薛玉华．家禽缺锌症的防治［J］．江西饲料，2014 (2)：41-41.

金成子，金炳俊．鸡多种维生素中毒诊断报告［J］．吉林畜牧兽医，1985
　　(6)：34.

王文．谨防母鸡维生素过多症［J］．农村养殖技术，2000 (4)：8.

李北．维生素过多适得其反［J］．农村科技，2003 (7)：10-10.

贾秀军．禽类维生素 A、维生素 D 缺乏症的诊断与防治［J］．吉林农业，2014
　　(13)：60-60.

王山宏，王艳杰，谢昆，等．畜、禽硒和维生素 E 缺乏症［J］．畜牧兽医科技信息，2010（1）：29-29.

张雯涵．鸡痛风症的诊断与防治［J］．乡村科技，2015（15）：34-34.

李文远．鸡脂肪肝综合征的防治［J］．养殖与饲料，2015（4）：63-64.

冯云霞．家禽黄曲霉毒素中毒的诊疗及防治措施［J］．农民致富之友，2017，（1）：91.

闫永平，胡建军．家禽磺胺类药物中毒的发生与防治［J］．当代畜牧，2003，（9）：31.

唐朝忠，唐中伟．鸡鸭常见中毒病的诊治［J］．中国动物保健，2000，（4）：16-17.

周会斌，李居华，孙先明，等．冬季育雏谨防一氧化碳中毒［J］．山东畜牧兽医，2004（2）：2.

刘宗平．2006 动物中毒病学（精）［M］．北京：中国农业出版社．

# 第八章 蛋鸡场经营管理

## 第一节 养殖的经营决策

### 233. 为什么要提倡蛋鸡规模化生产?

随着科技的进步，自动化和标准化应用越来越广泛，规模化生产提高了生产水平，降低了单位生产成本，规模经济效益明显。从我国蛋鸡产业政策的导向、土地资源的制约、人工成本的加大及粪污处理的规模效应等综合因素分析，未来 5 万～10 万只规模的商品蛋鸡场将成为行业的主体。规模化生产具有以下几方面特点。

（1）节约占地面积　蛋鸡笼养比平养方式多养 3～5 倍的鸡，在同样的地面和建筑物内，由于多层鸡笼占地面积小，可充分利用空间（图 8-1、图 8-2），减少单只鸡的固定成本，提高单位产出率。

图 8-1　规模化高密度饲养　　　　图 8-2　蓝灰白壳高产蛋鸡

(2) **节约用工** 农户散养只能养 100~200 只/产，而笼养可养 2 000 只/人左右。机械化程度高的可养 2 万只/人。人工智能化水平高，物联网便于随时观看鸡的活动情况及各种突发事件，人不用在鸡生长环境工作。

(3) **节约饲料** 鸡只饲养在笼内，活动量、采食量、消耗量均较少，生长均匀，饲料转化率高。合理的添水、加料设计，减少饲料抛散浪费，笼养可节约饲料 20%。

(4) **便于预防和控制疫病** 蛋鸡笼养可通过对粪便、采食量等的观察及早发现问题，以便及时做好保健，定期消毒，远离粪污接触，有效地控制鸡与疫病传染源的接触，人不在鸡舍内走动，不干扰鸡群生活，不传播病源。

(5) **产蛋率高而稳定** 散养鸡受自然气候变化影响大，冬季天冷不产蛋，夏季天热也不产蛋。而笼养鸡舍内环境容易控制，减少了外界气温变化的干扰，给鸡群创造了高产稳产的生活条件。舒适的环境，优质均衡的饲料，保证了笼养鸡的蛋品质一致性。

(6) **蛋鸡规模要适度** 全面权衡鸡蛋的市场、自有的资金、技术、劳力、设备、资源等各个生产要素的客观实际情况，选择能够实现诸生产要素配置的最佳组合方案，确定鸡群规模。根据销售量、成本和利润三者的关系，用盈亏平衡来分析，达到鸡场效益最大化。不同规模鸡场各有特点，以下分类供参考。

①大型蛋鸡场：饲养规模在 10 万套（只）以上的蛋鸡场。这类鸡场要求资金与技术力量雄厚，鸡舍全机械化、标准化，销售能力强，把握蛋品市场的能力强、投资风险大，在大的疫病面前或社会媒体导向时（如 H7N9 病毒被称为禽流感对消费者有误导），损失无力控制。但有的大型企业通过调配各种资源减少损失，仍能度过难关，走出困境。

②中型蛋鸡场：饲养规模在 1 万~10 万套（只）的蛋鸡场。这类商品蛋鸡场规模和生产水平较大型蛋鸡场有一定差距，一般多采用半机械化饲养，这种鸡场比大型企业灵活，风险来时靠品质与

信赖求生存。

③小型蛋鸡场：饲养规模在1万套（只）以下的蛋鸡场，以养鸡专业户个体经营为主要形式，占我国规模化蛋鸡场的多数。小规模的蛋鸡养殖效益比较平稳，劳动强度大，资金、技术和管理经验较为薄弱，可因地制宜，不断提高蛋鸡养殖的自动化和标准化水平。

## 234. 搞好市场调研对发展养鸡业有什么意义？

在做出养殖决策前，必须做好市场调研，有计划、系统地收集、整理和分析市场情况，获得经济信息与数据。主要调查鸡蛋、鸡、饲料的市场容量和市场需求量及需求特点，如：市场需求量、消费群体、产品结构、销售渠道、价格、竞争形式等。这些是进行市场预测、制订计划和决策的基础，也是搞好生产经营和产品销售、生产经验的前提条件。充分研究企业外部环境和内部条件，分析企业的优势和劣势、机遇和风险，特别要注意了解和掌握计划的限制条件与困难。

市场调研主要分为市场供求关系调研、消费群体调研和价格与竞争形式调研三部分。

（1）**市场供求关系调研** 立足于本地销售，了解鸡蛋生产规模与供求变化及与外地的差异，以调节生产规模和发展速度；鸡蛋仍存在着较为明显的生产和消费的季节性与地区性差异，及时准确地了解鸡蛋的供求关系及价格变化季节性与区域性情况，可以适时地调整生产结构，向外销售，获取利润。

（2）**消费群体调研** 了解本产品消费者、购买者的职业、民族、消费习惯、收入水平及购买时间、地点、数量、规律和喜好等，便于了解消费者的需要，顺应消费心理，提高鸡蛋的销售量。

（3）**价格、竞争形式调研** 购买者对价格高低的接受程度，价格与销量的弹性变化，同类产品价格的变化，产品结构和品质与价格的性价比值，生产成本的价格差，季节差价、地区差价、饲养技术的改进及饲养蛋鸡取得的经济效益。

## 235. 怎样进行蛋鸡养殖的市场预测?

根据本地蛋鸡发展变化,预测市场需求、消费结构、市场价格变化;预测国家政策、技术进步程度及可能发生的疫情和应对措施对蛋鸡业的影响趋势。对鸡蛋市场需求变化进行分析,掌握需求规律,对未来趋势做出正确的判断和估计,在面临不可控因素时把风险降至最低的应对措施。

市场预测可采用直观判断法、人口需求预测等。

(1) **直观判断法** 主要是通过行业会议、调研、专家咨询的方法,获取结论性的信息,给未来的蛋鸡生产发展趋势做出判断。方法简单,但不够精准,运用时应结合大数据与网络信息预测,防止失误。

(2) **人口需求预测法** 根据人们膳食结构、人口增长及消费习惯的变化(如节日、风俗、市场走向),推算市场特定时期的禽与蛋等产品的需求量及销售潜力。

(3) **疫病流行趋势的预测** 流行病及社会媒体舆论给蛋鸡市场的负面影响总是很惨重,这不仅是病本身带来的生产质与量的影响,还有因流行病引起的消费导向失控对销售量的打击。投资前,应该充分了解疫病流行史,做好预防,从小规模做大,或参与公司加农户的形式减少自身风险。

## 236. 怎样进行蛋鸡生产的经营决策?

决策具有显著的选择性:即任何决策都是为解决某一重大问题,从两个以上的备选方案中选择一项行动方案,以便取得最佳的效果。

(1) **制订计划指标** 在掌握市场主要信息前提下,对鸡场的外部环境、内部条件和经营目标三者之间的综合分析与协调,确定企业发展方向、经营规模的扩张方式、企业内部生产部门协调发展,规模、速度、生产结构与其他部门的衔接，制订鸡场的各项指标，如：家禽育种速度，家禽养殖量、蛋品生产量，保障各部门共同发展。

**(2) 制定决策方案** 集思广益，优化各个方案，确定决策目标，如提高鸡蛋的壳质、口感、安全性、产量、生产期、生产环境及生产标准，年产值、成本与利润，对生产经营的方针、方向、规模、方式等重大问题进行选择和决定。把需要解决的问题的性质、结构、症结及其原因分析清楚。包括：发现问题、确定目标、制订方案、运筹计算、比较方案、执行方案、创造、改善条件，保证经营目标的实现，最优化分配（人、财、物、时间、信息）等资源。

①确定投资生产规模：规模在 10 万只以上是大型养鸡场，10 万只以下、1 万只以上的是中型蛋鸡场，1 万只以下、300 只以上的是小型养鸡场。根据本地区市场状况、投资能力、饲养条件、技术力量以及投资生产后的经营管理和经济效益。根据蛋鸡场多年的实践证明，一般养殖专业户多以中小型为主，逐渐发展壮大。对有技术支撑、资金雄厚的企业，可以高起点发展大型规模养殖。

②饲养方式：蛋鸡生产主要有以下三种类型：

a. 密闭式鸡舍饲养：密闭式鸡舍可以做到人工自动化控制舍内环境。鸡群处于全程控制的稳定小气候环境，生产水平较高，投资较大，全部依赖电力设备。

b. 开放式鸡舍饲养：开放式鸡舍又称敞开式鸡舍。鸡舍南北两侧大部分是开放的有窗鸡舍。冬天不用供暖，可以自然通风。北方适宜建密闭式鸡舍，南方则以开放式为好，长江流域因天气炎热，开放式鸡舍也要辅以水帘与喷淋装置。

c. 生态放养：白天以林地为生长环境（图 8-3），晚上栖在鸡舍，受外界环境影响大，成本低，易受天敌危害，丢失严重，产蛋率低，但鸡与蛋风味好，鸡—果共生是一种很好的模式，特别是有机果林，不喷洒农药。但生态养殖不可控因素多，规模化与生生态养殖结合的技术方法值得探索。

图 8-3　生态放养模式下的鸡群

③机械化水平：从总的趋势看，由人工手动过渡到半自动化再到机械化乃是养禽业的发展趋势。中小型鸡场主要以半机械化居多，机械设备与人工操作相结合应用，机械化可解放劳动力，改善工作环境，特别是一些简便灵活的专利技术值得中小型鸡场推广。

④鸡场建设：场址选择应从环境、卫生防疫，交通、电力和前景规划、国家政策等方面来综合分析，参照国内外建场的经验及有关资料，采取相应的技术、经济和组织措施。如基本建设计划、资金筹集和投放计划等。

⑤经营管理：以整体的、全局的利益为目标，采取一系列措施，使管理工作更加完善、周密、细致，决策资金筹集的方式与规模、组织生产和经营体制的改革，进行管理机构的设置、职务的划分、组成成员的合理搭配、各种责任的确定、考核、奖惩等。计划好生产方针、畜群周转、饲料配合、防疫程序、设备更新及为此做的物资供应。

⑥决策方案的选择：能合理、有效地利用各种资源，取得较好的效益，并使经济效益、社会效益和生态效益统一起来。

a. 经验判断法：即根据以往的经验和资料，权衡各种方案的利弊进行决断。这时决策人的素质、性格、知识和能力起着决定性作用。

b. 数学分析法：即借助于数学模型找出最优决策。

c. 试验法：虽然经营决策不可能像在实验室进行控制试验那

样，而要受到很大限制，但在技术经济、产品销售、价格决策等方面是可以采用试验法的。

d. 执行并反馈方案实施情况：拟定具体的实施计划和具体策略，并使执行者了解和接受，明确责任和权力。依靠信息反馈制度，掌握决策实施过程的具体情况，适时调节、变通，确保顺利实施决策方案。

## 237. 怎样测算蛋鸡场的经济效益？

以年存栏 50 000 只蛋鸡的养殖场为例，按全进全出的生产模式，一个蛋鸡生产周期 510 天，其中产蛋前约 5 个月（其中 0～2 月龄为育雏期 2 个月，3～5 月龄为育成期 3 个月），产蛋期约 12 个月（360 天）计，计算一个生产周期的投入产出情况如下。

**(1) 生产周期总收入**

①鸡蛋收入＝蛋价×产蛋量×有效产蛋鸡只数

＝9.2×0.055×30×12×50 000×90％＝819.72（万元）

其中：蛋价按一般市场价 9.2 元/千克；有效产蛋鸡按存栏数的 90％计；年产蛋量按平均 0.055 千克/个，产蛋期 12 个月，每个月 30 天计算。

②淘汰鸡收入＝淘汰毛鸡均价×鸡只数×成活率

＝18 元/只×50 000 只×95％＝85.50 万元

③一个生产周期鸡粪销售收入＝120×50 000/300×（3＋12）

＝30.00（万元）

其中：平均每 300 只鸡每个月产鸡粪 1 米$^3$，育雏期产粪量少，忽略不计；鸡粪平均售价 120 元/米$^3$。

一个生产周期收入合计＝鸡蛋收入＋淘汰鸡收入＋鸡粪收入＝819.72＋85.50＋30.00＝935.22（万元）

**(2) 生产周期总支出**

①土地租金＝1 000×16×510/365＝2.23（万元）。

其中：占地约 16 亩，按租用计，租金每 1 000 元/（亩·年），一年计 365 天。

②生产周期固定资产折旧 39.7 万元：鸡场建设的固定资产投入参照第 29 问。按 15 年折旧，不计残值。

其中：固定资产年折旧额＝（鸡舍建造费＋养鸡设备费＋其他固定资产）/15

＝（246.5＋25.48＋130＋24.4）/15＝28.42（万元）

一个生产周期固定资产折旧额＝年折旧额×510/365＝28.42×510/365＝39.7（万元）

③鸡苗成本＝3.6×50 000/（95％×92％）＝20.59（万元）

其中：鸡苗拟价 3.6 元，雏鸡性别鉴别准确率 95％，育成成活率 92％。

④一个生产周期饲料成本＝产蛋前饲料成本＋产蛋期饲料成本＝129.43＋495.00＝624.43（万元）。其中：

a. 生长期成本：生长期包括育雏期（0～2 月龄）和育成期（3～5 月龄）共 5 个月，育雏期总消耗饲料约 1.85 千克/只；育成期 90 天，消耗饲料按平均 0.083 千克/（只·天）；饲料单价以 2.7 元/千克计：

生长期饲料成本＝［2.7×1.85×50 000/（0.92×0.95）］＋（2.7×0.083×90×50 000）＝28.58＋100.85＝129.43（万元）

b. 产蛋期为期 12 个月（以 360 天计），按耗料 110 克/（只·天），饲料单价以 2.5 元/千克计：

产蛋期饲料成本＝2.5×0.110×360×50 000＝495.00（万元）

⑤一个生产周期人工成本＝3 000×17×50 000/4 000＝63.75（万元）。

其中：以每 4 000 只蛋鸡配备 1 名员工，每人平均月薪 3 000 元计。

⑥一个生产周期低值易耗品及其他费用＝6×50 000＝30.00（万元）。

其中：防疫费 3 元/只，水电费 1 元/只，低值易耗品费 1 元/

只，环境整治、税费等综合费用 1 元/只，合计 6 元/只。

⑦一个生产周期财务费用＝（租地费＋固定资产总投入＋流动资金）×5%＝[2.23＋（246.5＋130＋25.48＋24.4）＋100.00]×5%＝26.43（万元）。

其中：资金占用费按 5%计提财务管理费，流动资金预计 100万元。

一个生产周期支出合计＝①＋②＋③＋④＋⑤＋⑥＋⑦＝2.23＋39.70＋20.59＋624.43＋68.00＋30.00＋26.43＝811.38（万元）

**（3）生产周期毛利润**　毛利润＝总收入－总支出＝935.22－811.38＝123.84（万元）。

**（4）盈亏平衡点**　市场鸡蛋价格是影响蛋鸡养殖企业效益最敏感的因素，当鸡蛋出厂价格高于 7.03 元/千克时，饲养蛋鸡会赚钱；但当鸡蛋出厂价格低于 7.03 元/千克时，企业可能会出现亏损。计算过程如下：

由于一个生产周期收入由鸡蛋收入、淘汰鸡收入和鸡粪收入构成，因此，鸡蛋销售收入临界值（出现不亏不赚时应达到的鸡蛋销售收入额）＝支出合计－（淘汰鸡收入＋鸡粪收入）＝811.38－（85.50＋30.00）＝695.88（万元），折合成单位蛋价为 695.88/（0.055×30×12×50 000）＝7.03（元/千克），即蛋价为 7.03 元/千克时是蛋鸡养殖的盈亏平衡点。

# 第二节　蛋鸡养殖场生产经营

## 238. 蛋鸡场经营管理的内容包括哪些？

经营管理是企业根据市场需要及企业内外部环境条件，合理地选择生产，使生产适应于社会的需要，取得最多的物质产出和最大的经济效益，为实现经营目标所进行的计划、组织、投资、指挥、协调等工作。科学的经营管理可促进实现生产手段和科学技术的现代化。

依据市场信息决策经营方向、生产规模与工艺、饲养方式、鸡的品种等内容。确定适宜生产规模。它是随着科技进步、饲养方式、劳动力技术水平、经营管理水平的提高而不断变化。通过对市场的调研和信息的综合分析预测，可以正确把握经营方向、规模、鸡群结构、生产数量，使产品适应市场，实现利润最大化。它包括市场需求预测、购买力预测、饲料等供给物的预测，以及其他蛋白质类农产品价格对鸡蛋价格的影响等。

(1) **组织机构** 建立必要的组织机构行使决策权来有效地组织生产，协调各部门有序的工作。一般为场长负责制，实行定额管理，有效地组织生产，实现最优化生产，不断提高产品产量和质量；可以最大限度地调动全体员工的劳动积极性，提高劳动生产率。

(2) **鸡群周转计划** 编制鸡群周转计划，具体包括何时进鸡、何时转群、进多少鸡、转出多少鸡等，这些事先都要有具体的计划，以便于组织人力实施。供销计划、饲料供应计划、编制生产计划和财务计划，承包责任制划分小场内的核算单位，按劳计酬。为保证生产、销售渠道畅通，鸡场应有固定的产品销售渠道、商品蛋的销售计划、鸡粪及淘汰鸡销售计划等。

(3) **规章制度** 通过制订各种规章、制度和方案作为生产过程中管理的纲领或依据，使生产能够达到预定的指标和水平。蛋鸡场所制定的各项规章制度的最终贯彻执行，要靠人来完成。合理安排和使用劳动力，健全组织管理，建立岗位责任制。进行生产业绩比较（包括个人、组间与时间点），使每个职工能够充分发挥主观能动性和聪明才智，需要建立联产计酬的岗位责任制。

(4) **技术规程** 制定各项技术操作规程，并严格执行。

(5) **财务管理** 制定财务管理办法，加强资金管理、成本核算、收支状况核算、经济技术效果分析。

(6) **生产记录** 作好作业生产记录和收支月报记录。养鸡场年度生产任务中要对每一品种的鸡定出产蛋率。

(7) **产品营销** 包括产品的宣传与促销、优质服务等。

## 239. 怎样进行蛋鸡生产管理?

鸡种良种化,饲料全价化,设备标准化,管理科学化,防疫体系化。这是现代化养鸡的五大支柱,蛋鸡管理必须朝着这个方向努力。把良种、饲料、机械、环境、防疫、管理等因素有机地辩证统一起来。抓好企业质量管理是极其重要的一环。结合禽蛋市场的需求和目前国内外育种、防疫等技术的发展动向,结合本企业现有水平,学习国内先进成果,研发独特的自有技术与经验,创造现有条件下的较高水准的企业。注重蛋鸡企业的成果、信誉和竞争能力,既要对全场的质量管理方案进行平衡,协调产值、产量、利润与品种质量的关系。又要使各个环节的生产都有各自的质量要求和标准,提高产品的适用性,满足用户的要求。

(1) **防疫** 必须制订严格的防疫措施,保证鸡群健康生长,蛋鸡集约化饲养,受疫病的威胁十分严重,隔离防疫是防止病源传播的重要措施。在加强饲养管理的基础上,严格消毒防疫制度,设立养殖分区,定岗定员不串岗,不养其他动物,"全进全出"的饲养方式,生产区内谢绝参观。未经场长批准,外人禁止入内,工作人员必须换鞋,消毒后才能进入生产区。运送鸡粪、淘汰鸡的人员,禁止进入生产区。规定对场内、外人员、车辆、场内环境、装蛋放禽的容器进行及时或定期的清洗消毒,鸡舍空栏的冲洗、消毒。采用制定科学合理的免疫程序、种鸡群的检疫,严防传染性疾病的发生。工具、用具一律不许外借。病鸡及时隔离,死鸡焚烧、深埋处理。

(2) **优良鸡种选择** 选择适应性强、市场容量大、生长速度快、产蛋率高、饲料转化率高的优良鸡种可提高生产水平,取得好的经济效益。饲料成本在养鸡生产中约占总成本的 65% 左右,因此，必须根据鸡的不同生物学阶段的营养需要，合理配制日粮，提高饲料的利用率，降低饲料费用，这是饲养管理的中心。

(3) **人财物管理** 抓好生产技术管理、财务管理、人员管理和加强经济核算，合理组织和管理对内、对外复杂的经济活动和生产技术活动，协调经济关系，使管理科学化。根据本场生产机械化水平和劳动生产率及劳动强度，制定适合的劳动定额。

(4) **制度建设** 制订各种规章、制度和方案，不同饲养阶段的鸡群，按其生产周期制订不同的技术操作规程。指出不同饲养阶段鸡群的特点及饲养管理要点。尽可能采用先进的技术，按不同的操作内容分段列条，对饲养任务提出具体生产指标，条文要简明。各类鸡舍一日的工作程序每天从早到晚按时划分，规定每天的每项常规操作，使每天的饲养工作有序保质完成。

(5) **明确生产任务或饲养定额** 必须保质保量完成的工作项目指标，通过各项记录资料检查工作成绩和完成任务的情况，以此作为奖罚的依据。

(6) **提高集约化饲养水平** 采用先进的机械和设备，实行高效、高产、低耗技术，取得较高的经济效益，养鸡机械化可以大幅度提高劳动生产率，节省饲料成本，减少饲料浪费，提高产蛋率和肉鸡的增重速度，并有利于防疫，减少疾病的发生，提高成活率。

(7) **日常饲养要求** 巡视鸡群，观察鸡的精神状况及采食、饮水、粪便、鸡舍通风等的变化，如有异常及时报告处理；每个鸡笼内配置母鸡数量一致，随时挑出病、残、弱鸡、死鸡并做好补充鸡只的工作；夏天应作好防暑降温、冬天作好保暖工作。作好日常的生产记录，记录好饲料消耗量、进鸡数、死淘数、各种疫苗的接种时间、疾病发生时间、用药治疗过程；鸡体称重时间、重量；鸡群产蛋量、蛋重、蛋破损数等情况。

(8) **喂料管理** 饲养员每天做到喂料两次，定时定量，饲料品种（料型号）、数量准确均匀，做到喂料前 1.5 小时槽内有料，喂料时槽内无剩料，尽量做到槽外不撒料。存料要堆放整齐，高架于地面以防潮湿、污染。

(9) **饮水管理**　保证全天供水，饮水桶 3 天清洗一次，饮水系统一周清洁一次，做到饮水管内无沉淀物；检查饮水乳头不漏水，不停水。

(10) **捡蛋管理**　定时捡取，一天最好三次，防止蛋在笼内受环境污染，收捡蛋要求动作敏捷，轻拿轻放，减少碰撞及惊群：质量合格蛋分品种、批次、等级分别堆放标明。破损蛋、双黄蛋、畸形蛋应另外存放。

(11) **清洁消毒管理**　保持鸡舍内外，周围环境的清洁卫生，保证笼舍无丝网无扬尘，院内无垃圾。用具用后及时清洗、消毒。鸡舍内每 3 天喷雾消毒一次；场内环境每天清洁消毒一次，7 天大清洁消毒一次。定期清粪后，走道上要求清洁并撒上生石灰或统糠；做好灭蝇、灭蚊、灭鼠工作，严防野猫、狗、鸟等动物进入鸡舍。

(12) **商品蛋鸡场免疫程序**　1 日龄：MD＋B1；6～10 日龄：H120 喷雾、禽流感、新城疫二联点眼滴鼻；14 日龄：法氏囊滴口或饮水 20～25 日龄：新支二联三价苗点眼滴鼻；法氏囊 1.5 羽份饮水（加脱脂奶粉）；25 日龄：鸡痘刺翅、传染性喉气管炎疫苗滴肛门；56 日龄：新支二联油苗 0.5 毫升肌注；70 日龄：H5 型禽流感疫苗 0.5 毫升肌注；96 日龄：鸡痘刺翅；110～120 日龄：进口新支（28/86）二联点眼滴鼻或进口新支减 0.5 毫升肌注；130 日龄：H9 型禽流感疫苗；380 日龄：传染性喉气管炎疫苗滴肛门；疫苗不是越多越好，根据本场情况选择适当的免疫程序才是根本，条件好的特别是放养条件的鸡场，可适时选择常规免疫疫苗，如 MD、禽流感、法氏囊、新支二联三价苗等。

## 240. 怎样确定蛋鸡生产劳动定额？

劳动定额，是管理企业、组织生产的科学方法。定额有一部分是国家或国际相关法规规定的，有些则需要畜牧企业本单位制定。科学合理的定额有利于减少劳动消耗，增加产品产出，提高经济效益。反映生产技术水平和经营管理水平，是组织生产与推广生产责任制的主要依据。

劳动定额是指一个普通劳动力，在当前生产设备条件下，一个工作班次中按规定的质量完成的工作总量。经过平时工作量统计，适当调整后制订出劳动定额。依生产实际和工作需要而合理安排劳动力的标准即劳动力配备定额。机械化程度和饲养条件以及规模大小，决定了劳动力配备的增加或减少。鸡场劳动定额可以简单认为每人负责饲养鸡只数。对于雏鸡在供温期，要额外增加人员；育成鸡、产蛋鸡饲养定额要高一些。设备条件差，劳动力需要高的，饲养定额低，每人可养 4 000～5 000 只。而笼养蛋鸡半机械化，每人可养 2.5 万～4 万只。对笼养蛋鸡全部实行机械化作业的，每人可养到 10 万～15 万只，饲养员只是观察鸡群，检查设施的运转情况和卫生清扫工作。

## 241. 怎样计算养鸡场全年饲养量和存栏量？

根据养鸡场全年的饲养量，确定出年初、年末及各月饲养的不同阶段的蛋鸡总数，包括年末存栏数与年内屠宰、死亡、出售和调出的总数，或年初实有只数与年内繁殖、购入、调入的总和。以每栋蛋鸡舍饲养量为基本参数，计算出每栋育成舍、育雏舍的饲养量。其中每栋蛋鸡饲养量用 $A$ 表示，每栋育成舍、育雏舍母雏饲养量分别用 $B$、$C$ 表示，计算公式如下：

每栋育成舍饲养量（$B$）＝$A$/育成率；

每栋育雏舍饲养量（$C$）＝$B$/（育雏成活率×合格率雌雄鉴别准确率）；

按统计年报的现行规定，年末存栏鸡的只数应以每年 12 月 31 日舍内实存栏数作为调查统计数据。将上一生产年度末产蛋母鸡数填入周转表格的"上年末存栏数"内。分别计算计划年度内各月各类鸡群的变动情况（转入、转出、死亡和淘汰只数）及月末存栏只数，并分别填入周转表中相应的栏内。

### 242. 怎样编制养鸡场的年度计划?

年度计划是按一个日历年度编制的计划,确定当年生产经营的各种畜产品项目、数量、质量等。计划的制订一定要符合社会需要,贯彻"注重市场,以销定产"的方针,做到产品适销对路。年度计划既是长期计划的实施计划,又是编制阶段计划的依据,应根据其自然条件、经济条件以及经营的范围、规模、生产水平和经营管理水平等各方面的实际情况,内容要求具体详尽,全面反映企业计划年内生产经营活动的行动纲领和奋斗目标,是畜牧业企业计划体系的中心环节。

(1) 鸡群周转计划　制订鸡群周转计划是各项计划的基础,首先要确定年初与年末只数、全年平均只数、正常死亡率与淘汰率、适宜的进雏与淘汰时间、鸡群合理的年龄组成和利用期限,含种鸡(公、母) 1—12月每月的月初只数、淘汰死亡率(%)、淘汰死亡数(只)、本月总饲养日 (只日),月平均饲养数 (只),当年转群鸡数。结合各种鸡舍栋数及容纳鸡只数,才能拟订鸡舍与设备的利用、调整及维修计划,也是拟订各月的引种、工艺流程、饲料物资供应、产品生产销售、人力、财务及卫生防疫等计划的基础。一般种鸡场内,当年繁育的后备鸡应占全群的 50%,转出数中包括正常淘汰率为 35%~40%,死亡率为 10%~15%,按全年均衡生产安排计算,提高设施设备利用率和生产技术水平,"全进全出"制度下,确定各月各鸡舍鸡的存栏只数,列出相应的死淘的鸡数及补充鸡只数即可。三段饲养制比两段饲养制复杂一些,须转群两次。根据鸡群每月变动情况;可计算出每月初的养鸡总数和平均养鸡数。种鸡中按照一定的公、母比例,配足公鸡,应多留 20% 的备用种公鸡。为了使鸡舍的周转与鸡群数量结合起来,应汇总各环节情况,编制鸡群周转计划表。含鸡舍号、饲养品种、上月底圈存、增加数(含转入、购入)、减少数(含出售、转出、淘汰死亡)、月底圈存等内容,及其各阶段的死淘比率和确定的淘汰时间等进行推算。

现以 20 万只蛋鸡场，采用三段饲养制为例，育雏、育成、蛋鸡舍分别按 2 栋、4 栋、12 栋配置，全年均衡生产，其鸡群周转模式见表 8-1、表 8-2。

表 8-1　20 万只蛋鸡群周转模式

| 饲养阶段日龄 | 1～49 | 50～140 | 141～532 |
|---|---|---|---|
| 饲养天数 | 429 | 91 | 392 |
| 空舍天数 | 19 | 11 | 16 |
| 单栋周期天数 | 68 | 102 | 408 |
| 鸡舍栋数 | 2 | 3 | 12 |
| 单栋笼位数 | 6 864（育成 90%） | 6 177（育成 90%） | 5 560 |
| 408 天养鸡批数 | 6 | 4 | 1 |
| 总笼位 | 13 728 | 18 531 | 66 720 |

资料来源：单崇浩 2002 年。

表 8-2　蛋鸡各生产时间安排

| 项目 | 采种蛋 | 孵化期 | 育雏期 | 育成期 | 产蛋期 | 空笼消毒 |
|---|---|---|---|---|---|---|
| 天数 | 7 | 21 | 42 | 98 | 385 | 14 |
| 周数 | 1 | 3 | 6 | 14 | 55 | 2 |

资料来源：魏忠义主编，家禽生产学（1999.09）。

**（2）产品生产计划**　是企业最基本的经营活动。

产蛋计划：依据鸡群周转计划，列出年度内各月份、各栋鸡的存栏数、周龄、周龄产蛋率、蛋重，计算出每栋各月份的平均饲养母鸡数和历年的生产水平，计划产蛋量。各栋全年的产量汇总就是年总产蛋量，并制定产品等级，反应质量水准。按月份制定产蛋率和各月产蛋数，破损和不合格的蛋一般不超过 5%。年度产蛋计划表见表 8-3。

表 8-3　年度产蛋计划表（1～12 月）

| 月份 | 月初只数（只） | 月平均饲养数（只） | 产蛋总数（个） | 产蛋率（%） | 种蛋数（个） | 食用蛋数（个） | 破损蛋数（个） | 破损率（%） |
|---|---|---|---|---|---|---|---|---|
|  |  |  |  |  |  |  |  |  |

（3）**蛋鸡利用计划** 表明本年度各部门对禽舍利用的变动周转情况、预计死淘率、成活率，计算各种家禽占用的禽舍面积及其结构。育雏数应为留种鸡数的2～3倍。种鸡场每年需补充50%的新种鸡。育雏成活率1月龄时设为95%，2月龄设为90%。根据不同品种制定增重的指标和及早选留后备公鸡。

（4）**饲料生产和供应计划** 饲料是蛋鸡生产的重要物质保证。保证供应且避免积压，计算需求和供应时间间隔很关键。制订计划时，应分别列出本场能够生产的和需要购入的饲料种类与数量。青饲料供应计划也应注意，一般用量均等于精料的用量。制订计划时应注意季节的影响。根据各月份的圈存鸡数（含种鸡、雏鸡及后备种鸡等），分别乘以各种鸡的平均采食量，即求出各月份的饲料需要量。

（5）**基本建设计划** 反映本年内基本建设的项目和建设规模，是生产和扩大再生产的重要保证，它包括基本建设投资和效果计划及可行性报告。

（6）**劳动工资计划** 劳动力是保证生产计划实现的决定因素，反映企业劳动力的分配和使用状况，包括在职职工、合同工、临时工的人数、劳动生产率、计酬方式和工资定额、总额及其变化情况。制定劳动力配备定额、确定劳动力的需要量，编制劳动力平衡表。

（7）**物资供应计划** 经营生产中生产资料做出全面安排，尤其是饲料、用具、燃料等主要物资，包括它们的需要量、库存量和采购量，监督和促使企业各部门、经济单位合理地使用及节约物资，努力降低物资消耗，降低成本，提高经济效益。再编制平衡表，利用平衡法编制计划即供应量（期初结存数＋本期增加数）、需要量（本期需要量）和结余数，构成平衡关系，进行分析比较，调整计划指标，确定供应量和供应时期，以实现平衡。重点保证当年生产急需的物资，严格控制库存数，减少资金的积压。

（8）**产品销售计划** 包括各个月份及全年计划销售的各类禽、

蛋及副产品的等级、数量及销售方式与策略。列出产品销售计划，含种蛋、种雏、食用蛋、粪肥及淘汰鸡和不合格蛋等，各项产品须及时售出，不积压。

(9) **产品成本计划** 该计划是加强成本管理的重要环节，是勤俭办企业的一个重点手段，它具体拟定各种生产费用指标，各部门生产总成本、升降额和升降率指标、原因，主要产品的单位成本、可比成本变化差额和变化率及其降低产品成本的措施计划、成本上升的成因及挽救措施。

(10) **财务计划** 对企业全年中一切财务上收支进行全面核算，保证生产对资金的需要和各项资金的合理使用。其内容包括：财务收支计划、利润计划、流动资金计划、专用资金计划和信贷计划投资收益等，要遵循增收节支、量入为出的原则。需经过多次试算，挖潜调整，以力争有更多的盈余。

## 243. 怎样测算饲料贮备量？

饲料需要量计划是组织饲料生产和供应的依据，编制时要根据鸡群生长、生产特点，鸡群周转计划和饲料消耗定额逐月进行。产蛋母鸡年用配合料约 38～40 千克，具体参照表 8-4。据此可推算每只鸡每日需料量。结合鸡群周转时间数量，推算每日鸡场总需料量。每次定购 3～5 天配合料的量。如自配料，还需按照不同时期鸡只需料量，按配方折算出各原料的用量，组织订购和贮备原料。主要内容包括饲料的种类、名称，逐月的需要量和全年总需要量等。

注意事项：

①每天每只鸡的平均耗料量，是根据过去鸡群实际采食量，或者按蛋鸡的饲养标准确定的。

②饲料计划中的数量应比实际采食量多 5％ 左右，因为在运输、保存等环节中会有损耗。

③为使生产尽可能地保持平衡，在编制饲料计划中应有适当的贮备，特别是一些紧缺饲料，以供调节。

④为了预防异常情况地发生，还应适当增加数量作为保险贮备，保险贮备一般为实际需要量的 10%～15%。

表 8-4　轻型与中型蛋鸡饲喂量

| 周龄 | 轻型蛋鸡 | | 中型蛋鸡 | |
| --- | --- | --- | --- | --- |
| | 体重（克） | 饲喂量 克/（只·日） | 体重（克） | 饲喂量 克/（只·日） |
| 21 | 1 360 | 77 | 1 680 | 91 |
| 22 | 1 410 | 95 | 1 730 | 105 |
| 23 | 1 450 | 104 | 1 770 | 114 |
| 24 | 1 500 | 109 | 1 820 | 117 |
| 25 | 1 520 | 114 | 1 860 | 123 |
| 26～27 | 1 520 | 118 | 1 860 | 127 |
| 28～29 | 1 520 | 114 | 1 860 | 123 |
| 30 | 1 590 | 114 | 1 950 | 123 |
| 31 | 1 590 | 114 | 1 950 | 123 |
| 32 | 1 590 | 114 | 1 950 | 118 |
| 33～37 | 1 590 | 109 | 1 950 | 118 |
| 38 | 1 590 | 109 | 1 950 | 114 |
| 39 | 1 590 | 104 | 1 950 | 114 |
| 40～41 | 1 603 | 104 | 2 090 | 114 |
| 42～49 | 1 603 | 104 | 2 090 | 109 |
| 50～58 | 1 680 | 104 | 2 180 | 109 |
| 59 | 1 680 | 100 | 2 180 | 104 |
| 60～69 | 1730 | 100 | 2 270 | 104 |
| 70～72 | 1 750 | 95 | 2 360 | 100 |
| 合计（kg） | | 38.0 | | 40.3 |

注：饲养标准，在适中温度环境条件下 72 周龄入舍母鸡产蛋 270 个的饲喂量。

## 244. 蛋鸡生产的成本因素有哪些?

成本核算是指一定时期内生产经营过程中,对生产产品所消耗的各项费用,加以汇总,按照一定的对象和标准分摊和归类的方法,计算出产品的实际成本,为制定产品价格和企业编制财务成本报表提供依据。成本核算是确定企业盈利的依据,做好核算可以增产节约,增收节支。成本构成因素包括:

①饲料费:包括所有的饲料、饲料添加剂及运费,约占总成本的60%～70%。

②育成鸡摊销费:即苗鸡费加育成期费用之和,约占总成本的20%左右(17%～25%)。

③防疫保健费:用于防疫保健方面的所有费用,约占总成本的2%～4%。

④固定资产折旧费:指房舍、设备等固定资产的折旧费用,分期逐年提取(房舍按建筑质量5～20年,机械设备按7～10年,鸡笼及工具按5年折旧),约占总成本的3%～5%。

⑤人工费包括工资、奖金及劳保福利费用等。水、电、燃料费用、其他直接费用如设备维修、低值易耗品及与生产有关的杂支费用。

⑥共同生产费(车间经费):综合性鸡场的公用设施及技术人员的费用等分摊部分。

⑦企业管理费:指公司或场内用于企业管理的一切费用分摊部分。

⑧利息分摊:包括建场贷款及流动资金贷款的利息分摊额。

## 245. 怎样计算养鸡场的产品成本?

由直接费用和间接费用两部分构成。直接费用也称可变费用,即因生产技术的优劣而有变动的费用。间接费用也称不变费用,即不论生产成绩如何,都需要有固定的费用。

（1）**饲料费**　蛋鸡单位蛋重的饲料费＝饲料转化率×饲料价格。

（2）**初生雏费**　每只初生雏鸡费＝初生雏的单价/出售率。出售率＝出售肉鸡只数/入舍雏鸡只数。

（3）**间接费用**　包括水、电、热能费。为每批肉鸡整个饲养过程所耗水电、燃料费，除以出售只数或出售总体重的商数。

（4）**药品费**　为每批肉鸡所用防疫、治疗、消毒等所用药品费的总和，除以出售肉鸡只数或总重量的商数。

（5）**利息**　指对固定投资（所借长期贷款）及流动资金（短期贷款），1年用以支付的利息总数，除以年内出售肉鸡的批数，再除以每批出售的只数或总重量的商数。

（6）**修理费**　为保持固定资产完好运行而支付的修理费。通常为每年折旧额5%～10%。

（7）**折旧费**　为更新建筑物和设备的预留。一般来说，砖木结构舍折旧期为15年，木质的5～7年，简易的4～5年；器具、机械按5年折旧。

（8）**劳务费**　指蛋鸡的生产管理中劳动所用的花费之和，包括入雏、给温、给水、给料、疫苗接种、观察鸡群、提鸡、装笼、清扫、消毒、运输、购物等。

（9）**税金**　主要是蛋鸡生产所用土地、建筑、设备、生产、销售应交的税金。也要计算在每只鸡或每千克体重上。

（10）**杂费**　除上述各项直接、间接费用之外的费用，统归为杂费，包括保险费、贮备金、通信费、交通费、搬运费等。

## 246. 怎样降低蛋鸡养殖的生产成本？

（1）**节约饲料成本**　蛋鸡养殖成本中饲料成本最高，节约饲料成本是最有利的措施。

①调整饲料配方：根据鸡在不同生理时期对营养需要量不同的特点，及时调整饲料配方中的各种营养成分，以适应鸡的需要。各

种营养成分全面而均衡，料蛋比可达 2.0∶1～2.4∶1。高营养水平饲料可使高产鸡的产蛋高峰持续 4 个月以上。产蛋高峰期后实行限制饲养，防止母鸡过肥而影响产蛋性能的发挥，确保中后期产蛋持续性良好。根据产蛋率的下降情况调整蛋白质用量，避免营养浪费。

②科学采购日粮：选用效益指数高的饲料或配方，要求饲料既能满足鸡的营养需要，又可获得较高的经济效益，采用优质饲料可提高生产水平。可自己配制蛋鸡料，保证原料品质与新鲜度，在饲料价格较低时，尽可能多贮存一些饲料原料。在饲料中某个品种价格较贵时，可考虑部分替代品，如用部分菜籽饼代替豆饼、鱼粉等。注意饲料新鲜度，将饲料置于阴凉、干燥通风、防止饲料发霉变质，防老鼠、鸟偷食。

③减少饲料浪费：饲料费用占总成本的比率最高，因饲料浪费养鸡成本有可能提高 10%～20%。合理设计饲槽，上料少给勤添每次给料不超过饲槽的 1/3，适时正确断喙，以减少投料采食时的抛撒浪费；加料准确，做到净槽。淘汰不良个体，平时注意观察鸡群，发现病鸡、弱鸡、低产蛋鸡及停产鸡过肥或过瘦的不产蛋"白吃鸡"要及时淘汰。

(2) **提高生产水平**  做好保健与环境卫生工作，提高鸡品质，提高育雏育成鸡的健雏率和成活率，为后期发挥产蛋性能打下基础。降低产蛋的耗料比，降低单位产品的饲料费用。

(3) **科学防病治病**  用药科学合理，在消毒和防疫用药上既要舍得投资，又不能怕麻烦。鸡入舍前坚持清扫、洗刷、药液浸泡及熏蒸消毒。进鸡后坚持带鸡消毒。防疫灭病要有的放矢。

(4) **减少应激因素**  任何环境条件的突然变化都会使鸡群惊恐，引起应激反应，导致鸡食欲不振、产蛋量下降、产软壳蛋。减少应激因素除采取针对性措施外，应制定和严格执行科学的鸡舍管理程序，包括光照、通风、供料、供水、饲料更换等。

(5) **加强管理**  实施奖惩制度，提高工人积极性和主观能动性，实行劳动定额管理，以提高生产效率。

**(6) 厉行节约** 节约水电费用，节约使用低值易耗用品。

## 247. 考核蛋鸡场的经济指标有哪些?

**(1) 产值利润及产值利润率**

产值利润＝产品产值－产品成本

产值利润率＝产值利润÷产品产值×100％

**(2) 销售利润及销售利润率**

销售利润＝销售收入－生产成本－销售费用

销售利润率＝销售利润÷销售收入×100％

**(3) 营业利润及营业利润率**

营业利润＝销售利润－推销费用－推销管理费

（推销管理费指推销人员工资及差旅费、接待费、广告宣传费等。）

营业利润率＝营业利润÷销售收入×100％

**(4) 经营利润及经营利润率**

经营利润＝营业利润±营业外损益

经营利润率＝经营利润÷销售收入×100％

**(5) 资金周转率及资金利润率**

资金周转率（年）＝年销售总额÷年流动资金总额×100％

资金利润率＝资金周转率×销售利润率

## 248. 怎样测算养鸡场的流动资金?

用于饲料、燃料、零配件、低值易耗品（如工具、小农具、劳保用品等）等物资储备的资金；各类鸡群、工资福利、家禽医药、企业管理等生产资金；鸡蛋产品资金、货币资金和结算资金等流通资金都需要流动资金。

**(1) 固定资金和流动资金占比** 固定资金和流动资金占用的比例，我国当前情况大约为 61：39。比例是否合理，要结合产值资金率、资金周转率和资金利润率指标来考察，也要结合鸡场的具体特点进行分析。合理比例的标志是在单位产品占用资金较小时的比例，或周转速度较快条件下的比例，或在资金利润率最高情况下的比例。

（2）**流动资金周转率** 流动资金的周转次数是指在一定时期内流动资金周转的次数。流动资金的周转天数表示流动资金周转一次所需要的天数。其计算公式为：

全部或定额流动资金（年）周转资金数＝全年销售收入总额/全年全部或定额流动资金平均余额。

流动资金周转天数＝360 天/年周转次数

（3）**流动资金产值率** 资金产值率表明每生产 100 元所占用的流动资金数和每 100 元流动资金提供的产值数。具体计算公式为：

每 100 元产值占用全部或定额流动资金＝（全年全部或定额流动资金平均余额/全年总产值）×100％

每 100 元全部或定额流动资金提供产值＝（全年总产值/全年全部或定额流动资金平均占用额）×100％

（4）**流动资金利润率** 指蛋鸡场在一定时期内所实现的产品销售利润与流动资金占用额的比率。其计算公式为：

全部或定额流动资金利润率＝（全年利润总额/全年全部或定额流动资金平均余额）×100％

## 249. 蛋鸡产品销售渠道有哪些？

蛋鸡产品在流转过程中是否经过中间商，将营销渠道分为直接渠道和间接渠道。直接渠道是指蛋鸡生产场直接把蛋鸡产品卖给消费者或最终用户。如：订货推销、邮购销售、设立自销直营店、设摊宣传等。优点是：生产者同顾客直接接触，有助于生产者及时、准确和全面地了解顾客意见和要求；没有中间商插手其间，减少流通领域里的时间，使产品及时到消费者手上，保证新鲜度及低价格。但直接营销增加销售机构、人员和设施，增加销售费用。间接渠道是指蛋品经过若干中间商到消费领域的营销渠道，优点是中间商的介入，可以简化交易，资金流动好。

蛋鸡产品按流通过程中经过的环节或层次将营销渠道分为短渠道和长渠道。短渠道是指商品向消费领域转移中，仅利用一道中间商的营销渠道，优点是：可以加快商品流转速度，减少中间商分割利润，较低的销售价格吸引更多的消费者；蛋鸡生产者与销售商合作密切，但销售量不够广泛。长渠道是指利用两道以上中间商的营销渠道，其基本形式是：生产者——批发商/代理商——零售商——消费者或用户，优点是：减少蛋鸡企业的资金占用、交易成本和其他营销费用；有助于开拓市场，扩大商品销路。但蛋品流通减慢，商品上市时间延缓，不利保鲜，中间商层层分割利润，提高了商品售价。

## 250. 怎样拓展蛋鸡场的销售市场？

（1）**合理布局，适度发展数量**　禽、蛋商品有供求季节、地区间的不平衡性，处理好上市量的多和少矛盾，根据不同地区销售条件差异，制定灵活的政策，健全各种服务体系，如健全我国良种繁育体系、疫情预报防疫体系、社会服务体系，实现家禽生产产业化、网络化，实现产、供、销一体化。

（2）**质优价廉**　产品质量竞争是竞争的基础（图 8-4），谁的产品质量好，谁的产品就卖得快、价格卖得高，就可以加快资金周

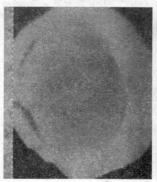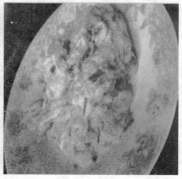

图 8-4　质量取胜的产品

转，提高资金利润率和市场占有率。在产品质量、销售服务相同的前提下，价格低廉的产品销路好。廉价固然会降低单位产品利润率，但能增加销售量而使总利润增加。

**（3）重视服务** 做好产前、产中、产后的服务，逐步建立产业化优势互补的体系，发挥整体效益。信誉靠优良的产品质量，周到的销售服务，良好的公共关系，严格信守合同等因素来支撑。

**（4）信息快捷灵活** 当今世界已进入信息时代，快速传递的信息是财富，蛋鸡场必须建立信息联络网，加入 Internet 网络。信息主要有企业内部运作信息和社会环境信息，及时获取信息，快速研制投产、上市、占领市场，时间就是效率，谁主动掌握时间，谁就能取胜。

**（5）满足不同消费者需求** 实行多品种少批量经营（图 8-5、图 8-6），满足不同的顾客需求，可以取得多个市场机会，扩大营业量；更好地迎合各种消费者的心理，提高消费频率；能提高市场应变能力，减少经营风险。集中全力经营一两个市场，提高市场占有率，可以提高企业在这个市场上的知名度。

图 8-5　绿壳鸡蛋　　　　　　　　图 8-6　粉壳鸡蛋

## 251. 签订经济合同应注意哪些问题？

我国工商行政管理部门统一印制有全国通用的统一格式的合同纸，签订合同应选用统一形式的合同纸。签订合同必须注意以下问题。

①如果数额较大的合同，必须对供（需）方进行论证，审查合

同主体，确认其是否具有合法的主体资格，是否与真实的交易方相符。审查营业执照、资金、信用、经营情况、质量是否可靠等。对合同风险进行初步的预估，并需确认所涉项目是否合法。

②合同有关方必须是企业法人，或有法人委托书的企业法人代表，审查对方是否具有签约资格，否则合同无效，防止对方根本无力履行合同。要注意把子公司和母公司分开，若与子公司谈判，不仅要看母公司的资信情况，更要调查子公司的资信情况。

③合同的签订保持严谨性，合同必须注明签订时间、地点、产品规格、数量、价格、质量标准、交货时间、交货方式、运输费用、包装费用、付款方式、期限及违约责任等。必须严密、清楚，否则会造成不可估量的经济损失，合同太笼统不利于合同的履行。有些无法完全确定的事项，要留有余地，如产品数量、价格可适当浮动。

④合同的公证。一般数额不大的合同，可以不用公证。如果是大额合同，一定要到法律公证处公证。

⑤定金。交定金是一种卖方约束买方的行为。如果是大额定金，买方一定要进行资信调查，认真论证对方的可靠性、资信度、有无供货能力等，以防上当受骗。

⑥尽量争取使用自己起草的合同文本。当谈判双方就交易的主要条款达成一致以后，就进入合同签约阶段，一般文本由谁起草，谁就掌握主动权。应重视合同文本的起草，并尽量争取起草合同文本。

⑦签订的合同对商品的标准必须明确规定。有国家标准的，按国家标准执行；没有国家标准而有专业标准的，按照专业标准执行；没有国家、专业标准的，按企业标准执行。

⑧合同必须明确双方应承担的义务和违约的责任。在现实中许多合同只规定了双方交易的主要条款，却忽略了双方各自应尽的责任，尤其是违约应承担的责任应具体明确，保障合同的约束力，明确约定发生纠纷的处理方式。

# 参 考 文 献

杨春英.1998.科学养鸡饲料问答［M］.北京：科学技术文献出版社.

方天堃.2003.畜牧业经济管理［M］.北京：中国农业大学出版社.

薛萍.建立长效机制，确保家禽产业持续快速发展——关于禽流感对家禽产业影响情况的调查［J］.吉林畜牧兽医，2006（6）：53-54.

刘继军，贾永全.2008.畜牧场规划设计［M］.北京：中国农业出版社.

曹积生.解读我国家禽行业发展现状及发展趋势［J］.中国畜禽种业，2006（4）：52-55.

赵黎明.1990.养禽场经营管理［M］.北京：科学技术文献出版社.

韩俊文，丁森林.2003.畜牧业经济管理［M］.北京：中国农业出版社.

师亚玲，贾鸿莲.2006.科学养鸡300问［M］.太原：山西科学技术出版社.

杨宁.2002.家禽生产学［M］.北京：中国农业出版社.

杨山.1995.家禽生产学［M］.北京：中国农业出版社.

魏忠义.1999.家禽生产学［M］.北京：中国农业出版社.

康相涛，田亚东.2011.蛋鸡健康高产养殖手册［M］.郑州：河南科学技术出版社.

孙桂荣，康相涛，李国喜，韩瑞丽，等.不同饲养方式对固始鸡生产性能的影响［J］.华北农学报，2006，21（4）.

陈喜斌.2003.饲料学［M］.北京：科学出版社.

赵志平.2005.蛋鸡饲养术［M］.北京：金盾出版社.

樊航奇.1999.高产蛋鸡饲养技术问答［M］.北京：中国农业出版社.

郭强.2003.现代蛋鸡生产新技术［M］.北京：中国农业出版社.

宁中华.2006.节粮型蛋鸡饲养管理技术［M］.北京：金盾出版社.

江苏省畜牧兽医学校.1998.实用蛋鸡高效饲养200问［M］.北京：中国农业出版社.

靳胜福.2001.畜牧业经济与管理［M］.北京：中国农业出版社.

肖光明，文乐元，刘力峰.2008.健康养殖与经营管理［M］.长沙：湖南科学技术出版社.

杨名远.1997.农业企业经营管理学［M］.北京：中国农业出版社.

袁林，刘桓.1990.流动资金管理体制简论［M］.北京：中国展望出版社.

席克奇.2009.禽类生产［M］.北京：中国农业出版社.

# 第九章 蛋品质量的安全控制

## 第一节 蛋品质量的影响因素

### 252. 影响蛋品质量安全的饲料因素主要有哪些?

从食物链的角度来看,蛋品质量跟饲料质量紧密相关。所以要保证蛋品质量安全,首先就要做到保证饲料的安全性,否则对蛋品安全造成严重危害,进入市场将危害消费者健康。影响蛋品安全的饲料因素主要有以下几个方面。

(1) **饲料原料农药化肥残留超标**  由于现今大部分种植企业为了降低人力物力成本,往往在农作物种植过程中一次性喷洒大剂量高毒性的农药,会造成作物农药残留超标,而且这部分农药将会持续污染种植土壤,对下一季作物也会产生残留危害。一旦这些不合格的农作物未经严格检验而进入饲料成品加工链,会造成这批饲料成品被污染。除此之外,有的企业没有配备相关的饲料安全检查设备,也无法定期检测附近蛋鸡养殖场常用饲料的有害物质残留量。这些都将会是蛋鸡安全生产的隐患,可能导致蛋品最终出现问题。

(2) **有害微生物及其代谢物污染饲料原料**  霉菌毒素污染饲料是最常见的 (图 9-1)。环境中存在霉菌种类非常多,大多数霉菌是引起饲料食品等变质的原因。饲料中常见的根霉菌曲霉菌属等,其中毒性最强烈的是黄曲霉菌,会对饲料造成最严重的污染。黄曲霉菌理化性质较稳定,不易被高温分解破坏,它能在生物体之间互相转移仍然保持毒性。黄曲霉菌在所有致癌物质中的毒性、致病性等危害性都是最强的，所以对人体、畜禽类机体健康产生严重危害。此外饲料中不得检出沙门氏菌、大肠杆菌、葡萄球菌、肉毒梭菌等。

图 9-1　霉变玉米

## 253. 影响蛋品安全的药物及添加剂因素有哪些?

(1) 兽药滥用及其残留　兽药残留指在畜禽生产中，使用药物预防或治疗疾病后，原型药物及其代谢产物在畜禽的细胞、组织、器官或可食性产品如蛋、奶中的残留。广义上的兽药残留除了用于防治畜禽疾病的药物外，还包括促生长的饲料添加剂、接触或摄入环境中的污染物等。不同的残留药物在体内存在方式不同，有的药物以游离的形式残留于组织器官，而有的药物以结合形式存在于组织器官中。组织器官中药物以组织蛋白结合方式会导致药物在体内的残留时间更长。目前，给鲜鸡蛋造成严重威胁的残留兽药主要有磺胺类、喹诺酮类、四环素类、氯霉素类、激素类和驱虫类。

抗球虫药大量地通过治疗、喂水或拌料到达蛋鸡体内，这类药物都有一定的亲脂性，可以透过生物膜或与生物膜发生作用。当这些药物进入血液后，它们便会分布到全身各处，产蛋鸡中的卵巢、形成卵黄的生长卵泡、输卵管（蛋白分泌和形成的地方）也无一例外地残留有这些药物。

饲料中长期大量使用抗生素，抗生素进入动物微循环后随血液分布于全身，同时抗生素通过产蛋过程残留在蛋中，从而蓄积在蛋品中。抗生素的残留不仅可能影响蛋品的质量和风味，也被认为是畜禽细菌耐药性向人类传递的重要途径之一。目前一些具有明显副作用且已禁用的抗菌药，如磺胺类、痢特灵、土霉素、氯霉素、哇诺酮等仍被一些不法养殖场继续使用。

图 9-2　苏丹红鸭蛋

（2）**违规使用添加剂**　由于部分从事蛋品生产销售的人员安全卫生意识和法律意识淡薄，在利润驱动下，在蛋品生产或加工处理的环节中大量违规地使用防腐剂、色素、添加剂等，为蛋品的安全埋下隐患。由于消费者通常认为蛋黄颜色较深就代表鸡蛋品质较好，一些不法分子就利用消费者这一心理趋势，往蛋鸡饲料中掺入色素来改变蛋黄颜色（图 9-2）。这种行为将对消费者身体健康产生极大危害。

（3）**饲料中添加过量微量元素**　微量元素是指动物需求量较低，但如果缺乏又会严重影响动物生长速度和生产性能的矿物元素。饲料中微量元素不足时须人为添加。目前饲料工业中主要存在以下两方面的问题：一是饲料原料中微量元素含量较低，达不到动物营养需要；二是在经济利益的驱使下，过量添加微量元素，影响动物健康和畜产品食用安全。目前，在蛋鸡饲料中过量添加的微量元素主要是铜、锌、铁。研究表明，细胞内过量的铜可使自由基增多，引起生物损伤，促使细胞癌变鸡引起视网膜和神经末梢病变；过量锌对中枢神经系统有迅速的神经毒性作用，可导致神经元和胶质细胞损伤；高铁状态下生产的鸡蛋对人体的健康也会产生严重的危害。

## 254. 影响蛋品安全的生产环境和管理因素有哪些?

(1) **生产环境**　产蛋阶段的适宜温度为 $15\sim25℃$，理想温度为 $21\sim23℃$，温度过低或过高均会对蛋鸡造成冷热应激。理想的相对湿度为 $60\%\sim70\%$，同时要提供适宜的光照时间，以及合理的喂料量和充足清洁的饮水。及时清扫鸡舍内粪便，保证鸡舍内氨气、硫化氢等有毒有害气体含量达标，在保证鸡只生存及生产需要理想温度的前提下，尽可能地给予良好的通风，降低室内的有害气体浓度，使鸡舍内空气质量达到国家规定的标准。禽舍内外灭蝇、灭鼠。卫生状况不佳时，有害微生物大量繁殖容易引起鸡的呼吸道疾病和传染病，进而影响鸡蛋品质量安全。

(2) **饲养管理**

①注意对鸡群的日常观察，注意精神状态及食欲状况，粪便颜色等指标以便及时了解鸡群健康状态，体弱、有病、死亡的鸡及时淘汰。夜间闭灯后倾听有无呼吸道异常声音，冬天特别注意，观察有无啄癖鸡，若发现应及时挑出治疗或淘汰。

②蛋鸡对环境变化特别敏感，每天工作程序不要轻易变动，不能突然换料以及改变日常工作流程，避免蛋鸡出现强烈应激造成生产上的损失。

③舍内工作要轻，设置足够饮水器、饲料槽，并经常刷洗，定期消毒。料槽中的饲料应分布均匀，乳头式饮水器要经常检查每个乳头的出水量能否满足鸡只的饮水需求。

④做好生产记录，内容包括：入舍鸡数、存栏数、死亡数、产蛋量、产蛋率、耗料、体重、蛋重、舍温、防疫等。

## 255. 影响蛋品安全的疫病因素有哪些？

动物疫病是制约我国畜牧业经济增长、阻碍我国畜产品出口和造成我国动物源性食品安全问题的最主要原因。

常见的影响鸡蛋质量的疾病有：感染新城疫耐过后的病鸡常产小型蛋；传染性支气管炎会使蛋鸡产软壳蛋、畸形蛋或粗壳蛋，以及蛋白稀薄如水样、蛋白与蛋黄分离、蛋白粘壳等；产蛋下降综合征会造成蛋鸡产无色蛋、薄壳蛋、软壳蛋、无壳蛋、畸形蛋等，褐壳蛋蛋壳表面粗糙、褪色如白灰、灰黄粉样，蛋白呈水样，蛋黄色淡，有时蛋白中混有血液、异物等；几乎所有与呼吸系统有关的疾病都会影响褐壳蛋的颜色，并且还会影响蛋壳强度；霉菌毒素中毒及患内寄生虫病时会引起蛋黄色泽异常；发生腹泻性疾病时，会使泄殖腔被粪便污染而致蛋表面有粪迹；维生素 K、维生素 A 缺乏症可致卵巢或输卵管出血产生血斑蛋；鸡体内寄生虫如果在蛋形成时被包入蛋内，就会产下含有寄生虫的蛋。

## 256. 影响蛋品安全的蛋鸡本身因素有哪些？

（1）**品种** 蛋壳颜色有较高的遗传力，并与产蛋量和其他鸡蛋质量性状没有负相关，因此，可以通过遗传选择来改良蛋壳颜色。蛋壳厚度也可通过遗传选择来改进，但由于蛋壳厚度的改良与其他生产性状的改良呈负相关，使蛋壳质量的育种选择受到了一定的限制。蛋重与鸡的品种也有关。蛋鸡品种的选择对鸡蛋微生物具有显著影响，其中，在传统笼养方式下，横斑芦花鸡蛋壳检出肠杆菌比海兰银褐和海兰褐壳鸡蛋蛋壳上的少。

（2）**种鸡群健康状况** 种鸡的健康会直接影响其后代的健康。有的传染病能够通过种蛋将病毒或细菌从亲本传递给后代，如鸡白痢沙门菌病、淋巴白血病、败血支原体病如慢性呼吸道病等。在传染病的发病期内种鸡所产种蛋被病原体污染的可能性很大，如果消毒不严格则会影响胚胎发育或造成幼雏的早期感染，这样的幼雏进入育雏室可能成为危害大群的传染源。种鸡群的免疫状况也会影响到后代雏鸡的母源抗体水平高低和整齐度，这对后代雏鸡的免疫接种程序会有直接的影响。

（3）**蛋鸡使用年限** 一般在产蛋初期，母鸡刚进入性成熟期，卵泡发育正常，其对色素的吸收率较高，所以蛋壳颜色越来越深。产蛋鸡产蛋高峰过去后，随着鸡群的老化，其对色素的吸收减少，蛋壳也会变浅。应根据市场行情，及时淘汰鸡群。

## 257. 影响蛋品安全的包装贮运因素有哪些？

蛋品包装、贮藏、运输、加工等因素也会影响鸡蛋品质。蛋壳表面所携带的鸡粪、饲料粉尘、灰尘、血迹等容易滋生微生物，人手及装蛋容器上的微生物污染也会使蛋壳表面带有大量微生物。鲜蛋从产出到消费的过程中，外界微生物通过蛋壳气孔或裂纹侵入蛋内，在蛋内大量繁殖，使内容物发生微生态变化，引起鸡蛋变质。缺少包装标准，产品很容易因为使用不合格的包装而受到污染。

蛋品包装常用塑料 PE（聚乙烯）、PP（聚丙烯）和PET（聚酯），这类塑料本身比较稳定，其安全性较高（图9-3）。但由于在复合材料和塑料印刷过程中苯类溶剂挥发不完全，有可能造成苯类物质在

图9-3 蛋品塑料包装

包装材料中残留，进而渗透到蛋产品中，会导致蛋产品中含有苯。

在蛋品加工过程中，病原微生物对蛋品质量的影响已成为世界许多国家关心的焦点。因此，在加工中除了重视防止食品原料病原微生物如大肠杆菌、沙门氏菌等的污染外，还须防止微生物二次污

染，即防止机械、生产工具等的污染，同时要保持加工设备的清洁，确保水源、添加物、加工环境的清洁卫生，以防止食物中毒对消费者身体和生命安全的影响。

# 第二节　蛋品质量控制

### 258. 控制蛋品安全问题的主要措施有哪些?

蛋品的安全问题，早已引起政府的高度重视，国家和地方政府相继出台了一批食品卫生安全的标准和法规，如《动物防疫法》《食品卫生法》等。国家的一系列法规均强调食品安全应从源头抓起，包括加工、包装、运输、物流配送，直至终端市场贮存保鲜，步步按照标准化要求运作，实行全程质量控制，以保证食品的安全。针对影响蛋品质量安全的因素，控制蛋品的安全问题主要应从以下几方面着手。

(1) **加强饲料安全监管**　为了确保蛋品安全，严格从饲料源头的标准化体系建设与饲料安全监管抓起，完善饲料标准化体系。规范健全饲料标签和标志管理办法，再结合互联网二维码溯源技术来保证饲料产品在各个环节的可追溯性，建立饲料安全体系并完善饲料标准化体系。加强偏远地区饲料检测机构建设，改善饲料质量检测条件，加强对乡镇饲料销售点的监控和执法；利用互联网＋手段，全方面对饲料原料、生产、经营使用等环节的重点监控，对违法违纪行为进行严厉打击。

(2) **鼓励引导无公害蛋鸡生产基地建设**　地方政府引导、实施无公害蛋鸡生产基地的建设，也可以以蛋鸡产品加工企业为龙头，采用"公司＋农户"的方式，由基地源源不断地为鸡蛋产品加工企业提供安全产品，不仅提高养殖的经济效益和饲养报酬，形成良性循环，还可以解决我国蛋品的安全性问题，促进我国畜牧业的持续发展。建设无公害蛋鸡生产基地能够很好地规范蛋鸡良种培育与提高养殖者技术水平，更好地监管兽药与饲料添加剂。利用"互联网+"进行鸡蛋生产，建立数据化质量管理体系，如二维码溯源技术，对每只鸡食用的饲料、使用的药物种类进行溯源，确保无公害蛋鸡生产过程按标准的生产技术体系进行。

(3) **促进种植、养殖、蛋品加工可持续发展**　从蛋品源头控制质量，严格管控饲料与药物的使用程序。

把种植业与养殖业有机结合起来，种植业能有效提供养殖业需要的饲料原料，养殖业所产生的有机肥能够回到种植业中，变废为宝，形成可持续的生态良性循环。在保证水质、空气、粪便处理等达到环境卫生指标要求的同时，还需要引用优良品种，提高蛋鸡生产效率。

严格遵循可持续发展原则，加大对蛋品加工业的扶持力度，有利于提升洁蛋、液蛋、蛋粉等蛋品加工品的市场份额；促进现代生物技术在蛋品中的广泛应用，加强蛋品深加工的开发力度，高效地提取蛋品中的多种生物活性物质以提高蛋品附加值。

(4) **加强蛋品生产质量标准化、可追溯化**　蛋品科学研究的进程落后是影响我国蛋品安全的重要因素。原料产品质量安全的不合格是导致国内蛋品行业整体技术水平不高，深加工水平低，产品结构相对单一的一个重要原因，生产出的

图 9-4　鸡蛋溯源二维码

蛋品仍处于质量水平偏低，蛋品安全不佳的处境。质量安全检测技术的改进和标准的完善，将有利于促进蛋品质量和安全指标的提高，使生产出的蛋品质量安全有保障，通过质量管理溯源系统（图9-4），消费者就能够知道蛋品的产地，饲喂蛋鸡的原料种类等，获得消费者信任，从而提高蛋品及其加工品的消费量，对促进禽蛋的深加工提高鲜蛋品的附加值，促进禽蛋行业整体效益增加，带动农

民增收具有积极效应。

(5) 建立蛋品安全体系标准化、适应新形势的国际贸易　我国蛋品现行标准存在着标准体系不完善、技术内容落后、实用性不强等问题，特别是在有毒有害物质的限量标准方面缺乏基础性研究，在创新性方面差距更加明显。与相关国际组织及发达国家相比，我国在禽蛋的标准制定方面相对滞后，一些标准体系不健全。目前我国许多禽蛋标准已不能适应新形势下国际贸易的需要。许多在国内检验已经合格的产品，出口到国外就遭遇"绿色贸易壁垒"而被退回。因此加快禽蛋标准体系建设及禽蛋标准制定，使相关蛋品标准与国际标准接轨，有利于提高禽蛋安全卫生指标的检测技术水平，提高蛋品总体质量，还有利于扩大蛋品的出口贸易量，解决国内禽蛋供大于求的问题。此外，消费者应该充分认识和把握蛋品各种风险因素，建立科学的膳食结构观念，通过消费者的市场监督与信息反馈，进一步敦促蛋品生产者增强社会服务责任和意识，积极落实行业内蛋鸡安全生产质量和管理体系。

## 259. 什么是农产品"三品一标"？怎样认证？

(1) "三品一标"　　是指无公害农产品、绿色食品、有机农产品和农产品地理标志。通俗一点说就是，农产品地理标志主要说明农产品来源于特定地域。无公害农产品、绿色食品、有机食品都是经质量认证的安全食品。"三品一标"是政府主导的安全优质农产品公共品牌，是当前和今后一个时期农产品生产消费的主导产品。

(2) 关于"三品一标"的认证
无公害农产品的申报条件：企业或个人可以申请无公害农产品产地认定和产品认证，无公害农产品认定申报业务通过县级工作机构、地级工作机构、省级工作机构、部级

图 9-5　三品一标标志图

工作机构的材料审核、现场审查、产品检测、初审、复审、终审完成对无公害农产品的认证工作。三品一标标志图见图9-5。

申报绿色食品要具备两个条件：第一，申请人必须是企业法人，合作社或家庭农场；第二，申请企业首先要到所属县（市、区）农业局申请备案，然后由各县（市、区）报上级农业局，上级农业局会按照省级绿办的要求进行办理。

申报有机认证条件：企业或合作社可以向有机认证机构提出申请，机构对企业提交的申请进行文件审核，如果审核通过则委派检查员进行实地检查并进行形式检查，进行颁证决议和制证发证。

申请登记地理标志农产品的条件：申请人必须是社会团体、事业单位，企业、合作社及政府等机构不可作为申请人。

申报"三品一标"需要收费的项目：第一，需要做检测的要缴纳必要的环境检测费、产品检测费；第二，绿色食品和有机食品还需要缴纳标志使用费、公告费等；第三，国家及农业农村部指定的检测机构根据不同情况具有详细的收费标准。

一般申请三品一标，政府都会有相应的补贴和奖励，基本上可以做到补贴费用与申请费用相抵平，相当于不花钱就能申请。国家将对申请三品一标加大政策支持。将"三品一标"工作经费纳入年度财政预算，加大资金支持力度，扩大"三品一标"奖补政策与资金规模。

## 260. 蛋鸡养殖中药物的滥用会造成哪些危害？

在蛋鸡养殖过程中，药物用于治疗蛋鸡疾病已经相当普遍。适当的药物使用能够调节鸡的生理机能，促进鸡只生长，同时也能够提高饲料利用率。但是在药物发挥药力治疗疾病的同时，也会对蛋鸡本身造成一定的毒副作用。如果蛋鸡养殖户滥用药物，其动物性产品如鸡蛋里可能产生药物残留。这样的药物蛋一旦被消费者食用，将会对人体健康产生不利影响。主要表现为过敏反应，细菌耐药性，致畸致癌，以及激素样作用等多方面，同时也会对环境和生态产生影响。

### (1) 药物的毒副作用

①急性中毒：一些违禁药物本身对人体的组织器官具有毒性作用，若一次性摄入残留药物量太大，会出现急性中毒反应。一般情况下急性中毒事件很少发生，但药物残留的危害绝大多数是通过长期接触长时间积累而造成。

②过敏反应：一些抗菌药物例如磺胺类药物、青霉素、四环素、金霉素以及某些氨基糖苷类抗生素能使部分人群产生过敏反应。过敏反应症状具有多样性，轻者表现为荨麻疹、发热、关节肿痛以及蜂窝织炎等，严重时可出现过敏性休克，甚至危及生命。

③"三致"作用：即"致癌、致畸、致突变"。药物及环境中的化学品可引起基因突变或者染色体畸变而造成对人体的潜在危害。当人们长期食用含有三致作用药物残留的鸡蛋时，这些残留终将对人体造成巨大伤害，通过在人体的长期积蓄最终产生致癌、致畸、致突变作用。近年来人群中的肿瘤发生率不断上升，有研究认为与环境污染以及动物性食品中的药物残留有关。如硝基呋喃类、砷制剂等都已被证明具有致癌作用。许多国家都已禁止这些药物用于食品动物。我国无公害食品生产中也已禁止使用。

### (2) 细菌耐药性增加

由于抗菌药物的广泛使用，细菌耐药性不断加强，而且很多细菌已由单一的耐药性发展到多重耐药性。如果在饲料中添加抗菌药物，实则等效于持续的低剂量用药。动物机体长期与药物接触，造成耐药菌不断增多，耐药性不断增强，相当于逐渐筛选耐药菌的过程。严重的是，抗菌药物残留于动物性食品，特别是鸡蛋内，这样的残留蛋若是被消费者食用，那么鸡蛋中残留药物进入人体，长期如此会导致人体内耐药菌的增加。如今，不管是在动物体内，还是在人体内，细菌的耐药性已经达到了较严重的程度。人与人之间，动物与动物之间均存在耐药基因传递的问题。因此，应尽量减少使用人、兽共用的抗生素，如青霉素、链霉素等。

（3）对临床用药的影响

①给临床诊治疾病带来困难：长期接触某种抗生素，可使机体免疫功能下降，以致引发各种病变，引起疑难病症，或用药时产生不明原因的毒副作用，给临床诊治带来困难。使药物费用不断增加，养殖利润下降。在蛋鸡养殖中发生感染性疾病时，必须不断加大治疗用药剂量才有效。不但增加了饲养成本，更由于病程延长，影响了蛋鸡的生产性能，使养殖利润下降。

②给新药开发带来压力：由于药物滥用，细菌产生耐药性的速度不断加快，耐药能力也不断加强。这使得抗菌药物的使用寿命也逐渐变短。要求不断研发新品种的抗生素以克服细菌的耐药性。细菌的耐药性产生越快，临床对新药的要求也越快。然而要开发出一种新药并非易事。以往，制药公司凭偶然发现新的抗生素，但现在寻找到新的抗生素越来越困难，新抗菌药开发的速度减慢，而细菌的耐药性不断加快，这是一种很危险的趋势。

（4）**兽药残留对环境的影响**　动物用药以后，药物以原形或者代谢产物的形式随粪、尿排出体外，残留于环境中。绝大多数兽药排入环境后，仍然具有活性，会对土壤微生物、水生生物及昆虫等造成影响。

（5）**蛋鸡养殖常见药物滥用的危害性**

①抗球虫药物：蛋鸡产蛋期间应禁止使用的抗球虫药有二硝托胺、盐酸氨丙啉与乙氧酰胺苯甲酯预混剂、盐酸氨丙啉、乙氧酰胺甲酯、磺胺喹恶啉预混剂、马杜霉素、盐霉素、磺胺喹恶啉与二甲氧苄啶预混剂、磺胺喹恶啉可溶性粉、海南霉素、赛杜霉素、常山酮、氯苯胍、尼卡巴嗪等，这些药物使用后，一方面有抑制产蛋的作用，另一方面会在鸡蛋中出现残留现象，而这种蛋被人食用后，又会危害人体健康，因而对产蛋鸡应禁用。

②磺胺类药物：这类药在养鸡生产中常用于防治白痢、球虫病、盲肠炎、肝炎和其他细菌性疾病。但这些药物都有抑制产蛋的副作用。通过与碳酸酐酶结合，使其降低活性，从而使碳酸盐的形

成和分泌减少，使鸡产软壳蛋和薄壳蛋。对鸡群的采食量、产蛋率和鸡蛋的品质等有不同程度的影响，表现为采食量、产蛋率下降，蛋壳变薄、变白，平均蛋重下降等，但磺胺类药物的影响是短暂的，若为治疗鸡病的需要，可以根据情况在兽医指导下适当使用磺胺类药。

③金霉素：金霉素属于四环素类药物中刺激性较强的一种，常用于防止鸡白痢、霍乱、传染性鼻炎等，内服后对鸡的消化道有刺激作用，影响蛋鸡对营养物质的吸收。此外，金霉素对蛋鸡的肝脏也有损害，能与蛋鸡体内的血钙结合，形成难溶性的钙盐，阻碍蛋壳的形成，使蛋鸡的产蛋量和鸡蛋的品质下降。如果必须使用，金霉素的混饲浓度应低于 0.05%，且连用期不能超过 7 天。

④呋喃类药物：呋喃唑酮是防治鸡球虫病、鸡白痢、伤寒和盲肠炎、肝炎的常用有效药物，但此类药也有抑制产蛋的副作用，产蛋鸡不宜使用。此药国家已禁止在食用动物上使用。

⑤氨茶碱、麻黄素、地塞米松及病毒灵：由于氨茶碱具有松弛平滑肌的作用，可解除支气管平滑肌痉挛，具有平喘作用。在养鸡业上常用于治疗和缓解鸡呼吸道传染病所引起的呼吸困难。但鸡产蛋期服用，可导致产蛋量下降，病毒灵大量长期应用，可引起鸡体出血，造成蛋鸡产蛋率下降。

## 261. 产蛋期禁止使用的兽药有哪些？

蛋鸡养殖过程中对疾病提倡预防为主的方针，当蛋鸡进行预防、治疗诊断疾病所用兽药必须符合《中华人民共和国兽药典》《中华人民共和国兽药规范》《兽药质量标准》《兽用生物制品质量标准》《进口兽药质量标准》《饲料药物添加剂使用规范》的相关规定。兽药来源必须是具有《兽药生产许可证》和产品批准文号的生产企业，或来自具有《进口兽药许可证》的供应商。所有兽药的标签应该符合《兽药管理条例》《兽药标签与说明书管理办法》的规定。产蛋期禁用的兽药及其他化合物见表 9-1。

### 表 9-1　产蛋期禁用的兽药与化合物

| 序号 | 兽药名称 | 禁用范围 |
|---|---|---|
| 1 | β兴奋剂类：克仑特罗、沙丁胺醇、西马特罗及其盐、酯及制剂 | 所有用途 |
| 2 | 性激素类：已烯雌酚及其盐、酯及制剂 | 所有用途 |
| 3 | 雌激素样作用物质：玉米赤霉醇、去甲雄三烯醇酮、醋酸甲孕酮及制剂 | 所有用途 |
| 4 | 氯霉素及其盐、酯及制剂 | 所有用途 |
| 5 | 氨苯砜及制剂 | 所有用途 |
| 6 | 硝基呋喃类：呋喃唑酮、呋喃它酮、呋喃苯烯酸钠及制剂 | 所有用途 |
| 7 | 硝基化合物：硝基酚钠、硝呋烯腙及制剂 | 所有用途 |
| 8 | 催眠、镇静类：安眠酮及制剂 | 所有用途 |
| 9 | 林丹（丙体六六六） | 杀虫剂 |
| 10 | 毒杀芬（氯化烯） | 杀虫剂、清塘剂 |
| 11 | 呋喃丹（克百威） | 杀虫剂 |
| 12 | 杀虫脒（克死螨） | 杀虫剂 |
| 13 | 双甲脒 | 杀虫剂 |
| 14 | 酒石酸锑钾 | 杀虫剂 |
| 15 | 锥虫胂胺 | 杀虫剂 |
| 16 | 孔雀石绿 | 抗菌、杀虫剂 |
| 17 | 五氯酚酸钠 | 杀螺剂 |
| 18 | 各种汞制剂包括：氯化亚汞、硝酸亚汞、醋酸汞、吡啶基醋酸汞 | 杀虫剂 |
| 19 | 性激素类：甲基睾丸酮、丙酸睾酮、苯丙酸诺龙、苯甲酸雌二醇及其盐、酯制剂 | 促生长 |
| 20 | 催眠、镇静类：氯丙嗪、安定及其盐、酯制剂 | 促生长 |
| 21 | 硝基咪唑类：甲硝唑、地美硝唑及其盐、酯制剂 | 促生长 |

# 参 考 文 献

康相涛，田亚东.2011.蛋鸡健康高产养殖手册［M］.郑州：河南科学技术出版社.

徐晓东，郭蕾，邹杰.产蛋鸡滥用药物危害大［J］.山东畜牧兽医，37

（12），109.

K. E. Adeson，施祖灏 . 有机和天然鸡蛋生产的回顾与展望 ［J］. 中国家禽，2010，（02）：38-40.

郑长山，魏忠华，李英，等 . 有机食品-鸡蛋生产配套技术研究 ［J］. 中国家禽，2010，（08）：54-55.

马美湖 . 蛋品加工技术与质量安全控制战略研究 ［J］. 中国家禽，2009，（12）：1-6.

王翠菊 . 浅析蛋品质量的安全控制 ［A］. 中国畜牧业协会禽业分会 . 2009 中国蛋鸡行业发展大会论文集 ［C］. 中国畜牧业协会禽业分会，2009：5.

袁正东 . 商品蛋鸡饲养管理及饲料加工对蛋品安全的影响 ［A］. 中国畜牧业协会禽业分会 . 2009 中国蛋鸡行业发展大会论文集 ［C］. 中国畜牧业协会禽业分会，2009：5.

汪丽华，石满仓 . 生产中影响鸡蛋质量的因素 ［J］. 中国禽刊，2006，（03）：38-39.

高玉鹏，黄建文 . 蛋鸡健康养殖问答 ［M］. 北京：中国农业出版社，2007.

王海荣 . 2004. 蛋鸡无公害高效养殖 ［M］. 北京：金盾出版社，2004.